环境遥感原理与应用
（第2版）

贾海峰　刘雪华　编著

清华大学出版社

北京

内 容 简 介

本书介绍了环境遥感的原理及其在生态环境领域中的应用。全书共分 13 章。前 5 章为基础理论部分，主要讲述环境遥感的基本原理、遥感图像处理和分类的基本技术及方法；后 8 章为环境遥感的应用和案例部分，主要介绍水环境遥感、大气环境遥感、植被生态遥感、土壤遥感、土地覆被/土地利用遥感、生境遥感，并结合实际研究工作给出了案例分析。

本书可作为高等院校环境、生态类专业的本科生和研究生的教材，也可作为相关专业科技工作者的参考书。

图书在版编目（CIP）数据

环境遥感原理与应用/贾海峰，刘雪华编著. —2 版. —北京：清华大学出版社，2021.12（2025.1重印）
ISBN 978-7-302-59476-5

Ⅰ．①环…　Ⅱ．①贾…②刘…　Ⅲ．①环境遥感－研究　Ⅳ．①X87

中国版本图书馆 CIP 数据核字(2021)第 217331 号

责任编辑：柳　萍　赵从棉
封面设计：常雪影
责任校对：欧　洋
责任印制：刘海龙

出版发行：清华大学出版社
网　　　址：https://www.tup.com.cn，https://www.wqxuetang.com
地　　　址：北京清华大学学研大厦 A 座　　　邮　　编：100084
社 总 机：010-83470000　　　邮　　购：010-62786544
投稿与读者服务：010-62776969，c-service@tup.tsinghua.edu.cn
质量反馈：010-62772015，zhiliang@tup.tsinghua.edu.cn
印 装 者：大厂回族自治县彩虹印刷有限公司
经　　销：全国新华书店
开　　本：185mm×260mm　　印　张：17.25　　插　页：6　　字　数：433 千字
版　　次：2006 年 3 月第 1 版　　2022 年 2 月第 2 版　　印　次：2025 年 1 月第 3 次印刷
定　　价：58.00 元

产品编号：092889-01

Foreword

自《环境遥感原理与应用》2006 年出版以来，得到广大读者的厚爱，该教材除了作为清华大学环境学院研究生课教材外，也被多所大学相关专业的师生采用，为环境遥感人才的培养发挥了应有的作用，取得了良好的社会影响和口碑。

十多年过去了，近十年来，环境学科发展迅速，环境遥感领域也取得了飞速的发展，进一步向着综合性、交叉性和定量化的方向发展。为此，我们感觉到了对《环境遥感原理与应用》进行改版的必要性和迫切性。本次再版继续保持原版的大体结构和风格，但充分结合了环境遥感领域最新的发展情况和作者多年来在环境遥感方面的教学和研究工作成果。教材改版的方向主要包含两个方面：

（1）遥感卫星平台、数据的更新和发展。以数字化成像方式为特征的现代遥感技术起源于 20 世纪 60 年代，目前正在向高空间分辨率、高光谱分辨率、高时间分辨率、多极化、多角度的方向迅猛发展。原版教材中只介绍了 2006 年以前的主流遥感卫星平台和数据，随着遥感卫星的迭代更新，一些卫星已经退役，而一些新的卫星陆续进入了轨道。我们希望通过这次改版，在原有主流卫星介绍的基础上，重新梳理现在的主流卫星平台以及其基本参数。

（2）遥感在环境领域的新应用。随着遥感技术从可见光向多谱段、从被动向主被动协同、从低分辨率向高分辨率快速发展，其在环境领域的应用范围逐渐扩大。我们计划在原版教材对遥感应用介绍的基础上，结合技术的新发展和热点环境问题，增加一些新的技术应用内容，重点结合课题组最新研究成果，剖析一些环境遥感应用实例，使读者能够掌握环境遥感的基本理论、基本技术和方法，了解相关领域的发展前沿，培养研究型思维，提升读者运用遥感理论知识解决实际问题的能力。

在第 2 版编写过程中，冷林源重点完成了遥感卫星平台、数据及应用领域的更新和补充，刘雪华补充了第 10 章的内容，李骐安编写了第 11章，宋伟泽编写了第 12 章，刘雪华、孙万龙共同编写了第 13 章，本人对新版教材进行了全文的修改和统稿。由于作者水平有限，书中难免有各种错误,敬请各位读者原谅。我们也真诚地希望广大读者和同行能够对本系列教材的设置和改进提出中肯的意见和建议。希望本书的出版对环境遥感学科的建设起到有益的推动作用。

贾海峰

2021 年 6 月于清华园

Foreword

（第1版）

随着人类社会的飞速发展，与发展相伴而生的全球性和区域性的环境污染、生态环境退化问题也不断地困扰着人类文明。全球气候变暖、酸雨、大气和水域污染、水质恶化、水土流失、天然森林快速消退、荒漠化进程加快等一系列环境问题在向人类发起挑战。针对这些复杂的环境问题，世界各国的环境科学工作者正在从各个方面和多个视角开展研究，以实现社会的可持续发展。

近年来，遥感技术在很多研究领域都得到了广泛的应用。在环境领域，遥感技术的应用研究也已得到研究者和决策者的重视。一方面环境问题为遥感技术的应用提供了舞台，另一方面环境问题的研究也促进了遥感技术的进一步发展。这两个方面相互促进，使作为环境科学和遥感科学的交叉学科的环境遥感成为研究热点之一。现在环境遥感已经成为全球性、区域（流域）性乃至城市层次的生态环境问题研究的重要手段，为生态环境规划和环境系统研究提供了强有力的工具。

目前，我国很多高校中的环境、生态等专业都开设了环境遥感或相关方面课程，为环境遥感的普及和应用起到了推动作用。清华大学环境科学与工程系于20世纪90年代开始了环境遥感方面的科学研究，并于2002年正式开设环境遥感课程，经过多年的教学科研实践，教师们感觉到编写一本针对环境科学与生态领域的学生和研究人员的教材的必要性和迫切性，故结合多年来在环境遥感方面的教学和研究工作成果，编写了本书。

本书共分10章。前5章为基础部分，主要介绍环境遥感的基本原理、遥感图像处理和分类的基本技术与方法。后5章为环境遥感的应用和案例部分，这也是本书的特色之一。

本书由清华大学教师集体编写。其中第1、2、3、5、7、8、9章由贾海峰博士编写，第4章由柏延臣博士、刘雪华博士合作编写，第6章由柏延臣博士编写，第10章由刘雪华博士编写，附录由党安荣博士编写，全书由贾海峰博士统稿。在本书的选题构思中，陈吉宁教授、张天柱教授、杜鹏飞副教授做了大量的工作。在教材的编写过程中，程声通教授、苏保林博士、胡远安博士、王建平、孙昊等提供了素材和帮助。荷兰国际地球信息科学与地球观测研究院(ITC)的副教授 Jan de Leeuw 博士、助理教授 Eduard Westinga 博士以及 ITC 中国代表 Marjan kreijns 女士也提出了宝贵的建议,他们向作者提供了荷兰 ITC 的遥感课教材 Principles of Remote Sensing,并就本书的内容安排进行了讨论。此外, 本书的编写还参考了大量国内外学者的研究成果。在此,作者衷心感谢上述各位前辈、同事 和同学的大力帮助和支持!

　　希望本书的出版能够对我国环境遥感的发展起到促进作用,为高校环境类院系的同学 提供一本环境遥感方面的满意的教材,也为生态环境领域的研究工作者提供一本好的参考 书。但由于作者水平有限,书中肯定还有不少错误及不足之处,恳请广大读者批评指正!

贾海峰

2005 年 5 月

于清华园

Contents 目录

CHAPTER 1

环境遥感概述

1.1 环境空间数据的采集

1.1.1 引言

所有全球或区域性,甚至局地性的环境问题都涉及空间地理数据,因此相应的环境规划管理人员、科研人员等都会或多或少地触及空间数据的收集、处理、分析以及基于这些空间数据的决策等问题。而这些空间数据经过处理分析后得到的信息可为各种环境管理服务,如环境质量管理、污染源管理、生态管理、资源管理等。下面通过几个例子说明实际工作中对环境空间数据的需求。

(1) 针对全球环境变化,很多管理者和学者都很关心厄尔尼诺现象。而要理解厄尔尼诺现象的原因,就需要很多与空间有关的数据,比如海流、海表面温度、海平面等气象参数以及陆地与水面的能量交换等。

(2) 近年来区域性的沙尘灾害频发,为了进行沙尘灾害的预报、监测、防治,需要掌握沙漠、戈壁、裸露土地等沙尘源地的空间分布信息,还需要不同尺度的大气环流、强风及垂直对流等气候方面的数据,此外还要掌握人类影响造成的荒漠化分布及其动态变化等。

(3) 为了对沿海的赤潮现象进行预报、预警,需要对沿海水体氮、磷、透明度、水温等水质指标,叶绿素 a、浮游植物种群特性等水生生物指标,日照、气温等气象因子的数值及其空间分布进行监测及分析预测。

(4) 对于流域水环境管理,人们需要流域工业和城市等点污染源的负荷及其空间分布的数据,水体不同功能区的水质指标数据,以及与非点源有关的流域土地覆被/土地利用情况等。

(5) 对于环境工程设施的选址,需要了解候选地的生态环境现状,周围的地形、地貌、地质情况,周围的居住区、工厂等社会情况,以及当地的风向等气象情况……

上面的例子都涉及对空间问题(实际上,更确切地说是时空问题,因为时间是另一个非常重要的维度)的分析和处理。为了满足上述例子中对信息的需求,可以采用各种各样的方法进行数据的采集,如访问、现场调查、实验室样品监测、卫星影像解译、现场传感器测量、数学模型模拟等。不过,针对环境空间数据的获取,上述方法可以归为两类:基于地面的采集方法(ground-based methods)和基于遥感的采集方法(remote sensing methods)。

1.1.2　基于地面的空间数据采集方法

基于地面的采集方法是指在现实世界环境中进行的数据采集方法,包括现场观测、实际测量及现场取样后室内化验等,这些从地面采集的空间数据,经过规范化处理存入空间数据库,服务于之后的分析和决策。基于地面的采集方法的过程如图 1-1 所示。

图 1-1　基于地面的空间数据采集方法

1.1.3　基于遥感的空间数据采集方法

基于遥感的采集方法是指基于如航空摄像、扫描器或雷达等传感器获取的影像数据进行数据解译的方法。采用基于遥感的采集方法,意味着信息来自影像数据,而影像数据只是真实世界的(有限的)表现(图 1-2)。

图 1-2　基于遥感的空间数据采集方法

本书主要介绍基于遥感的数据采集和处理方法及其应用。首先对遥感的物理和技术基础知识进行介绍,包括电磁波与地物光谱、遥感的传感器及其平台等;随后对遥感影像的处理过程进行介绍;最后介绍环境遥感的主要应用,并给出一些典型的环境遥感应用案例。

1.2　遥感技术的发展

1.2.1　遥感的定义

对于遥感有很多定义,下面给出几个典型的定义。

(1)遥感是一门关于获取、处理和解译由传感器记录的影像的科学,该影像记录了电磁能量和地物之间的相互交互结果。(Sabins F F. Remote Sensing: Principle and Interpretation. Third edition. New York: Freeman,1996)

(2)遥感是获取有关特定对象、区域或现象的信息的一门科学和艺术,它是通过对特定设备获取的数据进行分析进而获得所调查对象、区域或现象的相关信息,并且该特定设备并不与所调查的对象、区域或现象直接接触。(Lillesand T M,Kiefer R W. Remote Sensing and Image Interpretation. Third edition,New York：John Wiley & Son,1994)

（3）遥感是以一定距离观测地球表面,进而对所观测的影像或数据进行解译以获取地球上特定对象有用信息的设备、技术和方法。(Henk J B,Jan G P W C. Land Observation by Remote Sensing：Theory and Applications. Gorden & Breach,1993)

（4）遥感是应用探测仪器,不与探测目标相接触,从远处把目标的电磁波特性记录下来,通过分析,揭示出物体的特性性质及其变化的综合性探测技术。(梅安新,等. 遥感导论. 北京：高等教育出版社,2001)

上述定义的共同之处是,有关地球表面特征的数据是由不直接接触观测对象的设备收集的,其获得的数据通常存储为影像格式,而传感器记录的特征是地球表面反射或发射的电磁波能量。记录的电磁波能量为电磁波光谱的特定波段的信息,通常为可见光、红外光,不过也可以是紫外光或微波。现在人们已制造出很多种类型的传感器,它们与特定的平台结合,根据与地球表面的距离,通常可以分为航空传感器和卫星传感器。

在影像数据变成有价值的关于感兴趣目标物或自然现象的信息之前,需要对其进行处理,因此信息提取和分析是遥感科学的重要部分,这也是本书重点讨论的内容。

1.2.2 遥感技术的特征

遥感技术兴起于 20 世纪 60 年代,涉及众多自然学科和工程技术专业的大量基础知识,主要包括辐射场基本理论、遥感探测原理和特性、遥感探测设备、传感器运载工具、数据记录方式、遥感数据传输、遥感数据处理、遥感应用等。伴随着航天技术、计算机技术和传感器技术的进步,遥感技术发展迅速。总的来说,在距离上从地面发展到空间,从几米发展到36 000km 高的地球同步轨道;工作波段从紫外线到微波;工作范围从地球到宇宙。遥感技术的特点可以概括为以下几个方面：

（1）大面积同步观测。

利用遥感技术可以在更远的距离、更大的范围研究地球环境。遥感技术所获得的图像资料提供了连续的地面景象,可以使人们观察到很大的区域,还可以进行立体测量。

在宏观环境监测中,遥感的这种优势是其他技术手段无可比拟的,有时其他现场观测技术也是不可能实现的,尤其是在辽阔的海洋或人迹罕至的地方,遥感可能是唯一的观测手段。

（2）工作波段多,并可以全天候工作。

遥感资料不仅能够反映物体在可见光波段的信息,而且能够给出在紫外线、红外线、微波等波段中的人们用肉眼看不见的信息。因此,由遥感影像获得的电磁波特性数据可以综合反映地球上的很多自然、人文信息。红外遥感昼夜均可以探测,微波遥感可全天时全天候探测。

（3）具有瞬时成像的功能,并且可以动态地掌握信息。

遥感影像真实客观地记录了一定范围的瞬时情况,而且资料更新周期短。比如后文要提到的 Landsat、SPOT 以及 QUICKBIRD 分别利用 16 天、26 天和 1～6 天(取决于纬度高低)时间对同一地区重复进行观测,这样人们能够通过对不同时期的遥感影像进行对比分析,研究地面物体和现象的动态变化。

（4）遥感解译需要地面观测的配合。

尽管无须其他地面观测信息就可以对遥感数据进行解译和处理,但为了得到最好的解译结果,需要将遥感观测与地面现场测量或观测结合起来,如图1-3所示。这种遥感与地面观测相互补充的思想是极其重要的。

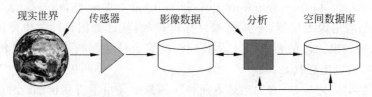
图1-3 遥感观测与地面现场测量或观测的相互补充

（5）遥感技术本身只是获取地表及其上层的信息。

原则上,遥感仅能提供地球表面上层和地表的信息。利用某些技术,特别是微波技术,可以探测再深一些的地物信息。这种仅表现地表信息的特性实际上是遥感技术的局限性之一。不过为了估计地下的一些特征,可以辅以一些模型或相关专业知识。

（6）遥感是一种有成本效益的空间信息采集方式。

遥感系统是复杂而昂贵的,尽管对用户而言还需要承担遥感数据及其遥感处理软、硬件系统的费用,但总的来看,遥感还是一种有成本效益的空间信息采集方式。

比如对于一个研究厄尔尼诺现象的国际科学研究项目而言,如果在大洋上安装和维护测量浮标要花费大量的成本,而利用气象卫星数据则是一项相对便宜的技术。对于区域土地利用数据而言,利用遥感解译也可避免大量耗时的现场勘查。有人估计,美国陆地卫星的经济投入与取得的效益比为1∶80或更大。

1.2.3 遥感的分类及应用领域

从不同的角度出发,遥感的分类方法有很多种。

按照遥感的工作波段,可分为:

（1）紫外遥感。探测波段为 $0.05\sim0.38\mu m$;

（2）可见光遥感。探测波段为 $0.38\sim0.76\mu m$;

（3）红外遥感。探测波段为 $0.76\sim1000\mu m$;

（4）微波遥感。探测波段为 $1mm\sim7m$;

（5）多波段遥感。指探测波段在可见光波段和红外波段范围内,再分成若干个更短的波段来探测地物对象,它可以进一步分为多光谱遥感和高光谱遥感。

按遥感工作方式可分为:

（1）被动遥感。就是传感器被动收集来自地面目标自身发射和对自然辐射源反射的电磁波;

（2）主动遥感。由探测器主动向地面目标发射一定能量的电磁波然后再由传感器收集返回的电磁波信号。

按信息资料类型可分为:

（1）成像遥感。是把目标物体反射或发射的某波段电磁波强度,用深浅色调或彩色的影像直观地表现出来；

（2）非成像遥感。传感器接收的目标电磁波信号用数据或曲线形式表示出来。

按传感器成像类型可分为：

（1）光学成像。是把信息直接记录在感光胶片或相纸上，也称为模拟影像；

（2）扫描成像。把接收到的信息经过模数转换记录在磁带上，也称为数据影像。

按工作平台可分为：

（1）地面遥感。传感器设置在地面平台或近地面平台上，如车载、船载、手提、固定或活动高架平台上，现在小型无人机也成为应用越来越多的平台；

（2）航空遥感。传感器以飞机或气球为平台；

（3）航天遥感。传感器以火箭、卫星、空间站或航天飞机为平台；

（4）航宇遥感。传感器设置在星际飞船上，用于对地月系统外的目标的探测。

此外，按遥感应用对象可分为环境遥感、资源遥感、农业遥感、林业遥感、地质遥感、气象遥感、水文遥感、军事遥感等。

在遥感应用方面，经过近几十年的发展，遥感技术已广泛渗透到国民经济的各个领域，对于推动社会进步、经济建设、环境保护、资源开发以及国防建设起到了重要作用。比如，由遥感观测到的全球气候变化和厄尔尼诺现象及其影响、全球荒漠化、绿波（指植被）推移、海洋冰山漂流等动态现象已经引起人们的广泛关注和重视；在海洋渔业、海上交通、海洋生态等研究中，遥感技术都已成为重要的工具。矿产资源、土地资源、森林草场资源、野生动物资源、水资源的调查和农作物的估产都离不开遥感手段的应用；此外，在灾害监测，如水灾、火灾、地震、农作物病虫害和气象灾害等的预测、预报和灾后评估中，遥感技术都发挥了巨大的作用。

在不同的大型工程建设中，如大型水利工程、港口工程、核电站、路网、机场建设和城市规划中，不同尺度、不同层次的遥感数据都发挥了重要作用。还有，在军事领域，近几十年来国际上重要的军事行动中，都从遥感中获取了非常重要的信息。

随着物联网、云计算、大数据、人工智能等新一轮信息技术浪潮迅速推进，遥感大数据的价值越来越得到广泛的重视，遥感数据逐渐向规模化、大众化应用转变。一方面，高分辨率卫星影像具有天然"大数据"属性，具有大容量、多类型、难辨识、高维度、多尺度、非平稳的特点，在包括环境保护在内的很多工作中可以提供数据支撑。另一方面，以云计算、大数据、人工智能为代表的新技术为遥感数据处理分析注入了新的活力，也为解决遥感卫星数据的大规模自动处理和智能信息提取提供了创新技术手段，能够更深层次地挖掘遥感数据的利用价值，比如通过数据挖掘的方法，从城市遥感影像中提取城市区域结构、布局、水系、道路、交通、建筑物等信息，提升城市管理的智慧化水平。目前，遥感大数据在建筑废弃物智慧监管、智慧环保、黑臭水体智慧监测、智慧农业、智慧规划等方面都得到了较为充分的、突破性的应用。遥感数据还与云计算结合，让遥感开始真正融入寻常百姓的日常生活。Google 针对地球观测大数据开发了全球尺度具有 PB（10^{15} bit）级数据处理能力的 GEE 云平台，极大地提升了地球观测大数据的处理与信息挖掘能力。GEE 内置预处理后的长时间序列 Landsat、MODIS、Sentinel 等系列数据，能够快速实现长时间、大范围的动态变化监测。近年来，深度学习方法逐渐被引入到图像分割、目标识别和分类中，利用机器学习的过程对图像所包含的特征信息进行挖掘，开展了高精度的水体地物类型的目标识别。

随着遥感技术及其应用的进一步发展，遥感探测将更实用化、商业化和国际化。

1.3 环境遥感的应用

遥感技术在环境领域的应用，目前主要体现在大面积的宏观环境质量和生态监测方面，在大气环境质量、水环境质量、城市环境质量监测等方面都有比较广泛的应用。

1.3.1 大气环境遥感

目前，用遥感技术监测大气污染已经取得了卓著成效，如对大气臭氧层的监测，对气溶胶含量的监测，对有害气体和热污染的监测，对沙尘暴的监测，等等。

1. 臭氧监测

遥感是目前全球臭氧测量的核心手段。通过测量来自太阳（或月亮）的直射光、大气和云的散射光、地表反射光和热辐射等光谱特征，可以求出气体分子的密度。由于臭氧对 $0.3\mu m$ 以下的电磁波吸收严重，因此可以用紫外波段来测定臭氧层的臭氧含量变化。卫星臭氧测量始于 20 世纪 60 年代末期。1978 年发射的云雨 7 号（NIMBUS-7）上携带了 TOMS（总臭氧量制图光谱仪），观测了全球臭氧分布，在发现南极臭氧空洞方面做出了杰出贡献。1981—1982 年首次由卫星资料得出了全球总臭氧量的气候分布。此后的臭氧监测侧重于全球范围大气臭氧总含量随时间的变化，并在 1982—1983 年冬季发现了臭氧空洞。我国在 2008 年发射了搭载有紫外臭氧垂直探测仪（solar backscatter ultraviolet sounder，SBUS）和臭氧总量探测仪（total ozone unit，TOU）的新一代极地轨道气象卫星"风云三号"（FY-3），推动了我国卫星紫外遥感技术的发展。

在我国，马霞麟等（1986）利用 NOAA 卫星的高分辨率红外大气探测器（HIRS/2）$9.6\mu m$ 通道辐射率值进行了臭氧总含量物理反演的计算试验，发现卫星资料反演的臭氧总含量与常规探测臭氧总含量的绝对平均误差小于 3%。周秀骥等（1995）利用地面观测资料和 1979—1991 年的云雨卫星遥感数据，分析了我国上空臭氧的分布和变化，发现了夏季在青藏高原上存在一个明显的大气臭氧总量低值区。李菁等（2020）利用臭氧监测仪（ozone monitoring instrument，OMI）的卫星观测数据对南京市 2008—2017 年臭氧总量时空分布特征进行遥感反演和统计分析，发现臭氧总量的空间分布呈现明显的北高南低的纬度分布特征。

2. 气溶胶及微量气体的反演

气溶胶和微量气体的监测通常采用直接解释与间接解释相结合的方法：可以通过研究大气对电磁波的吸收和散射等作用直接研究大气中所含的物质；也可以通过研究受污染的植被的光谱特征变化间接获取大气信息。

国际上，20 世纪 70 年代用云雨系列卫星上搭载的被动遥感器第一次获得了全球的温度和 H_2O、CH_4、HNO_3 的分布信息。1991 年 9 月发射的 UARS（高层大气研究卫星）上携带的 MLS 可以测量大气层中 O_3、ClO、SO_2、HNO_3 和水的含量。随后发射的一系列对地观测平台上，也大都携带了大气观测遥感器，如 ERS-2（欧洲遥感卫星-2）的 GOME（臭氧层探测设备）及 ATSR-2、日本 ADEOS 的 ILAS（大气红外光谱仪）和 IMG（温室气体监测器）、欧空局环境卫星的 MERIS 等。这些遥感器可获得大气中微量气体、气溶胶、水气、温度、压力的信息。搭载在 Terra/Aqua 卫星上的中分辨率成像光谱仪 MODIS 被证实在研究气溶胶时空变化方面具有较高的精度。2013 年发射的 Landsat 8 OLI 基于空间分辨率较高、波段覆盖较全的特点,在气溶胶反演中发挥了重要作用。我国的风云系列卫星遥感数据(FY-4A、FY-3B、FY-3C)也常被用于 AOD(气溶胶光学厚度)反演算法的构建。

国内外学者在大气污染物光谱特性研究和遥感监测等方面做了大量的工作。在 20 世纪 80 年代,耶格(H. Jaeger)用雷达系统成功地监测了欧洲同温层烟雾的变化情况; D. Tanre 等(1988)提出了一种反演陆地上空大气气溶胶光学厚度的方法。1992 年,莫里斯(A. P. Morse)等研究了臭氧和酸雾对云杉反射光谱的影响;布莱维尔(J. F. Blavier)等研究了大气中痕量气体的吸收光谱,指出大气中的 CO、NO、NO_2、OH、SO_2、H_2S、O_3、HNO_3 等气体具有吸收毫米和亚毫米波的特性,在此基础上建立了环境监测中最重要的大气痕量气体辐射线测定方法。1999 年,奥斯克曼(G. B. Osterman)等在阿拉斯加用空载分光计监测了大气中 NO_x 的含量。牛晓君等(2019)提出利用日本葵花(Himawari)卫星可见光波段数据及地表反射率比值反演气溶胶光学厚度的新算法;关雷等(2019)基于高分四号卫星数据,利用暗像元法对哈尔滨地区 AOD(气溶胶光学厚度)进行了反演。

利用遥感技术动态监测灰霾时空分布特征成为近年来的研究热点。主要监测方法包括:基于光谱特征差异的图像变换与灰霾指数提取、利用气溶胶光学厚度直接监测与大气颗粒物浓度间接监测、综合光学传感器与激光雷达遥感数据的灰霾垂直与水平分布特征立体监测。宋伟泽等(2014)利用基于遥感的气溶胶数据,提出了地理加权模型,估算了我国珠三角区域的 $PM_{2.5}$ 的空间分布特征。葛巍等(2016)利用 MODIS 影像,分析云、雾、霾、地表在可见光和红外通道的不同光谱特性,统计了霾的阈值区间,并设计霾识别自动处理流程,较好地监测了华北平原春夏的两个灰霾事件。Ji(2008)基于 TM 近红外通道和可见光通道影像数据,采用 HOT 变换法构建了回归线性模型分析灰霾空间分布。

3. 酸沉降监测

利用遥感直接监测酸沉降较为困难。目前,通常利用遥感技术结合常规检测,通过监测植被受害状况,从而比较全面地了解酸沉降污染,主要内容包括植被的常规监测、植被光谱测试、彩红外遥感等。

一般来说,同类植物由于其受污染毒害程度不同,近红外波段反射光谱特征差异较明显,在图像上主要表现为色调亮度、清晰度的差异。受污染毒害相对较重的植物,其影像色调较暗,影纹结构模糊;而受污染毒害相对较轻的植物,则呈色调相对鲜亮、影纹结构清晰的影像。

在酸沉降遥感监测的实际应用中,利用本次 TM 卫星影像和彩红外航片结合地面实际监测资料,谭克龙等(1998)对四川省酸沉降污染进行了调查和研究;吕禄仕等(1998)采用航空遥感手段对重庆市区酸沉降对植被的危害现状进行了调查,为重庆市环境保护和环境治理提供了重要依据。杜金辉等(2015)基于 OMI(臭氧层观测仪)痕量气体遥感数据和地面观测数据对青岛市硫元素和氮元素沉降通量进行了估算。

4. 沙尘暴监测

沙尘暴是由特殊的地理环境和气象条件导致的一种较为常见的自然现象,主要发生在沙漠及其邻近的干旱与半干旱地区。沙尘暴过程对生态系统的破坏力极强,它能够加速土地荒漠化,对大气环境造成严重的污染,使城市空气质量显著下降,对人类健康、城市交通、通信和供电产生负面影响。同时,沙尘气溶胶对气候、海洋生态系统和生物化学循环也有着重要影响。

我国西北地区处在中亚沙暴区,地表沙物质极为丰富,伴随着大风的形成,造成沙暴天气的概率很高。利用常规手段对沙尘暴进行监测还有一定困难,而利用卫星遥感技术则能获得较高质量的结果。

沙尘暴的监测方法中,传统的地面监测方法受到许多因素的制约,如现有的地面监测网(气象台站、环境监测点)的地域分布和密度都不够等,不能很好地刻画沙尘暴过程。利用遥感技术从空间对沙尘暴进行监测是最为有效的手段之一,它在沙尘暴研究中发挥着越来越重要的作用。利用多种遥感数据监测沙尘暴,提取沙尘暴信息,定量分析沙尘暴的有关参数,已成为沙尘暴研究的热点课题。

池梦雪等(2019)利用19年的MODIS/L1B数据(2000—2018年)对黄土高原102次沙尘天气过程进行遥感监测与分析,探究黄土高原沙尘天气发生的时空规律。Ochirkhuyag和Tsolmon(2008)通过解析AVHRR/NOAA热红外波段中第四波段和第五波段亮度温度差(BTDI),不但可以监测沙尘情况,还可以得出尘埃密度比。

1.3.2 水环境遥感

水环境监测内容主要包括水域变化、水体沼泽化、富营养化、泥沙污染、废水污染、热污染等。常规的水质监测与评价需要布置大量的测点才能够得到比较准确的水质分布信息,由于人力、物力和气候、水文条件的限制,难以长时间跟踪监测,易造成数据滞后,导致决策失误。而遥感技术能够迅速提供大面积的水质信息,有效地弥补常规监测手段的不足。

航空遥感在20世纪70年代和80年代初曾被广泛应用于监测海水中的浮游植物。许多学者认为航空遥感是一种监测浮游植物的有效工具,而且可以避免卫星遥感时云况对地面监测物的影响。80年代中期以后遥感监测水质的工作主要是利用卫星数据和航天平台上的多光谱扫描仪及成像光谱仪遥测数据。

现在,经过科研人员的多年研究,利用遥感技术已可以估计悬浮物浓度、透明度、叶绿素a浓度、表面水温以及表征水体营养状态等综合水质指标。例如,R. G. Lathrop等(1986,1991,1995)对美国密歇根湖和格林湾的水环境进行了一系列的遥感研究,估测了包括叶绿素a浓度、悬浮物浓度、透明度等在内的多项指标,取得了较理想的结果;T. M. Lillesand等(1983)发现在美国明尼苏达湖Landsat卫星数据与营养状态指数有良好的相关关系,并得出了可以通过遥感数据评价湖泊营养状态的结论。王建平等(2003)建立了利用TM影像进行湖泊水色反演的人工神经网络模型,反演了鄱阳湖中的悬浮物、COD_{Mn}、溶解氧、总磷、总氮和叶绿素浓度,反演精度较高。李怡静等(2020)结合鄱阳湖丰水期的实测水质数据和"高分一号"卫星影像,基于梯度提升决策树算法构建水质参数反演模型,反演了高锰酸盐指数、总磷、总氮、透明度、叶绿素a、悬浮泥沙6种水质参数,验证了该方法能够实现对内陆复杂水体水质的高精度遥感监测。

除了对一些水质参数的监测外,遥感手段还可用于其他方面的水体污染分析。比较常用的有热污染监测、海洋油污染监测及黑臭水体监测等。例如在1980—1983年历时4年的我国天津-渤海湾地区环境遥感试验中(郭之怀等,1993,1985),先后对海河、渤海湾、蓟运河、大连湾、长春南湖、珠江、苏南大运河、滇池等大型水体进行了遥感监测,研究了有机污染、油污染、富营养化等,并利用热红外图像对海河的热污染进行了分析,查明了海河全线热污染源的位置、数量及扩散情况等。温爽等(2018)构建了基于GF-2影像的城市黑臭水体遥感识别算法,分析了南京市主城区黑臭水体的空间分布和环境特点。

另外,利用遥感图像可以对污染水的运动状况进行研究。如保尔等(1987)利用航空多光谱扫描数据监测投放了染料的下水道污水,研究了从海口排出的下水道污水的扩散和稀释过程。R.G.Lathrop等(1989)利用SPOT图像多光谱数据监测和分析了河流入湖口处的混合迁移过程,并研究了湖底地形与污染扩散的关系。

1.3.3　城市环境遥感

1858年在法国,用装在气球上的相机拍摄了巴黎市的相片,是遥感用于城市环境监测的开端。近几十年来,用航空相片进行城市专题研究日趋成熟,使用了彩色、彩红外、航空热红外等技术。卫星遥感数据主要应用于城市发展动态监测。遥感技术已成为城市环境监测的重要手段。不仅世界上发达国家在这方面的研究不断深入,而且许多发展中国家如埃及、印度、苏丹、巴西等都开展了城市发展研究。

中国将遥感技术应用于城市环境研究开始于20世纪80年代。对城市环境污染的研究目前应用比较多的是城市热岛效应监测、城市绿地监测、城市土地利用变化监测、城市大气污染监测、水污染监测、噪声控制和固体废物识别等。

例如,1980—1983年,中国科学院环境委员会和天津市环境保护局共同组织了对天津市的环境遥感监测,研究了天津市的水、热、气、植被的污染状况。王学平等(1995)利用遥感技术对上海市固体废物的分布进行了识别研究。张方利等(2013)利用高分辨率影像识别城市固体废弃物,精度达到75%。戴昌达等(1995)利用1984年、1987年、1989年、1992年的4景TM影像,研究了北京市的城市扩展与环境变化。周成虎等(1999)以多平台航天遥感信息为数据源,分析研究中国香港的植被类型及其空间变化、土地利用的空间分布与区域差异。吕妙儿等(2000)以南京市为例,利用卫星遥感数据和航空遥感数据,研究城市绿地结构布局的宏观监测和城市绿量的计算。张穗等(2003)利用Landsat 7 ETM+影像研究了武汉市地面热场分布图,取得了很好的模拟效果。王春兰等(2004)利用ASTER影像数据对福州市的地面人工建筑物信息进行了提取,可服务于城市规划和城市的环境评价。王文锦等(2021)根据Landsat卫星遥感影像解译了2000—2018年长江三角洲城市群历史土地利用变化,结合氮肥施用变化情况,研究了由于土地利用变化带来的农田生态系统氨排放变化。

1.3.4　植被生态监测

遥感技术在生态环境的监测和研究中发挥着重要作用,如沙漠监测、植被监测、海岸线监测等。植被是生态环境中最重要的要素之一。目前对植被遥感监测的研究主要集中在以下几个方面:

(1)植被的反射特征。主要研究内容包括:不同植被的不同反射光谱,植被反射光谱的季节性变化,植被反射光谱与其所处环境之间的关系。可以说,关于植被反射光谱的研究是植被监测的基础。在我国,中国林业科学院曾对华北主要树种的光谱差异及其物候变化进行研究。

（2）植被的生物总量研究。原理如下：遥感图像上反映的植被影像,一般来说,其灰度与实地生物量的大小存在着相关关系,通过引入各种植被指数,并分析植被指数与生物量的对应关系,可以估计出图像对应地物的生物量。

（3）植被的破坏情况监测。受到破坏的植物长势弱于健康植物,在反射光谱上表现出与健康植物的特定差异,这一差异是对其进行监测的基础。

（4）外界环境污染。如前所述,植被在遭受某一污染物侵害后,在反射光谱上同样会呈现与未受侵害的植物的特定差异。利用这一差异,可以对外界环境进行监测与评价。

习题

1-1 试简述环境数据的采集方法及其不同和联系,并举例说明。

1-2 何为遥感？其基本特征是什么？

1-3 试论述遥感的分类。

CHAPTER 2

环境遥感基础

2.1 电磁波辐射与地物光谱特征

遥感数据记录的实际上就是观测对象反射或发射的电磁(EM)能量。地表最重要的电磁能量来源是太阳,它可以提供可见光、红外线和紫外线等。在遥感观测系统中,很多传感器用来测量反射的太阳光,也有些传感器探测地球本身发射的电磁波能量。为了更好地理解遥感的原理及其后续的遥感影像解译,有必要对电磁能量及其特征有基本的了解。

2.1.1 电磁波辐射与电磁波谱

1. 电磁波

波是振动在空间的传播,是能量的一种动态形式。电磁波(包括光波、热辐射波、微波和无线电波等)是由振源发出的电磁振动在空间的传播。

电磁波是横波,如图 2-1 所示。它在空间中以正弦波的形式传播,电磁波分为两个场,即电场和磁场,它们相互正交。两个场的振动方向与电磁波的传播方向垂直。电磁波在真空中是以光速 c 传播的,光速 c 是常数,为 299 790 000m/s,一般简略为 3×10^8m/s。

电磁波的一个对遥感很重要的特征量是波长 λ,它定义为两个相邻波峰之间的距离,它的单位是 m,mm 或 μm 等。另一个重要的特征量是频率 ν,是指单位时间通过某一点的波的周期数,它的单位是 Hz。波长和频率的关系如下:

$$c = \lambda\nu \tag{2-1}$$

由于光速 c 是常数,由式(2-1)可以看出波长越短,频率就越高,如图 2-2 所示。

电磁能量具有波粒二象性,电磁波也称电磁辐射。在这种情形下,电磁能量是由离散的光量子(photons)组成的,电磁波是不停运动着的密集的量子化粒子流。特定波长的一个光量子的能量 Q 与频率 ν 存在如下关系:

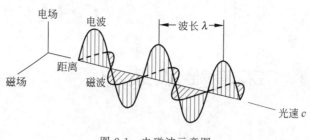

图 2-1 电磁波示意图

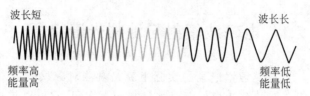

图 2-2   波长、频率及能量间的关系

$$Q = h\nu \qquad\qquad (2\text{-}2)$$

式中,h——普朗克(Planck)常数,$h = 6.626 \times 10^{34}\,\text{J/s}$。

由式(2-2)可以看出,波长越长,其电磁能量就越低。这就是为什么在被动遥感测量中,波长较长的能量难以测量的原因。

2. 电磁能量辐射源

自然界中的任何物体,包括冰在内,只要温度高于 0K(-273.16℃),由于分子运动都会向外辐射电磁能量。这就意味着太阳以及地球都以波的形式辐射电磁能量。

如果一个物体对于任何波长的电磁辐射都全部吸收,并且又全部辐射出来,则这个物体称为绝对黑体(blackbody)。黑体是一种理想的辐射体,在自然界中并不存在,自然界中最接近黑体的物质为煤。对于黑体来讲,其辐射系数 ε 和吸收系数 α 都为最大值 1。

一个物体辐射的能量取决于该物体的热力学温度和辐射系数,并且是波长的函数,它符合斯特藩-玻尔兹曼(Stefan-Boltzman)定律。

黑体可以以一个连续的波长辐射电磁能量。不同温度下,黑体的辐射能量如图 2-3 所示。可以看出,物体温度不同,曲线也不相同,虽然形状相似却都不相交。该图中横轴为波长,纵轴为光谱辐射度(单位时间、单位面积辐射的能量,单位为 $\text{W}/(\text{cm}^2 \cdot \mu m)$),因此每条曲线下面的面积就是在这一温度下黑体单位时间单位面积辐射的总能量。从图中还可以看出,黑体温度越高,其曲线的峰顶就越往左移,即往波长短的方向移动。比如温度 400℃(673K)的黑体的辐射度峰值出现在波长大约为 $4\mu m$ 处,而温度 1000℃(1273K)的黑体的辐射度峰值出现在波长大约为 $2.5\mu m$ 处。如果辐射最大值落在可见光波段,物体的颜色会随着温度的升高而变化,波长逐渐变短,颜色由红色再逐渐变蓝变紫。

自然界中实际物体与黑体相比,区别体现在物体的辐射系数上。实际物体的辐射系数都小于1,这就意味着只有一部分吸收的能量可以再辐射出去,通常这个比例为 80%～98%,部分能量被吸收了。黑色的烟煤,因其辐射系数接近 99%,被认为是最接近绝对黑体的自然物质。太阳的辐射也可看作接近黑体的辐射源。

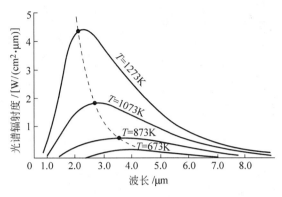

图 2-3　不同温度的黑体辐射

3. 电磁波谱

按照电磁波传播的波长或频率,将其以递增或递减的次序排列,就构成了电磁波谱。习惯上,电磁波区段的划分如表 2-1 所示,其图示见图 2-4。在遥感技术中所使用的电磁波是从紫外线、可见光、红外线到微波的光谱段,其中可见光、红外线和微波波段尤为重要。

表 2-1　电磁波谱

波　段			光谱波长范围
长波			大于 3000m
中波和短波			10～3000m
超短波			1～10m
微波		UHF 波段	27～100cm
		L 波段	18～27cm
		LS 波段	12～18cm
		S 波段	7.6～12cm
		C 波段	5.1～7.6cm
		XC 波段	3.7～5.1cm
		X 波段	2.3～3.7cm
		Ku 波段	1.7～2.3cm
		K 波段	1.1～1.7cm
		Ka 波段	0.75～1.1cm
		Q 波段	0.6～0.91cm
		U 波段	0.5～0.75cm
		M 波段	0.4～0.6cm
		E 波段	0.33～0.5cm
		F 波段	0.21～0.33cm
		G 波段	0.14～0.21cm
		R 波段	0.1～0.14cm
红外波段	热红外	超远红外	15～1000μm
		远红外	6～15μm
		中红外	3～6μm
	近红外		0.76～3μm

续表

波 段		光谱波长范围
可见光	红	$0.62 \sim 0.76 \mu m$
	橙	$0.59 \sim 0.62 \mu m$
	黄	$0.56 \sim 0.59 \mu m$
	绿	$0.50 \sim 0.56 \mu m$
	青	$0.47 \sim 0.50 \mu m$
	蓝	$0.43 \sim 0.47 \mu m$
	紫	$0.38 \sim 0.43 \mu m$
紫外线		$10^{-3} \sim 0.38 \mu m$
X射线		$10^{-6} \sim 10^{-3} \mu m$
γ射线		小于 $10^{-6} \mu m$

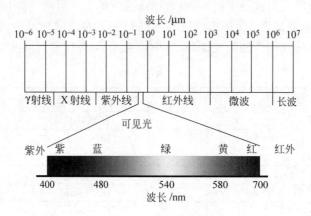

图2-4　电磁波谱图示

1) 紫外线

紫外线的波长介于 $10^{-3} \sim 0.38 \mu m$。由于波长短于 $0.3 \mu m$ 的能量几乎全部被大气层所吸收，因此，到达地面的只有 $0.3 \sim 0.38 \mu m$ 而且能量很少的部分。地面碳酸盐岩和漂浮于水面的油层对紫外线反射较强，所以，目前遥感多用于测定碳酸盐岩的分布和对石油污染的监测。

2) 可见光

可见光的波长范围是 $0.38 \sim 0.76 \mu m$。在电磁波谱中，可见光虽然只占一个十分狭窄的区间，但由于人的眼睛对其有十分敏锐的分辨能力，所以才能使人们感觉到绚丽多彩的自然界。因而，可见光也就成为我们鉴别物质特征的主要波段。

可见光是由红、橙、黄、绿、青、蓝、紫等颜色的光组成的，与其对应的波长范围如表2-1所示。

当电磁波到达人的大脑时，每一种波长都产生一种不同的色彩信息，这就是不同的光产生不同颜色的道理。在遥感技术中，是以光学摄影方式和扫描方式接收和记录地物对可见光的反射特征信息的。

3）红外线

可见光中的长波边缘之外就是红外线，其波长范围是 $0.76 \sim 1000 \mu m$。实际上，在红外线范围内又可分为近红外和热红外两部分。

近红外波（波长 $0.76 \sim 3.0 \mu m$）在性质上与可见光波非常相似，故又称为光红外。遥感技术中，多采用摄影或扫描方式接收与记录地物对太阳辐射的光红外反射。

热红外区域，包括了可产生热感的波长较长的中红外（波长为 $3 \sim 6 \mu m$）、远红外（波长 $6 \sim 15 \mu m$）和超远红外（$15 \sim 1000 \mu m$）射线。自然界中的任何物体，包括冰在内，只要温度高于 $0K$（$-273.16℃$）时都能向外辐射红外线。在地球平均温度情况下，辐射峰值在 $10 \mu m$ 附近，而 $10 \mu m$ 附近的辐射波很少被大气吸收，又不易为天空微粒散射，所以，热红外测量不会受日照条件的限制，在夜间和有雾霾的情况下可以照样进行，在这方面它比可见光遥感优越得多。事实上，地面任何一个物体所接收到的辐射都有两种类型：一种是峰值在 $0.5 \mu m$ 附近的太阳辐射；另一种则是物体本身发射的峰值在 $10 \mu m$ 附近的热红外辐射。常温情况下，物体发射红外线的波长多为 $3 \sim 40 \mu m$，但由于 $15 \mu m$ 以上的超远红外线多被大气和水分子所吸收，所以，在遥感技术中主要利用 $3 \sim 15 \mu m$ 波段，更多的是利用 $3 \sim 5 \mu m$ 和 $8 \sim 14 \mu m$ 波段。

4）微波

微波的波长范围一般为 $1mm \sim 1m$（即 $300MHz \sim 300GHz$）。微波辐射和红外辐射的特征相似，都属于热辐射性质，它能提供给我们有关地面物体发射的热辐射信息，并能测量物体的亮度温度（物体的视在温度），与红外线相比，它不仅穿透雾霾的能力强，而且也能穿透云雨和降雪。其主要优点如下：

（1）易于聚成较窄、波束角达 1°左右的发射波束；

（2）因其近似直线传播，所以不受高空（$100 \sim 400km$）电离层反射的影响；

（3）地面被测物体对微波散射性能好；

（4）很少受自然界中其他电磁波的干扰。

2.1.2　太阳辐射及大气对辐射的影响

太阳是最重要的能量来源，太阳辐射到达地球表面之前，在大气中存在三种基本的交互过程：吸收、传输、散射。随后传输到地表的能量再被地表物质反射、折射或吸收。太阳光经过地面物体反射后，再经过大气到达传感器。这时传感器探测到的辐射强度与太阳辐射到达地球大气上空时的辐射强度相比，已有了很大的变化，包括受到入射与反射后二次经过大气的影响和地物反射的影响。

1. 太阳辐射

1）太阳常数

在太阳系空间，除了包括地球及其卫星在内的行星系统、彗星、流星等天体外，还布满了从太阳发射的电磁波的全波辐射及粒子流。

太阳常数是指不受大气影响，在距太阳一个天文单位内，垂直于太阳光辐射方向上，单位面积、单位时间黑体所接收的太阳辐射能量，其值为

$$I_{\ominus} = 1.36 \times 10^3 \, W/m^2$$

可以认为太阳常数是黑体在大气层顶端接收的太阳能量。长期观测表明，太阳常数的变化不会超过 1%，由太阳常数的测量和已知的日地距离可以计算出太阳的总辐射通量为 $\phi_\ominus = 3.826 \times 10^{26}$ W。

2）太阳光谱

太阳光谱通常指光球层产生的光谱，光球发射的能量大部分集中于可见光波段，如图 2-5 所示，图中清楚地描绘了黑体在 6000K 时的辐射度曲线、在大气层外接收到的太阳辐射度曲线及太阳辐射穿过大气层后在地表接收到的太阳辐射度曲线。

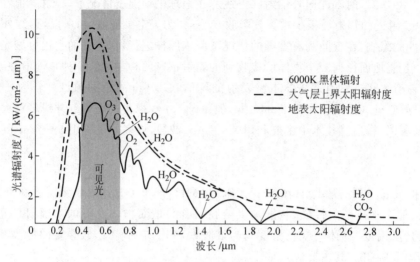

图 2-5　太阳辐射度分布曲线

太阳辐射能量在各个波段所占比例见表 2-2，这个比例仅表示通常情况。太阳辐射在从近紫外到中红外这一波段区间能量最集中而且相对来说最稳定，太阳强度变化最小。在其他波段如 X 射线、γ 射线、远紫外及微波波段，尽管它们的能量加起来不到 1%，但是却变化很大，一旦太阳活动剧烈，如黑子和耀斑爆发，其强度也会有剧烈增长，最大时可差上千倍甚至还多，因此会影响地球磁场，中断或干扰无线电通信。但就遥感而言，被动遥感主要利用可见光、红外等稳定辐射，使太阳活动对遥感的影响减至最小。

表 2-2　太阳辐射能量各波段所占比例

波长/μm	波段名称	能量比例
$<10^{-3}$	X、γ 射线	0.02%
$10^{-3} \sim 0.20$	远紫外	
$0.20 \sim 0.31$	中紫外	1.95%
$0.31 \sim 0.38$	近紫外	5.32%
$0.38 \sim 0.76$	可见光	43.50%
$0.76 \sim 1.50$	近红外	36.80%
$1.50 \sim 5.60$	中红外	12.00%
$5.60 \sim 1000$	远红外	0.41%
>1000	微波	

图 2-5 中地表的太阳辐射度曲线与大气层外的曲线有很大不同。其差异主要是地球大气层引起的。由于大气中的水、氧、臭氧、二氧化碳等分子对太阳辐射的吸收作用，加之大气的散射，太阳辐射产生很大衰减，图中那些衰减最大的区间便是大气分子吸收的最强波段。

图 2-5 中所示的辐射度是太阳垂直投射到被测平面上的测量值。如果太阳光倾斜入射，则辐射度必然产生变化并与太阳入射光线及地平面产生夹角，即与太阳高度角有关。图 2-6 中表示出太阳光线射入地平面的一个剖面，h 为高度角，I 为垂直于太阳入射方向的辐射度，I' 为斜入射到地面上时的辐射度，辐射通量 Φ 不变，则单位宽度上 AB 间面积为 S，BC 间面积为 $S\sin h$，于是有

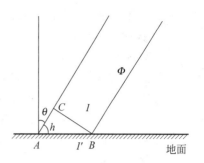

图 2-6　辐射度随高度角的变化

$$\Phi = I'S = IS\sin h \tag{2-3}$$

$$I' = I\sin h \tag{2-4}$$

如果用太阳常数 I_Θ 计算，设 D 为日地之间距离，则

$$I' = \frac{I_\Theta \sin h}{D^2} \tag{2-5}$$

2. 大气散射

电磁波在传播过程中遇到小微粒而使传播方向改变，并向各个方向散开，称散射。散射使原传播方向的辐射强度减弱，而其他各方向的辐射强度增强。尽管散射强度不大，但从遥感数据角度分析，太阳辐射在照到地面又反射到传感器的过程中，二次通过大气，在照射地面时，由于散射增加了漫入射的成分，使反射的辐射成分有所改变。返回传感器时，除反射光外还增加了散射光。通过二次影响增加了信号中的噪声成分，造成遥感图像的质量下降。

散射现象的实质是电磁波在传输中遇到大气微粒而产生的一种衍射现象。因此，这种现象只有当大气中的分子或其他微粒的直径小于或相当于辐射波长时才发生。大气散射有三种情况：

1）瑞利（Rayleigh）散射

大气中粒子的直径比波长小得多时发生的散射称为瑞利散射。这种散射主要由大气中的原子和分子，如氮、二氧化碳、臭氧、氧分子，以及一些极细小的颗粒等引起。特别是对可见光而言，瑞利散射现象非常明显，因为这种散射的特点是散射强度与波长的四次方（λ^4）成反比，即波长越长，散射越弱。当向四面八方的散射光线较弱时，原传播方向上的透过率则较大。当太阳辐射垂直穿过大气层时，可见光波段损失的能量可达 10%。

瑞利散射对可见光的影响很大。无云的晴空呈现蓝色，就是因为蓝光波长短，散射强度较大，因此蓝光向四面八方散射，整个天空呈蔚蓝色，使太阳辐射传播方向的蓝光被大大削弱。这种现象在日出和日落时更为明显，因为这时太阳高度角小，阳光斜射向地面，通过的大气层比阳光直射时要厚得多。在长距离的传播中，蓝光波长最短，几乎被散射殆尽，波长次短的绿光散射强度居其次，大部分被散射掉了。只剩下波长最长的红光，散射最弱，因此透过大气最多。加上剩余的极少量绿光，最后合成呈现橘红色，所以朝霞和夕阳都偏橘红

色。对于红外线和微波,由于波长更长,瑞利散射的强度更弱,可以认为几乎不受影响。

2) 米氏(Mie)散射

这种散射是指当大气中粒子的直径与辐射的波长相当时发生的散射。这种散射主要由大气中的微粒,如烟、尘埃、小水滴及气溶胶等引起。米氏散射的散射强度与波长的二次方(λ^2)成反比,并且散射在光线向前方向比向后方向更强,方向性比较明显。如云雾的粒子直径($0.76\sim15\mu m$)与红外线的波长接近,所以云雾对红外线的散射主要是米氏散射。因此,潮湿天气米氏散射影响较大。

3) 无选择性散射

大气中粒子的直径比波长大得多时发生的散射称为无选择性散射。这种散射的特点是散射强度与波长无关,也就是说,在符合无选择性散射条件的波段中,任何波长的散射强度都相同。如云、雾粒子的直径虽然与红外线波长接近,但相比可见光波段,云雾中水滴的粒子直径就比波长大很多,因而对可见光中各个波长的光散射强度都相同,所以人们看到云雾呈白色,并且无论从云下还是乘飞机从云层上面看,都是白色。

由以上分析可知,散射会造成太阳辐射的衰减,但是散射强度遵循的规律与电磁波波长密切相关。而太阳的电磁波辐射几乎包括电磁辐射的各个波段。因此,在大气状况相同时,会同时出现各种类型的散射。由大气分子、原子引起的瑞利散射主要发生在可见光和近红外波段。由大气微粒引起的米氏散射从近紫外到红外波段都有影响,当波长进入红外波段后,米氏散射的影响超过瑞利散射。大气云层中,小雨滴的直径相比其他微粒最大,对可见光只有无选择性散射发生,云层越厚,散射越强。而对微波来说,微波波长比粒子的直径大得多,则又属于瑞利散射的类型,散射强度与波长的四次方成反比,波长越长散射强度越小,所以微波才可能有最小散射、最大透射,因而被称为具有穿云透雾的能力。

3. 大气的吸收和大气窗口

电磁能量在大气中传输的过程中,部分能量被不同的分子所吸收。大气中,吸收电磁能量的分子主要为臭氧(O_3)、水蒸气(H_2O)和二氧化碳(CO_2)。

图 2-7 给出了 $0\sim22\mu m$ 波长范围内太阳能穿过大气层传输到地表的透过率。从中可以看出,在 $0\sim22\mu m$ 波长范围内,大约一半的光谱对地物的遥感是没有用处的,因为相应的能量不能穿越大气层。对于地物遥感有价值的波段是那些透过率高的波段区域,这些波段区域称为大气传输窗口,简称大气窗口。

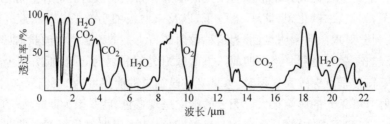

图 2-7　太阳能穿过大气层传输到地表的透过率

大气窗口的光谱段主要有:

- $0.3\sim1.3\mu m$,即紫外、可见光、近红外波段。这一波段是摄影成像的最佳波段,也是许多卫星传感器扫描成像的常用波段,如 Landsat 卫星的 TM 1～4 波段,SPOT 卫星的 HRV 波段。

- 1.5～1.8μm 和 2.0～3.5μm，即近、中红外波段。该波段是白天日照条件好时扫描成像的常用波段，如 TM 的 5、7 波段等，用以探测植物含水量以及云、雪，或用于地质制图等。

- 3.5～5.5μm，即中红外波段。该波段除了反射外，地面物体也可以自身发射热辐射能量，如 NOAA 卫星的 AVHRR 传感器用 3.55～3.93μm 波段探测海面温度，获得昼夜云图。

- 8.0～14.0μm，即远红外波段。该波段主要通过来自地物热辐射的能量，适于夜间成像。

- 0.8～2.5cm，即微波波段。由于微波穿云透雾能力强，这一区间可以全天候观测，而且是主动遥感方式，如侧视雷达。Radarsat 的卫星雷达影像也在这一区间，常用的波段为 0.8cm、3cm、5cm、10cm，甚至可将该窗口扩展至 0.05～300cm。

2.1.3　能量与地球表面特征的相互作用

当电磁能射入任何已知的地物时，均存在三种能量和地物的相互作用：反射、吸收和透射。电磁能辐射到达地面物体后，物体除了对其具有反射作用外，还有吸收作用。电磁辐射未被吸收和反射的其余部分则是透过的部分。根据能量守恒原理，三种能量的相互关系如下：

$$E_I(\lambda) = E_R(\lambda) + E_A(\lambda) + E_T(\lambda) \tag{2-6}$$

式中，E_I——入射能量；

$\quad\quad E_R$——反射能量；

$\quad\quad E_A$——吸收能量；

$\quad\quad E_T$——透射能量。

所有能量的组成部分都是波长 λ 的函数。

上述能量平衡方程表达了地物反射、吸收和透射三种作用之间的相互关系。但是要注意，能量被反射、吸收和透射的比例会随着地物类型和条件的不同而变化。还有，即使是同一地物类型，被反射、吸收和透射的比例也会随着波长的不同而不同。比如，绝大多数物体对可见光都不具有透射能力，而有些物体，例如水，对一定波长的电磁波则透射能力较强，特别是 0.45～0.56μm 的蓝、绿光波段，一般水体的透射深度可达 10～20m，浑浊水体则为 1～2m，清澈水体甚至可达到 100m 的深度。

许多遥感系统是在反射能量占主导的波长区域工作的，因此地物的辐射和反射特性是非常重要的。

1. 反射率与地物反射

1）反射率

物体反射的辐射能量 P_ρ 占总入射能量 P_0 的百分比，称为反射率 ρ：

$$\rho = \frac{P_\rho}{P_0} \times 100\% \tag{2-7}$$

不同物体的反射率也不同，这主要取决于物体本身的性质（表面状况），以及入射电磁波的波长和入射角度,反射率的范围总是 $\rho \leqslant 1$,利用反射率可以判断物体的性质。

2)物体的反射

物体表面状况不同,反射率也不同。有两种极端情况下的反射状况:镜面反射(specular reflection)、漫反射(diffuse reflection)。在现实世界中,实际物体反射通常是上述两种反射状况的组合。

(1)镜面反射

此种反射满足反射定律,入射波和反射波在同一平面内,入射角与反射角相等。当镜面反射时,如果入射波平行入射,只有在反射波射出的方向上才能探测到电磁波,而其他方向则探测不到。对可见光而言,其他方向上应该是黑的。自然界中真正的镜面很少,非常平静的水面和玻璃房屋的屋顶可以近似地认为是镜面。

(2)漫反射

漫反射是指不论入射方向如何,虽然反射率 ρ 与镜面反射一样,但反射方向却是"四面八方"。也就是把反射出来的能量均匀地分散到各个方向,因此从某一方向看反射面,其亮度一定小于镜面反射的亮度。这种反射面又叫朗伯面。对于漫反射面,当总的反射率为 ρ,某一方向的反射因子为 ρ' 时,有

$$\rho = \pi \rho' \tag{2-8}$$

式中,ρ' 为常数,与方向角或高度角无关。

自然界中真正的朗伯面很少,新鲜的氧化镁(MgO)、硫酸钡($BaSO_4$)、碳酸镁($MgCO_3$)表面,在反射天顶角 $\theta \leqslant 45°$ 时,可以近似看成朗伯面。

(3)实际物体反射

多数反射都处于两种理想模型之间,即介于镜面和漫反射面(图 2-8)之间。任何一个特定地物类别的反射特性都是由其表面的粗糙程度与入射到该表面的电磁波波长决定的。例如,在波长相对较长的无线电波段,就入射能而言,沙滩显得很光滑;然而在可见光波段,就显得很粗糙。即当入射能的波长比表面高度变化或组成表面的颗粒的尺寸小得多时,该表面的反射就近似于漫反射;反之,就近似于镜面反射。

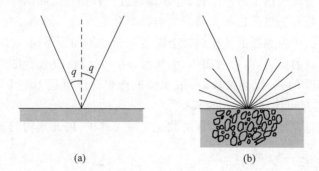

图 2-8 两种极端情况下的反射状况
(a)镜面反射;(b)漫反射

2. 几种典型地物的反射波谱曲线

地物的反射波谱指地物反射率随波长的变化规律。同一物体的波谱曲线反映出其在不同波段的反射率,将其与遥感传感器对应波段接收的辐射数据相对照,可以得到遥感数据与

对应地物的识别规律。科研人员已经对很多不同地物的反射波谱特性进行了大量的研究，积累了大量成果。在此，对与环境遥感密切相关的几种典型地物的反射波谱曲线进行介绍。

1）植被

植被的反射波谱曲线（光谱特征）规律性明显而独特（图 2-9），主要分三段。可见光波段（$0.4 \sim 0.76 \mu m$）有一个小的反射峰，位置在 $0.55 \mu m$（绿）处，两侧 $0.45 \mu m$（蓝）和 $0.67 \mu m$（红）则有两个吸收带。这一特征是由于叶绿素的影响，叶绿素对蓝光和红光吸收作用强，而对绿光反射作用强。在红光到近红外转变的波段（$0.7 \sim 0.8 \mu m$）有一反射的"陡坡"，至 $1.1 \mu m$ 附近有一峰值，形成植被的独有特征。这是由于受到植被叶细胞结构的影响，植被对这个波段的电磁波形成的高反射率。在近红外到中红外波段（$1.3 \sim 2.5 \mu m$）受到绿色植物含水量的影响，吸收率大增，反射率大大下降，特别以 $1.45 \mu m$、$1.95 \mu m$ 和 $2.7 \mu m$ 为中心出现水的吸收带，形成低谷。当叶子干枯时，比如庄稼在收获季节，植物的颜色会发生变化，这时由于基本上不存在光合作用，在红色波段的反射会增加，同时由于叶子的水分减少，中红外波段的反射增加，而近红外波段处的反射减少。因此遥感数据不仅能够反映植被的类型，还能反映植被的健康状况。

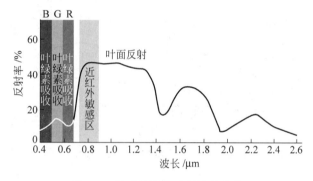

图 2-9　健康植被的反射波谱曲线

植物波谱在上述基本特征下仍有细部差别，这种差别与植物种类、季节、病虫害影响、含水量多少等有关系。为了区分具体的植被种类，需要对不同种类的植被波谱进行更细致的研究。

2）水体

低反射、高透射是水体最主要的光谱特征，水体反射率在各个波段都较低。比如上述植被的反射率可达到 50%，而水体的反射率最高才到 10%。水体的反射主要在可见光和近红外部分，1200nm 以后所有的能量均被吸收。

当水中含有其他物质时，反射光谱曲线会发生变化。如图 2-10 所示，水中含泥沙时，由于泥沙散射，可见光波段反射率会增加，峰值出现在黄红区。水中含叶绿素时，反射波谱曲线的峰值在绿光波段，近红外波段明显抬升，这些都成为影像分析的重要依据。

3）裸露土壤

裸露土壤的反射与很多因素有关，因此难以给出一个通常的土壤反射波谱曲线。影响土壤反射的主要因素包括：土壤颜色、土壤颗粒尺度、土壤含水量、有机质含量、含铁量及母质成分等。自然状态下土壤表面的反射率没有明显的峰值和谷值，一般来讲土质越细反射率越高，有机质含量越高和含水量越高反射率越低，此外，土类和肥力也会对反射率产生影响(图 2-11)。由于土壤反射波谱曲线呈现比较平滑的特征,所以在不同光谱段的遥感影像上,土壤的亮度区别不明显。

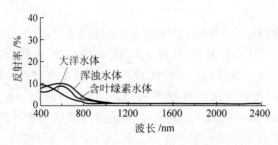

图 2-10   水体反射波谱曲线

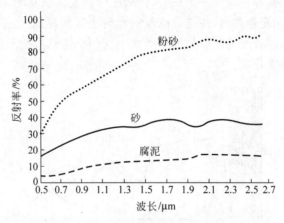

图 2-11   三种土壤的反射波谱曲线

2.1.4 彩色合成的原理

电磁波谱中可见光能被人眼所感受而产生视觉,不同波长的光显示出不同的颜色。自然界中的物体对于入射光有不同的选择性吸收和反射能力,而显示出不同的色彩,而遥感影像正是利用这一点来区别不同的地物。

然而人眼在判别颜色方面也有局限性,即分不出哪一种色是"单色",哪一种色是"混合色"。例如,把波长 $0.7\mu m$ 的红光与波长 $0.54\mu m$ 的绿光按一定的比例混合叠加射入人眼时,人同样感觉为黄色。因此,对于人眼来说,光对于色,虽然有单一的对应关系,而色对于光就不是单一的对应关系了,因为色彩可以是不同色光按一定比例叠加而合成的。彩色合成技术正是利用眼睛这个视觉特性合成出许多不同的色彩。

在人眼睛的视网膜上,有三种感色的锥体细胞,能分别感受红、绿、蓝三种基本色,其他颜色则是由这三个基本色中两个以上的色光按照一定比例混合而成的,因此将这三种颜色称为三原色(基色)。用三原色合成其他颜色的方法有两种:加色法和减色法。

1. 加色法

以红、绿、蓝三原色中的两种以上色光按一定比例混合,产生其他色彩的方法称为加色法(图 2-12)。把红、绿、蓝三原色两两等量相加则形成黄、青、品红三种间色光。等量的三原色若分别与相对应的间色光叠加后,都产生白色光。若两种等量的色光混合后成为白色,则这两种色光称为互补色光。若将两种间色光相加,又能产生复色光,如黄与青相加为绿色,绿色为复色光。现将其关系概括如表2-3所示。

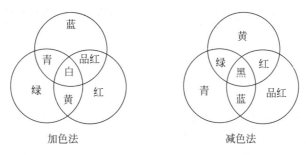

图 2-12　彩色合成原理示意图

表 2-3　彩色合成表

三原色	三间色光	三补色光	复色光
红	黄＝红＋绿	青＋红＝白	黄＋品＝红
蓝	品＝红＋蓝	黄＋蓝＝白	青＋品＝蓝
绿	青＝蓝＋绿	品＋绿＝白	黄＋青＝绿

注:品即品红。

在加色法中,其他所有的可见光都可以用三原色以不同的亮度混合而成,其可用一个三维的颜色空间来表示,如图 2-13 所示。以 R、G、B 为三个坐标轴,在三个轴上,红(R)、绿(G)、蓝(B)的亮度值在 0~1 之间,这样就形成了一个三维颜色空间。

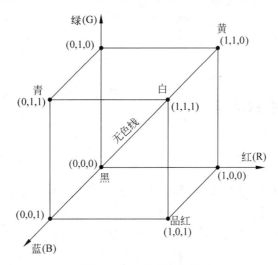

图 2-13　三维颜色空间

2. 减色法

从白光中间去掉其中一种或两种原色光而产生色彩的方法称为减色法。这种方法一般用于颜料配色,多用于彩色印刷和相片彩印中。颜料本身的色彩是由于其选择性吸收入射光中一定波长的色光,反射出白光中未被吸收的色光所形成的。减色法正是从入射白光减去三原色中的一种或两种色光而生成色彩,见图 2-12。

例如,黄色颜料是由于其吸收了白光中的蓝光,反射出红光和绿光而成的;品红色颜料是因为吸收了白光中的绿光,反射出红光和蓝光而成的;青色颜料是因为吸收了白光中的红光,反射出绿光和蓝光而成的。

当品红与黄色染料混合时,白光中的绿色和蓝色分别被品红和黄色染料吸收,只有红光被反射,故呈现为红色。同理,当品红与青色染料混合时,呈现为蓝色;当青与黄色染料混合时,呈现为绿色。

当品红、青与黄色三色混合时,白光中的绿、红和蓝色全部被吸收,呈现出黑色。

自然界中的色彩是五光十色、千变万化的,以上所述仅是彩色合成和配置的基本原理。实际上,一个色彩受色别、明度和饱和度三个参数所制约。因此要准确合成天然色彩,不但色别要与之保持一致,明度和饱和度也应与之保持一致。

3. 彩色的分解与还原

基于上述原理,为了重新获得物体的天然色彩或进行假彩色合成,必须首先对彩色进行分解,以获得红、绿、蓝三原色的分光图像,然后采用加色法或减色法还原成原来的彩色。

彩色分解就是对同一目标(或图像)分别采用不同的滤光系统而得到不同波段图像的过程,被摄物体分别通过红、绿、蓝滤光系统,得到红、绿、蓝的分光负片(黑白),再经过接触晒印成红、绿、蓝的正片(黑白)。彩色的还原过程即彩色分解的逆过程,即将分光底片通过不同的滤光系统,并准确套合得到彩色相片。

还原显现的色彩与原来物体的色彩一样的,称为真彩色合成。在进行真彩色合成时,要保证分光、还原过程的严格对应关系。如果分光或还原时没有按照对应关系,就不能称为真彩色,而称为假彩色。其中,按加色法通过蓝、绿、红滤光系统或按减色法染以黄、品红、青颜料,合成出的相片称为标准假彩色相片。若不按上述方案,可以随意选择任何方案合成的相片,称为假彩色相片。

2.2 遥感传感器与平台

2.2.1 传感器

遥感传感器是遥感中"感"字的体现者,是遥感技术中最核心的组成部分,可直接用于测量来自地物的电磁波特性。

传感器的种类很多,分类的方式也多种多样,常见的分类方式有以下几种:

(1) 按电磁波辐射来源的不同分为主动式传感器和被动式传感器两类,如图 2-14 所示。主动式传感器本身向目标发射电磁波,然后收集从目标反射回来的电磁波信息,如合成孔径侧视雷达等。被动式传感器收集的是地面目标反射的来自太阳光的能量或目标本身辐射的电磁波能量,如摄影相机和多光谱扫描仪等。

(2) 按传感器的成像原理和所获取图像的性质不同,可将遥感器分为摄影机、扫描仪和雷达三种。摄影机按所获取图像的特性又可细分为框幅式、缝隙式、全景式三种;扫描仪按

图 2-14　主动式和被动式遥感传感器的原理

扫描成像方式又可分为光机扫描仪和推帚式扫描仪；雷达按其天线形式分为真实孔径雷达和合成孔径雷达。

（3）按传感器是否获取图像可分为图像方式的传感器和非图像方式的传感器。图像方式的传感器的输出结果是目标的图像；而非图像方式的传感器的输出结果是目标的特征数据，如微波高度计记录的是目标距平台的高度数据。

1. 摄影型传感器

摄影照相机是较为常用的遥感成像设备，主要由物镜、快门、光圈、暗盒（胶片）、机械传动装置等组成。曝光后的底片只是目标的潜影，经过摄影处理后才能显示影像。遥感中常见的摄影机有单镜头画幅式摄影机、缝隙式摄影机、全景式摄影机、多光谱摄影机和数码摄影机等。

1）单镜头画幅式摄影机

航空、航天摄影测量的相机一般采用单镜头画幅式摄影机，这类相机的成像原理与普通照相机相同，在空间摄站上摄影的瞬间，地面上视场范围内目标的辐射信息一次性地通过镜头中心后在焦平面上成像。

目前，较新型的航摄仪都带有 GPS 自动导航和 GPS 控制的摄影系统，它能自动控制飞机按预先设计的航线飞行和控制摄影机按时曝光，并能及时记录曝光时刻的摄站坐标，精度约为 10cm。

2）缝隙式摄影机

缝隙式摄影机又称航带式或推扫式摄影机。缝隙式摄影机安装在飞机或卫星上，摄影瞬间所获取的影像是与航向垂直且与缝隙等宽的一条地面影像带。当飞机或卫星向前飞行时，在相机焦平面上与飞行方向垂直的狭隙中，出现连续变化的地面影像。若相机内的胶片也不断地卷绕，且卷绕速度与地面影像在缝隙中的移动速度相同，就能得到连续的条带状的航带摄影相片。这种相机不是一幅一幅地曝光，而是连续曝光，相机上不需要快门。

3）全景式摄影机

全景式摄影机又称摇头相机或扫描相机。全景式摄影机的特点是焦距长，有的长达 600mm 以上，可在长约 23cm、宽达 128cm 的胶片上成像。这种相机的精密透镜既小又轻，它的摄影视场很大，有时能达 180°，可摄取航迹到两边地平线之间的广大地区。这种相机是利用焦平面上一条平行于飞行方向的狭缝来限制瞬时视场的，因此，在摄影瞬间得到的是地面上平行于航迹线的一条很窄的影像，当物镜沿垂直航线方向摆动时，就得到一幅全景相片。

4) 多光谱摄影机

对同一地区、在同一瞬间摄取多个波段影像的摄影机称为多光谱摄影机。采用多光谱摄影的目的是充分利用地物在不同光谱区有不同的反射特征,进而增加获取目标的信息量,提高影像的判读和识别能力。多光谱摄影机有三种类型:多相机组合型、多镜头组合型和光束分离型。

多相机组合型是将几架相机同时组装在一个外壳上,每架相机配以不同的滤光片和胶片,以获取同一地物不同波段的影像。

多镜头组合型是在同一相机上装置多个镜头,配以不同波长的滤光片,在一张大胶片上拍摄同一地物不同波长的影像。

光束分离型是用一个镜头,通过两向反射镜或光栅分光,在不同的焦平面上记录不同波段的影像。

5) 数码摄影机

其成像原理与一般摄影机相同,结构也类似,所不同的是其记录介质不是感光胶片,而是光敏电子器件,如电荷耦合器件(charge coupled device,CCD)。

2. 扫描型传感器

扫描成像依靠探测元件和扫描镜对目标地物以瞬时视场为单位进行逐点、逐行取样,以得到目标地物电磁辐射特征信息,形成特定谱段的图像。其探测波段可包括紫外、红外、可见光和微波波段,成像方式有三种。

1) 光学/机械扫描成像

一般在扫描仪的前方安装光学镜头,依靠机械传动装置使镜头摆动,形成对目标地物的逐点逐行扫描。扫描仪由一个四方棱镜、若干反射镜和探测元件组成。四方棱镜旋转一次,完成四次光学扫描。入射的平行波束经四方棱镜的两个反射面反射后,被分成两束,每束光经平面反射后,又汇成一束平行光投射到聚焦反射镜,使能量汇聚到探测器的探测元件上。探测元件把接收到的电磁波能量转换成电信号,在磁介质上记录或再经电光转换成为光能量,在设置于焦平面的胶片上形成影像。

光机扫描的几何特征取决于它的瞬时视场角和总视场角。扫描镜在某个瞬间可以视为处于静止状态,此时,接收到的目标地物的电磁波辐射限制在一个很小的角度之内,这个角度称为瞬时视场角,即扫描仪的空间分辨率。扫描带的地面宽度称为总视场。从遥感平台到地面扫描带外侧所构成的夹角叫总视场角,也叫总扫描角。进行扫描成像时,总视场角不宜过大,否则图像边缘的畸变太大。通常在航空遥感中,总视场角取 $70°\sim120°$ 。由于扫描仪的扫描角是固定的,因此遥感平台的高度越大,所对应的地面总视场也就越大。

光机扫描仪可分为单波段和多波谱两种。多波段扫描仪的工作波段范围很宽,从近紫外、可见光至远红外都有。

2) 固体自扫描成像

固体自扫描是用固定的探测元件,通过遥感平台的运动对目标地物进行扫描的一种成像方式。

目前,常用的探测元件是电荷耦合器件(CCD),CCD是一种用电荷量表示信号大小,用耦合方式传输信号的探测元件,具有自扫描、感受波谱范围宽、畸变小、体积小、重量轻、系统噪声低、功耗小、寿命长、可靠性高等一系列优点,并可做成集成度非常高的组合件。

在光机扫描仪中,由于探测元件需要靠机械摆动进行扫描,如果要立即测出每个瞬时视场的辐射特征,就要求探测元件的响应时间足够快,因而对可供选择的探测器有很大的限制。如果应用 CCD 多元阵列探测器同时扫描,就可解决这一问题。由于每个 CCD 探测元件与地面上的像元(瞬时视场)相对应,靠遥感平台前进运动就可以直接扫描成像。显然,所用的探测元件数目越多,体积越小,分辨率就越高。现在,越来越多的扫描仪采用 CCD 元件线阵和面阵,以代替光机扫描系统。在 CCD 元件扫描仪中设置波谱分光器件和不同的 CCD 元件,可使扫描仪既能进行单波段扫描也能进行多波段扫描。

3) 高光谱成像光谱扫描

通常的多波段扫描仪将可见光和红外波段分割成几个到十几个波段。对遥感而言,在一定波长范围内,被分割的波段数越多,即波谱取样点越多,越接近于连续波谱曲线,因此可以使得扫描仪在取得目标地物图像的同时也能获取该地物的光谱组成。这种既能成像又能获取目标光谱曲线的"谱像合一"的技术,称为成像光谱技术。按该原理制成的扫描仪称为成像光谱仪。

高光谱成像光谱仪是遥感进展中的新技术,其图像由多达数百个波段的非常窄的连续的光谱波段组成,光谱波段覆盖了可见光、近红外、中红外和热红外区域全部光谱带。光谱仪成像时多采用扫描式或推扫式,可以收集 200 个乃至更多个波段的数据。对于图像中的每一像元均得到几乎连续的反射率曲线,而不像一般传统的成像光谱仪那样在波段之间存在间隔。

高光谱成像光谱仪按工作原理分有两种基本类型。一种方式基本属于光学/机械式扫描。这种阵列成像光谱仪要产生 200 多个连续光谱波段。这种扫描式的高光谱成像仪主要用于航空遥感探测,较慢的飞行速度使空间分辨率的提高成为可能。例如 AVIRIS 航空可见光/红外光成像光谱仪(美国),共有 224 个波段,光谱范围从 $0.38\mu m\sim2.5nm$,波段宽度为 10nm,瞬时视场为 1mrad(毫弧度),整个扫描视场为 30°。我国上海技术物理所机载成像光谱仪也属这一类型。

另一种方式属于推扫式面阵列成像光谱仪。图像一行一行地记录数据,不再移动元件。成像装置在横向上测量一行中的每个像元所有波段的辐射强度,有多少波段就有多少个探测元件。例如加拿大研究公司研制的 CASI 小型机载高光谱成像仪共有 288 个波段,光谱范围为 $0.385\sim0.9\mu m$,波段宽度为 1.8nm,但在 $0.65\mu m$ 处为 2.2nm,瞬时视场为 $0.3\sim2.4mrad$,整个扫描视场为 35.4°。CASI 可以用两种工作方式工作,既可以用多光谱方式工作,设置 6 个或更多非重叠的波段,又可以用高光谱方式工作,达到 288 个波段的连续光谱取样。这种独特的工作方式表现了这种仪器的强大功能。我国的推扫式高光谱成像仪(PHI)也属于这种类型的仪器。

3. 侧视雷达主动传感器

侧视雷达(side looking radar)属于主动式遥感器。在成像时,雷达本身发射一定波长和功率的高频电磁波波束,然后接收该波束被目标反射返回的信号,返回信号的强度取决于目标的特性,从而达到探测目标的目的。侧视雷达发射的波长大都在微波(0.1~100cm)范围内,所以又把雷达图像叫作微波图像。

由于侧视雷达使用的是微波波段的电磁波,大气对它的影响极小,可以全天候取得地面的雷达图像,从图 2-15 中可以看出微波对大气的穿透性;再加上其为主动遥感,可以全时段工作。正是由于其具有全天候、全天时的工作能力以及一定的穿透能力,侧视雷达遥感的应用越来越广泛。

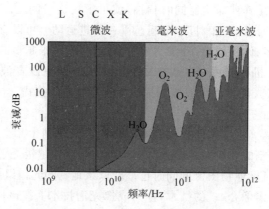

图 2-15   大气中微波传播的衰减情况

　　侧视雷达遥感按成像机理可分为真实孔径侧视雷达(SLAR)和合成孔径侧视雷达(SAR)。图 2-16(a)显示了真实孔径侧视雷达遥感的成像原理。天线装在飞机或卫星平台的侧面,雷达发射天线向平台行进方向(称为方位方向)的侧向(称为距离方向)发射一束宽度很窄的脉冲电磁波束,椭圆锥状的微波脉冲束在地表形成一个辐照带,辐照带中的地物将雷达脉冲后向反射回去,由雷达接收并记录下来。这样,在雷达平台飞行的过程中,一定幅宽的地表被连续成像。由于地面各点到平台的距离不同,地物后向反射信号被天线接收的时间也不同。根据它们到达接收天线的先后顺序依序记录地物反射信号,就可以实现距离方向扫描。通过平台的前进,扫描面在地面上移动,进而实现方位方向上的扫描。

　　而合成孔径侧视雷达在方位方向上是通过合成孔径原理来提高分辨率的,成像原理如图 2-16(b)所示。当孔径为 D 的雷达天线沿轨道飞行时,与成像的地面目标存在相对移动,在移动中选若干个位置,每个位置上发射一个信号并接收来自地物目标的回波信号,记下回

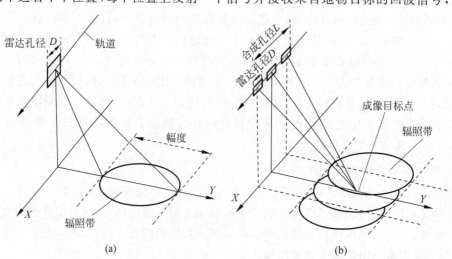

图 2-16   真实孔径侧视雷达和合成孔径侧视雷达的成像原理
(a) 真实孔径侧视雷达;(b) 合成孔径侧视雷达

波信号的振幅和相位,将不同时刻接收的同一目标的回波信号合成,得到目标的唯一像点。移动的距离即是合成孔径。通过雷达与观测物体的相对运动,得到了相对真实孔径较大的等效合成孔径,从而可以提高方向方位分辨率。

雷达遥感图像的分辨率取决于方向方位分辨率和距离方向分辨率。距离方向分辨率是垂直飞行方向上的分辨率,其主要与雷达系统发射的脉冲信号相关,与信号带宽成反比:

$$\rho_r = c/2B$$

式中,ρ_r 为距离方向分辨率,m;c 为光速,一般取 3×10^8 m/s;B 为信号带宽,MHz。

SAR 和 SLAR 距离方向的分辨率完全相同。目前都是采用脉冲压缩技术实现距离方向的高分辨率。

方位方向分辨率是沿飞行方向上的分辨率:

$$\rho_a = \beta R$$

式中,ρ_a 为方位方向分辨率,m;β 为波束宽度,单位是无量纲单位弧度;R 为目标距雷达的距离,m。

若天线孔径尺寸为 D,则其波束宽度 β 为

$$\beta = \lambda/D$$

因此有

$$\rho_a = \lambda R/D$$

式中,λ 为天线辐射电磁波的波长,m。

雷达天线孔径 D 越大,对目标的分辨率越高。但是,实际中,不可能无限制地增大天线的尺寸,因而真实孔径雷达的目标分辨率非常有限。此外,雷达方位向分辨率 ρ_a 正比于 R,距离越远,雷达目标的分辨率越低。

2.2.2　平台

遥感中搭载传感器的工具统称为遥感平台(platform)。遥感平台的种类很多,按照平台距地面的高度大体上可分为三类:地面平台、航空平台、航天平台。在航天平台中,高度最高的是气象卫星(geostationary meteorological satellite,GMS)所代表的静止卫星,它位于赤道上空 36000km 的高度上;其次是高度为 600~900km 的 Landsat、SPOT、MOS 等地球观测卫星;航天飞机的高度为 300km 左右。航空平台包括高、中、低空飞机,以及飞艇、气球等,高度从百米到万米不等。地面平台包括车、船、塔等,高度在 0~50m。在环境遥感应用领域,常用遥感传感器搭载的遥感平台是航空、航天平台,尤其是航天平台。

1. 航空平台

根据需求和经费情况,作为航空平台的飞机有不同类型供选择。飞机的飞行速度从 140km/h 到 600km/h,这与搭载的传感器系统等有关。对所获取遥感数据几何特征有影响的因素除飞行高度外,还有飞机的飞行方向。飞机飞行受风的影响,在一定程度上,飞行员的技巧可减小风的影响。与飞机飞行参照路径有关的三种可能飞机倾斜形态为:摆动(roll)、上倾(pitch)和偏航(yaw),如图 2-17 所示。可以在飞机上安装一个惯性测量仪(IMU)对上述三个倾斜角进行测量,进而对获取的影像进行几何校正。

现在很多飞机都安装了卫星导航系统,这样就可以给出飞机的大致位置(平均误差小于

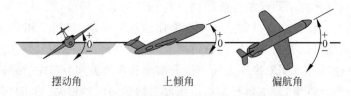

摆动角　　　　　　上倾角　　　　　　偏航角

图 2-17　影响影像数据的三种飞机倾斜形态

30m)，通过差分技术可以进一步提高定位和导航精度(达到分米精度)。

对于航空摄影，测量的结果存储在硬拷贝(hard-copy)的底片上。对于其他传感器，比如扫描仪，测量结果以数字形式存储在磁带或大容量存储设备中。

对于环境遥感应用而言，购置、运行和维护调查飞机，以及雇用专业飞行员是非常昂贵的，因此一般只有在国家大型工程中才能使用航空遥感技术。

2. 航天平台

对于航天遥感(也称卫星遥感)，传感器的监测能力在很大程度上取决于卫星的轨道参数。为了满足连续监测(气象)、全球性制图(土地覆被制图)和选择性成像(城市地区)的要求，需要有不同类型的卫星轨道。下述卫星轨道特征对遥感是很重要的。

(1) 高度(altitude)。典型的遥感卫星的轨道在距地球表面的距离为 600～900km(极轨道)和 36 000km(对地静止轨道)的高度上。轨道高度对监测范围和监测对象的详细程度有很大影响。

(2) 倾角(inclination angel)。它是卫星轨道与赤道间的夹角。轨道的倾角以及传感器的观测范围决定了能够观测到的纬度范围。如果倾角为 60°，则卫星在地球北纬 60°和南纬 60°之间飞行，无法观测地球上纬度大于 60°的区域。

(3) 卫星周期(period)。它是卫星围绕轨道飞行一周所需的时间(一般以 min 为单位)。一个高度 800km 的极轨道卫星，并且周期为 90min，对地速度为 2.8×10^4 km/h，大约折算为 8km/s。而飞机的速度大约是 400km/h。卫星的速度对获取影像的类型(暴露时间)有影响。

(4) 重循环周期(repeat cycle)。它是卫星再次飞回同一轨道上的时间(一般以天为单位)。卫星的重访时间，即地面同一位置获取相邻影像的时间间隔，取决于卫星的重循环周期和传感器的可定向能力(pointing capability)。可定向能力是遥感卫星倾斜观测的能力，SPOT、IRS 和 IKONOS 卫星具有这种能力。

对于遥感卫星，最常用的卫星轨道有：

(1) 极轨道或近极轨道。其倾角在 80°～100°，能够对全球进行观测，这种卫星的高度一般在 600～800km。

(2) 太阳同步轨道。这种卫星总是在当地相同的时间飞越观测，因此称为太阳同步。多数太阳同步轨道卫星在上午 10：30 左右通过赤道。近极轨道太阳同步卫星的例子包括 Landsat、SPOT 和 IRS。

(3) 对地静止轨道。它是指位于赤道上空(倾角为 0°)大约 3.6×10^4 km 的卫星轨道。在这个距离上，卫星的周期与地球的自转周期相同，因此相对于地球，卫星一直位于同一位置。对地静止轨道常用于气象卫星和通信卫星。

  当今的气象卫星既有对地静止轨道,又有极轨道。如图 2-18 所示,全球气象卫星观测系统有 5 个对地静止卫星和两个极轨道卫星。其中对地静止卫星可以进行连续的观测,而极轨道卫星可以提供较高的分辨率。

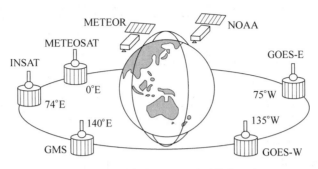

图 2-18   全球气象卫星观测系统的组成

  卫星遥感的数据需要传回地面以进行进一步分析和处理。现在所有的地球观测卫星都使用了数据下传的卫星通信技术。被要求的数据或下传到一个接收站,或转给另一个通信卫星,再通过该通信卫星下传到地面的接收天线。如果卫星在接收站接收范围之外,数据可以暂时存储在卫星上的磁带上,随后再传输到地面接收站。

2.2.3   常用的环境遥感卫星数据

1. NOAA/AVHRR

  NOAA 是美国国家海洋大气局发射的用于气象预测、气象研究、资源调查、海洋研究的实用气象观测卫星。从 1970 年 12 月第一颗 NOAA-1 发射开始,到 2009 年 NOAA-19 发射(2011 年损耗),共发射 19 颗卫星。之后美国国家海洋大气局(NOAA)与美国国家航空航天局(NASA)合作推出新的 JPSS 计划以替代原来的 NOAA 系列,并于 2017 年 11 月发射了 JPSS-1 卫星,随后改名为 NOAA-20。NOAA-20 搭载的传感器与之前 NOAA 系列的传感器相比有了很大的变化,考虑到之前 NOAA 卫星数据量大、应用广泛,这里对其进行介绍。2005 年发射的 NOAA-18,位于高度 854km 的太阳同步轨道,轨道倾角 99.0°,重返时间 2～14 天(与纬度有关);其上携带的传感器包括改进型甚高分辨率辐射仪(AVHRR/3)和先进 TIROS 业务垂直探测器(ATOVS)。AVHRR/3 的波段特征如表 2-4 所示。

表 2-4   AVHRR/3 的波段特征

波段号	光谱范围/μm	地面分辨率/km(星下点)
1	0.58～0.68(黄-红)	
2	0.725～1.00(近红外)	
3a	1.58～1.64(近红外)	
3b	3.55～3.93(热红外)	1.1
4	10.30～11.30(热红外)	
5	11.50～12.50(热红外)	

  AVHRR 数据主要用于每日的气象预测,它相比于对地静止轨道气象卫星 Meteosat 等,可

以提供更详细的信息。此外在陆地和水体环境研究中也有很多应用,比如 AVHRR 数据可以生成用于气候监测、厄尔尼诺现象研究的海洋表面温度图,可以生成描述植被状况的 NDVI 图等。ATOVS 可以获得大气温度、湿度的垂直分布等参数。ATOVS 采集的亮温数据可以不经反演直接用于 NWP(数值天气预报)的变分同化系统以及台风、暴雨等灾害天气的监测。

2. Landsat TM

美国于 1972 年发射了世界上第一颗真正的地球观测卫星 Landsat 1,到目前为止 Landsat 计划已经发射了 1~8 号卫星。目前仍在运行的卫星包括 Landsat 7、8。2013 年退役的 Landsat 5 号卫星应用最为广泛,其采用高度为 705km、轨道倾角为 98.2° 的太阳同步准回归轨道。降交点地方时 9∶39,扫描宽度 185km,用 16 天时间对整个地球观测一遍;其上搭载了专题扫描仪(TM)传感器。Landsat 7 和 Landsat 8 采用高度 705km 的近极地太阳同步轨道,轨道倾角 98.2°,降交点地方时 10∶00。不同的是,Landsat 7 携带增强型主题成像传感器(ETM+),Landsat 8 装备有陆地成像仪(OLI)和热红外传感器(TIRS)。OLI 有 9 个波段的感应器,覆盖了从红外到可见光的不同波长范围。Landsat 7 携带的 ETM+传感器与 TM 传感器相比,仅增加了一个波段为 $0.520\sim0.900\mu m$ 的全色波段。而与 Landsat 7 卫星的 ETM+传感器相比,除了对其他波段微调外,Landsat 8 的 OLI 还增加了一个蓝色波段($0.433\sim0.453\mu m$)和一个短波红外波段($1.360\sim1.390\mu m$),蓝色波段主要用于海岸带观测,短波红外波段具有水汽强吸收特征,可用于云检测。Landsat 7、8 的波段特征如表 2-5 所示。

表 2-5 Landsat 7、8 的波段特征

卫星	传感器	波段号	光谱范围/μm	空间分辨率/m
Landsat 7	ETM+	1	0.450~0.515(蓝青绿)	30
		2	0.525~0.605(绿黄橙)	
		3	0.630~0.690(红)	
		4	0.775~0.900(近红外)	
		5	1.550~1.750(近红外)	
		6	10.4~12.5(远红外)	60
		7	2.090~2.350(近红外)	30
		8	0.520~0.900(全色波段)	15
Landsat 8	OLI	1	0.433~0.453(蓝(用于探测海岸的波段))	30
		2	0.450~0.515(蓝青绿)	30
		3	0.525~0.600(绿黄橙)	
		4	0.630~0.680(红)	
		5	0.845~0.885(近红外)	
		6	1.560~1.660(近红外)	
		7	2.100~2.300(近红外)	
		8	0.500~0.680(全色)	15
		9	1.360~1.390(近红外)	30
	TIRS	10	10.60~11.19(远红外)	100
		11	11.50~12.51(远红外)	

Landsat 8 波段合成应用如表 2-6 所示。

表 2-6　Landsat 8 波段合成应用

R、G、B	用途及特点
4、3、2	用于各种地类识别。图像平淡、色调灰暗、彩色不饱和、信息量相对减少
5、4、3	地物图像丰富、鲜明、层次好,用于植被分类、水体识别,植被显示红色
5、6、4	水体和植被得到了增强,水体边界清晰,利于海岸识别;植被有较好显示,但不便于区分具体植被类别
7、6、5	穿透大气层,主要用于减少云层干扰
6、5、2	植物类型较丰富,用于研究植物分类

Landsat TM 数据广泛地应用于土地覆被、土地利用、土壤及海洋表面温度等的制图。Landsat 卫星由 NASA 和美国地质调查局(USGS)共同管理,Landsat 数据集及其处理算法公开发布,是全球中分辨率、长序列对地观测中使用的主要数据源。中国发布的 GlobeLand 30 全球 30m 地表覆盖数据、巴西亚马孙森林砍伐项目(PRODES)遥感监测均以 Landsat 为主要数据源。稳定可靠的数据质量、公开的数据及处理算法、海量的存档数据使得 Landsat 成为当前公益性中分辨率陆地观测卫星的标杆。

3. 中巴资源遥感卫星(CBERS)

中巴资源遥感卫星 01 星(CBERS-01)由中国与巴西于 1999 年 10 月合作发射,是我国的第一颗数字传输型资源卫星,在轨运行 3 年 10 个月。后续陆陆续续发射了一系列的卫星,服务于国土资源、林业、水利、农情、环境保护等领域的监测、规划和管理。系列中最新的 CBERS-04A 于 2019 年 12 月发射,位于高度 628.6km 的太阳同步回归轨道上,轨道倾角 97.9°,降交点地方时上午 10:30,搭载了宽扫描多光谱全色相机、多光谱相机和宽视场成像仪。CBERS-04A 的波段特征如表 2-7 所示。

表 2-7　CBERS-04A 的波段特征

卫星	载荷	谱段号	光谱范围 /μm	空间分辨率/m	幅宽/km	重返时间/d
CBERS-04A	宽扫描多光谱全色相机	1	0.45~0.52	2	92	31
		2	0.52~0.59			
		3	0.63~0.69			
		4	0.77~0.89			
		5	0.45~0.90	8		
	多光谱相机	6	0.45~0.52	20	120	26
		7	0.52~0.59			
		8	0.63~0.69			
		9	0.77~0.89			
	宽视场成像仪	10	0.45~0.52	73	866	3
		11	0.52~0.59			
		12	0.63~0.69			
		13	0.77~0.89			

4. SPOT

1986 年以来,法国先后发射了 SPOT 1、2、3、4、5 对地观测卫星。SPOT 1、2、3 采用高度 832km、倾角 98.7°的太阳同步轨道,通过赤道时为地方平均时上午 10:30,扫描带宽度为 60km,轨道重复周期为 26d。卫星上装有两台高分辨率可见光成像装置(HRV),可获取 10m 分辨率的全色遥感图像以及 20m 分辨率的 3 个波段的多光谱遥感图像。这些相机有侧视观测能力,可横向摆动 27°,卫星还能进行立体观测。SPOT 4 于 1998 年 3 月发射,搭载两台高分辨率可见光及短波红外成像装置(HRVIR),与以前的系统相比增加了新的短波红外谱段,可用于估测植物水分,增强对植物的分类识别能力,并有助于冰雪探测。该卫星还装载了一个植被探测器(VEGETATION),其空间分辨率为 1km,可连续监测植被情况。SPOT 5 于 2002 年 5 月发射,它搭载有 3 种成像装置:高分辨率成像装置(HRG)、植被探测器以及新加一个高分辨率立体成像装置(HRS)。前 4 颗卫星成像能力较为相近,都只能提供最优 10m 分辨率的卫星影像,而到了 SPOT 5,影像分辨率有了一个大的提升,一步跃到 2.5m 的高分辨率。SPOT 6 和 SPOT 7 是双子星卫星,分别于 2012 年 9 月和 2014 年 6 月成功发射,它们位于一个相同的近极地太阳同步轨道,性能指标相同,都具有 60km 的幅宽,1.5m 高分辨率,轨道高度 695km,轨道倾角 98.2°,轨道周期 26d。

5. Terra

EOS-AM1 极轨道环境遥感卫星是美国 NASA 地球观测计划中发射的第一个卫星,其后来更名为 Terra。Terra 于 1999 年 12 月发射。Terra 的轨道为高度 705km、倾角 98.2°的太阳同步极轨道,其通过赤道时为地方平均时上午 10:30,重复周期 16d。

Terra 卫星搭载了 5 个传感器:先进空间热发射和反射辐射仪(ASTER)、中等分辨率成像光谱仪(MODIS)、云层和地球的辐射能量系统(CERES)、多角度成像光谱仪(MISR)和对流层污染测量仪(MOPITT)。这 5 种仪器的工作谱段为 $0.412 \sim 100 \mu m$,提供的数据在精度、质量和范围上都是空前的。以下对 MODIS 数据和 ASTER 数据作一简介。

1) MODIS 数据

MODIS 是当前世界上新一代"图谱合一"的光学遥感仪器,具有 36 个光谱通道,分布在 $0.4 \sim 14 \mu m$ 的电磁波谱范围内。MODIS 仪器的地面分辨率分别为 250m、500m、1000m,扫描宽度为 2330km,在对地观测过程中,每秒可同时获得 6.1MB 的来自大气、海洋和陆地表面的信息,每日或每两日可获取一次全球观测数据。MODIS 的波段特征及主要应用领域如表 2-8 所示。

表 2-8   MODIS 的波段特征和主要应用领域

波段号	光谱范围/nm	分辨率/m	应 用 领 域
1	620~670	250	陆地、云边界
2	841~876	250	
3	459~479	500	陆地、云特性
4	545~565	500	
5	1230~1250	500	
6	1628~1652	500	
7	2105~2135	500	

续表

波段号	光谱范围/nm	分辨率/m	应用领域
8	405～420	1000	海洋水色、浮游植物、生物地理、生物化学
9	438～448	1000	
10	483～493	1000	
11	526～536	1000	
12	546～556	1000	
13	662～672	1000	
14	673～683	1000	
15	743～753	1000	
16	862～877	1000	
17	890～920	1000	大气水汽
18	931～941	1000	
19	915～965	1000	
20	3660～3840	1000	地球表面和云顶温度
21	3929～3989	1000	
22	3929～3989	1000	
23	4020～4080	1000	
24	4433～4498	1000	大气温度
25	4482～4549	1000	
26	1360～1390	1000	卷云、水汽
27	6535～6895	1000	
28	7175～7475	1000	
29	8400～8700	1000	
30	9580～9880	1000	臭氧
31	10 780～11 280	1000	地球表面和云顶温度
32	11 770～12 270	1000	
33	13 185～13 485	1000	云顶高度
34	13 485～13 785	1000	
35	13 785～14 085	1000	
36	14 085～14 385	1000	

MODIS 的多波段数据可以同时提供反映陆地、云边界、云特性、海洋水色、浮游植物、生物地理、生物化学、大气中水汽、地表温度、云顶温度、大气温度、臭氧和云顶高度等特征的信息,用于对陆地、生物圈、大气和海洋进行长期全球观测和研究。

2) ASTER

ASTER 是由日本通产省(MITI)生产的搭载在美国 Terra 极轨道环境遥感卫星上的传感器之一。

ASTER 仪器系统设计的基本思想是,将整个系统划分成三个相对独立的子系统,即可见光和近红外(VNIR)、短波红外(SWIR)和热红外(TIR)三个子系统。ASTER 属高级多光谱遥感成像仪。它在可见光和热红外范围内的 14 个光谱波段,扫描带宽度为 60km。VNIR 子系统还有一个用于沿轨道方向立体观测的向后观测谱段和需多轨道观测的侧视立体观测系统。表 2-9 给出 ASTER 的基本性能参数。

表 2-9　ASTER 的基本性能参数

分系统	波段序号	光谱范围/μm	空间分辨率/m
VNIR	1 2 3N 3B	0.52~0.60 0.63~0.69 0.76~0.86 0.76~0.86	15
SWIR	4 5 6 7 8 9	1.600~1.700 2.145~2.185 2.185~2.225 2.235~2.285 2.295~2.365 2.360~2.430	30
TIR	10 11 12 13 14	8.125~8.475 8.475~8.825 8.925~9.275 10.25~10.95 10.95~11.65	90

6. IKONOS

IKONOS 卫星是世界上第一个高分辨率商用卫星,于 1999 年 9 月发射。卫星飞行高度 680km,倾角 98.2°,为太阳同步轨道,通过赤道时为地方平均时上午 10:30,每天绕地球 14 圈。卫星上装载有柯达公司制造的数字相机 OSA,相机的扫描宽度为 11km,可采集 1m 分辨率的黑白影像和 4m 分辨率的多波段(红、绿、蓝、近红外)影像,如表 2-10 所示。IKONOS 卫星具有全方向 50°的倾斜观测能力,其重访周期可达 1~3d。由于 IKONOS 分辨率高、覆盖周期短,故在军事和民用方面均有重要用途。

表 2-10　IKONOS 数据的波段特征

波　段	光谱范围/μm	空间分辨率/m
全色	0.45~0.90	1
Band 1	0.45~0.53(位于蓝青波段)	4
Band 2	0.52~0.61(位于绿波段)	4
Band 3	0.64~0.72(位于红波段)	4
Band 4	0.77~0.88(位于近红外波段)	4

7. RADARSAT

RADARSAT 系列卫星由加拿大空间署(CSA)研制与管理,用于向商业和科研用户提供 C 波段卫星雷达遥感数据。RADARSAT-1 卫星 1995 年 11 月发射升空,载有合成孔径雷达(SAR),可以全天时、全天候成像。与上面介绍的卫星遥感数据不同,RADARSAT-1 属于主动遥感。RADARSAT-2 卫星于 2007 年 12 月发射。与 RADARSAT-1 卫星相比,RADARSAT-2 卫星有以下改进:①可根据指令在右视和左视之间切换,所有波束都可以右视或左视,这缩短了重访时间、增加了立体图像的获取能力;②在保留 RADARSAT-1 所有成像模式的基础上又新增了多种成像模式,使用户在成像模式选择方面更为灵活;③RADARSAT-1 卫星只提供 HH 极化方式,RADARSAT-2 卫星可以提供 VV、HH、HV、VH 等多种极化方式。

RADARSAT-2 的卫星轨道为高度 798km、倾角 98.6°的太阳同步轨道,卫星过境的当地时间约为早 6 点晚 6 点,每天绕地球 14 圈,重复周期 24d。

RADARSAT-2 卫星的主要信息特征如表 2-11 所示。

表 2-11　RADARSAT-2 卫星的主要信息特征

波束模式	极化	入射角	标准分辨率/m		景大小(标清值)/(km×km)	景面积(标称)/km²
			距离向	方位向		
超精细	可选单极化(HH、VV、HV、VH)	30°～40°	3	3	20×20	400
多视精细		30°～50°	8	8	50×50	2500
精细	可选单/双极化(HH、VV、HV、VH)、(HH/HV、VV/VH)	30°～50°	8	8	50×50	2500
标准		20°～49°	25	26	100×100	10 000
宽		20°～45°	30	26	150×150	22 500
四极化精细	四极化(HH/VV/HV/VH)	20°～41°	12	8	25×25	625
四极化标准		20°～41°	25	8	25×25	625
高入射角	单极化(HH)	49°～60°	18	26	75×75	5625
窄幅扫描	可选单/双极化(HH、VV、HV、VH)、(HH/HV、VV/VH)	20°～46°	50	50	300×300	90 000
宽幅扫描		20°～49°	100	100	500×500	250 000

8. 哨兵(Sentinel)

在欧盟哥白尼计划(又称全球环境与安全监测计划,GMES)的支持下,2014 年以来欧洲航天局(ESA)已成功发射了 7 颗"哨兵"卫星,包括两颗 C 波段合成孔径雷达(SAR)卫星(Sentinel-1A、Sentinel-1B)、两颗光学卫星(Sentinel-2A、Sentinel-2B)、两颗海洋卫星(Sentinel-3A、Sentinel-3B)和 1 颗大气卫星(Sentinel-5P),它们的数据均可免费获取。

Sentinel-2 是高分辨率多光谱成像卫星,分为 2A 和 2B 两颗卫星,在太阳同步轨道上以 180km 的相位相互同步,平均高度为 786km,一颗卫星的重访周期为 10d,两颗互补,重访周期为 5d,可以 290km 的幅宽获取从可见近红外到短波红外的 13 个波段图像,其特色的 3 个红边(靠近近红外波段的红波段)波段配置对于植被监测有重要意义。Sentinel-2 的波段特征如表 2-12 所示。

表 2-12　Sentinel-2 的波段特征

波段	光谱范围/μm	空间分辨率/m
Band 1(蓝(用于探测海岸的波段))	0.433～0.453	60
Band 2(蓝青绿)	0.458～0.523	10
Band 3(绿黄)	0.543～0.578	10
Band 4(红)	0.650～0.680	10
Band 5(红边)	0.698～0.713	20

续表

波　　段	光谱范围/μm	空间分辨率/m
Band 6(红边)	0.733～0.748	20
Band 7(红边)	0.773～0.793	20
Band 8(近红外)	0.785～0.900	10
Band 8A(窄域近红外)	0.855～0.875	20
Band 9(近红外(用于探测水汽的波段))	0.935～0.955	60
Band 10(近红外)	1.360～1.390	60
Band 11(近红外-1)	1.565～1.655	20
Band 12(近红外-2)	2.100～2.280	20

9. WorldView

WorldView 是美国 Digital-Globe(DG)公司的商业卫星计划。WorldView-1 卫星于 2007 年 9 月发射,位于高度 496km、倾角 98°的太阳同步轨道上,使用了先进的控制力矩陀螺(CMGs)技术,使得卫星能够以非常快的速度扫过更大的面积,平均重访周期提高为 1.7 天。WorldView-2 卫星于 2009 年 10 月 6 日发射升空,运行在 770km 高的太阳同步轨道上,它是第一颗具有 8 波段多光谱的高分辨率遥感卫星。WorldView-3 卫星于 2014 年 8 月发射,位于高度 617km 的太阳同步轨道上,可获取 0.31m 分辨率的全色影像、8 波段多光谱影像、8 波段短波红外影像和 12 个用于观测云、气溶胶、水汽、冰雪等信息的 CAVIS(cloud,aerosol,water vapor,ice,snow)波段影像,兼具高空间分辨率与高光谱分辨率的特点。WorldView-4 是继 WorldView-3 之后发射的又一颗超高分辨率光学卫星,它也位于高度 617km 的太阳同步轨道上,具有全色波段和 4 个标准的多光谱波段,全色分辨率为 0.31m,多光谱分辨率为 1.24m。WorldView-4 和 WorldView-3 是迄今为止全球分辨率最高的商业遥感卫星。发射后两颗星将组成星座,从离地球 617km 的高空以平均每天两次的速度为全球用户采集高清影像。不过 2019 年 1 月 WorldView-4 因陀螺仪故障,宣布永久退役。WorldView-3 的波段特征如表 2-13 所示。

表 2-13　WorldView-3 的波段特征

波　　段	光谱范围/μm	空间分辨率/m
全色	0.450～0.800	0.31
海岸带	0.400～0.450	1.24
蓝青绿	0.450～0.510	
绿黄	0.510～0.580	
红	0.630～0.690	
黄橙	0.585～0.625	
红边	0.705～0.745	
近红外 1	0.770～0.895	
近红外 2	0.860～1.040	
8 个 SWIR 波段	1.195～2.365	3.70
12 个 CAVIS 波段	0.405～2.245	30

10. 高分卫星

中国高分系列卫星是国家科研重大专项"高分专项"规划的高分辨率对地观测的系列卫星。2013 年 4 月"高分一号"发射以来,又陆续发射了一系列的高分遥感卫星,由中国资源卫星应用中心运行管理。

"高分一号"为光学成像遥感卫星,使用太阳同步轨道,可以提供 2m 分辨率的全色和 8m 的多光谱数据;"高分二号"也是光学遥感卫星,但全色和多光谱相机的空间分辨率都提高了一倍,分别达到了 1m 全色和 4m 多光谱;"高分三号"为 1m 分辨率微波遥感卫星,也是中国首颗分辨率达到 1m 的 C 频段多极化合成孔径雷达(SAR)成像卫星;"高分四号"为地球同步轨道上的光学卫星,可见光和多光谱波段的空间分辨率优于 50m,中波红外谱段的空间分辨率优于 400m;"高分五号"不仅装有高光谱相机,而且拥有多部大气环境和成分探测设备,如可以间接测定 $PM_{2.5}$ 的气溶胶探测仪;"高分六号"是一颗低轨光学遥感卫星,为我国第一颗设置红边谱段的多光谱遥感卫星,具有高分辨率和宽覆盖相结合的特点,其载荷性能与"高分一号"相似;"高分七号"则属于高分辨率空间立体测绘卫星。

除了高分系列卫星外,中国资源卫星应用中心还运行管理我国的资源系列、环境减灾系列等卫星。

2.3　遥感图像特征及其选择原则

2.3.1　遥感图像特征

遥感图像是各种传感器所获电磁能量信息的产物。影像数据一般以规则的栅格形式(行和列)存储。在栅格数据中,每个单元称为像元(pixel)。在每个像元中,传感器的测量值以数字的形式存储,这个数字称 DN(digital number)值。另外,遥感图像一般都包含不同的波段,每个波段的测量信息作为单独的一层存储,如图 2-19 所示。

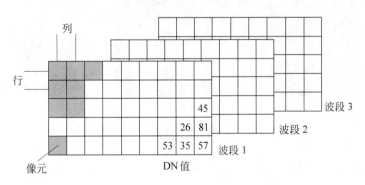

图 2-19　遥感图像的基本特征

遥感解译人员需要通过遥感图像获取三方面的信息:目标地物的大小、形状及空间分布特点;目标地物的属性特点;目标地物的动态变化特点。因此相应地将遥感图像归纳为三方面特征,即几何特征、物理特征和时间特征。这些特征的表现参数即为空间分辨率、光谱分辨率、辐射分辨率和时间分辨率。

1. 遥感图像的空间分辨率

图像的空间分辨率指遥感像元所代表的地面范围的大小，即扫描仪的瞬时视场，或能分辨的地面物体最小单元。例如，IKONOS 全色波段的空间分辨率为 1m，Landsat 5 TM 的 1～5 波段和 7 波段的空间分辨率为 28.5m，或概略说其空间分辨率为 30m。遥感图像不同空间分辨率的示意见图 2-20。

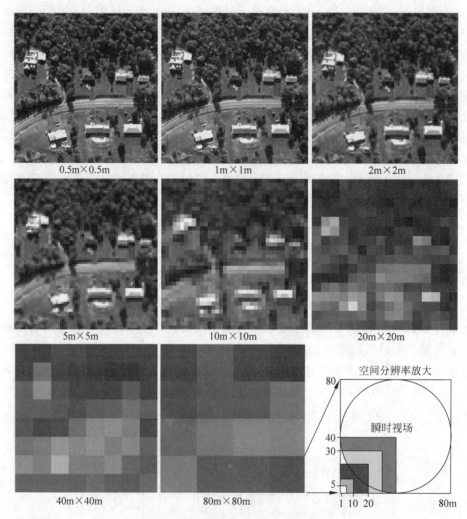

图 2-20   遥感图像不同空间分辨率示意

卫星遥感数据按照空间分辨率可分为高分辨率卫星数据、中分辨率卫星数据和低分辨率卫星数据。

1）高分辨率卫星数据

高分辨率（高清晰度）遥感卫星相片与航空遥感相比，具有成像范围大、覆盖频率高等特点。一般来说，其空间分辨率为 1～10m，卫星在距地 600km 左右的太阳同步轨道上运行。

高分辨率卫星数据广泛应用于精度要求相对较高的城市内部的绿化、交通、污染、建筑密度、土地、地籍等的现状调查、规划、测绘地图，以及大型工程选址、勘察、测图和已有工程受损监测等,还可应用于农业、林业、灾害等领域内的详细调查和监测。一般来说,高分辨率卫星影像不适合大范围内遥感监测,如区域生态环境状况监测等。主要原因是获取数据的成本高,而且处理、解译工作量巨大。

常用的高分辨率卫星影像包括美国的 Worldview、QuickBird 和 IKONOS 影像,法国的 SPOT 5 影像,俄罗斯的 SPIN-2 影像,印度的 IRS 影像,以色列的 EROS 影像,以及我国的高分系列影像等。

2) 中分辨率卫星数据

空间分辨率(中等清晰度)遥感卫星相片的空间分辨率一般在 $10\sim80m$ 左右,卫星一般在 $700\sim900km$ 的近极地太阳同步轨道上运行。重复(更新)覆盖同一地区的时间间隔为几天至几十天。

中分辨率遥感影像能够较好地满足大范围内环境资源调查需求,影像价格较低,应用范围最为广泛,在资源调查、环境和灾害监测、农业、林业、水利、地质矿产和城建规划等近 50 个行业和领域都有应用。

常用数据源包括:Landsat 的 MSS、TM 和 ETM+多光谱影像,SPOT 的多光谱影像,Terra 的 ASTER 影像,中巴资源卫星 CBERS-1 影像。除上述被动遥感卫星影像外,还有主动遥感的雷达卫星数据,如空间分辨率在 $20\sim100m$ 的 RADARSAT-1 和 ERS 数据。

3) 低分辨率卫星数据

低分辨率卫星数据往往用于宏观范畴特定目标的监测,包括多类专业应用卫星如气象卫星、水色卫星等,空间分辨率一般较低,但往往具有与特定功能相对应的特征。该类数据可用于气象预测和海洋生态环境、全球环境变化研究等。一般来说,气象卫星的时间分辨率较高,同一地点一天重复 $2\sim4$ 次;而水色卫星对波段波宽的要求较高,一般来说波宽应低于 20nm,以尽可能排除干扰信息。

著名的低分辨率卫星数据包括 NOAA 气象卫星影像、中国风云 2 号气象卫星影像、日本的 GMS-5 数据、Terra 的 MODIS 数据。

2. 遥感图像的光谱分辨率

光谱分辨率是指传感器在接收目标辐射的波谱时能分辨的最小波长间隔。间隔越小,分辨率越高。对于遥感影像数据而言,光谱分辨率通常称为遥感影像的波段数。

按照光谱分辨率,遥感影像数据可分为全色段(panchromatic)遥感数据、多光谱(multispectral)遥感数据和高光谱(hyperspectral)遥感数据。全色段遥感数据指的是该遥感传感器接收的数据包含了地物反射全部波段的电磁波能量;如果将电磁波按照波长范围分为多个波段,而遥感传感器接收地物反射的不同波段的电磁波能量,则这样的遥感数据为多光谱遥感数据;在电磁波谱的可见光、近红外、中红外和热红外波段范围内获取许多非常窄的光谱连续的影像数据,就是高光谱遥感数据。高光谱遥感的成像光谱仪可以收集到上百个非常窄的光谱波段信息(图 2-21)。

高光谱遥感与一般遥感的主要区别在于:高光谱遥感的成像光谱仪可以分离成几十甚至数百个很窄的波段来接收信息;每个波段宽度通常小于 10nm;所有波段排列在一起能形成一条连续的完整的光谱曲线;光谱的覆盖范围为从可见光到热红外的全部电磁辐射波谱范围。而一般的常规遥感不具备这些特点,常规遥感的传感器多数只有几个、十几个波段;每个波段宽度大于 100nm;更重要的是这些波段在电磁波谱上不连续。例如,TM 数

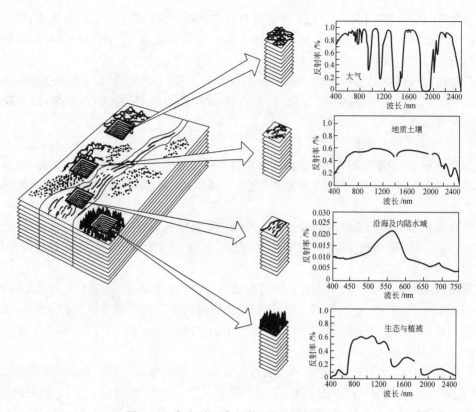

图 2-21　高光谱遥感成像光谱仪的数据特点

据第 3 波段为 $0.63\sim0.69\mu m$,而第 4 波段是 $0.76\sim0.90\mu m$,中间 $0.69\sim0.76\mu m$ 完全没有数据。所有波段加起来也不可能覆盖可见光到热红外的整个波谱范围。就第 4 波段而言,其宽度是 140nm。如果换成 10nm 宽的高光谱数据,TM 的一个波段在高光谱中就对应 14 个波段,高光谱的信息量大大增加,有利于识别更多的环境目标。

高光谱遥感的出现是遥感界的一场革命。其丰富的光谱信息,使具有特殊光谱特征的地物探测成为可能,因此有广阔的发展前景。高光谱遥感起初主要处于以航空遥感为基础的研究发展阶段,直到 1999 年底第一台中分辨率成像光谱仪 MODIS 成功地随美国 EOSAM-1 平台进入轨道,同时欧空局和日本也开展了高光谱卫星遥感计划,所有这些使高光谱遥感进入航天遥感领域并在应用深度上获得较大的突破。

3. 遥感图像的辐射分辨率

辐射分辨率是指传感器接收波谱信号时,能分辨的最小辐射差。在遥感图像上表现为每一像元的辐射量级。

一般情况下,每个像元的测量值用 1B(8b)数据存储,代表 $0\sim255$ 的离散数字,这些值就是 DN 值。利用传感器经率定的特定参数,可以将这些 DN 值换算为测量的电磁能量。

4. 遥感图像的时间分辨率

时间分辨率指对同一地点进行遥感采样的时间间隔,即采样的时间频率,也称重访周期。

遥感的时间分辨率范围较大。以卫星遥感来说,静止气象卫星(地球同步气象卫星)的时间分辨率为 1 次/0.5h,太阳同步气象卫星的时间分辨率为 2 次/d,Landsat 为 1 次/16d,中巴资源卫星 CBERS 为 1 次/26d 等。还有更长周期甚至不定周期的。

时间分辨率对动态监测尤为重要,天气预报、灾害监测等需要短周期的时间分辨率,故常以"[小]时"为单位;植物、作物的长势监测、估产等常用"旬"或"日"为单位;而城市扩展、河道变迁、土地利用变化等多以"年"为单位。总之,可根据不同的遥感目的,采用不同的时间分辨率。

2.3.2 遥感图像的选择原则

1. 时空特征需求

要选择合适的遥感图像,首先要对特定的应用需求有深入的理解。因此需要对研究对象的时空特征进行分析。比如在一个小区域内监测变化很快的城市环境发展与在一个大区域内研究变化较为缓慢的荒漠化过程所需要的影像类型就不一样。

对于城市区域的遥感分析和制图,需要有高分辨率的遥感影像。航空摄影和航空数字扫描仪可以满足该需求。在遥感数据选择中,另一个要考虑的因素是高程维信息。立体影像和雷达干涉测量数据能够提供 3D 信息。此外,在空间数据获取的时刻,由于城市高层建筑的存在,低太阳角会使阴影过多。为了尽可能避免阴影,就应当尽可能在中午获取遥感数据。云的类型也有影响。还有一个因素是季节,比如在温带地区,在深秋、冬季和初春,树木没有树叶,因此可以得到较清晰的城市基础设施图像。

而对于荒漠化的监测或厄尔尼诺现象影响的研究,时间维是最重要的考虑因素,在理想情况下应当获得一个长时间系列的质量相当(光谱、辐射和空间分辨率)的影像。

针对不同空间尺度的环境特征问题,L. Krawitz 等(1974)提出了对地面分辨率的要求,如表 2-14 所示。

表 2-14 环境特征的地面分辨率要求

环境特征	地面分辨率要求/m	环境特征	地面分辨率要求/m
Ⅰ. 巨型环境特征		土壤识别	75
地壳	10 000	土壤水分	140
成矿带	2000	土壤保护	75
大陆架	2000	灌溉计划	100
洋流	5000	森林清查	400
自然地带	2000	山区植被	200
生长季节	2000	山区土地类型	200
		海岸带变化	100
Ⅱ. 大型环境特征		渔业资源管理与保护	
区域地理	400		
矿产资源	100	Ⅲ. 中型环境特征	
海洋地质	100	作物估产	50
石油普查	1000	作物长势	25
地热资源	1000	天气状况	20
环境质量评价	100	水土保持	50

续表

环境特征	地面分辨率要求/m	环境特征	地面分辨率要求/m
植物群落	50	Ⅳ. 小型环境特征	
土种识别	20	污染源识别	10
洪水灾害	50	海洋化学	10
径流模式	50	水污染控制	10～20
水库水面监测	50	港湾动态	10
城市、工业用水	20	水库建设	10～50
地热开发	50	航行设计	5
地球化学性质、过程	50	港口工程	10
森林火灾预报	50	渔群分布与迁移	10
森林病害探测	50	城市工业发展规划	10
港湾悬浮质运动	50	城市居住密度分析	10
污染监测	50	城市交通密度分析	5
城区地质研究	50		
交通道路规划	50		

2. 光谱特征的需求

地物有不同的光谱特征，根据不同的应用目的，将各种遥感传感器设计成具有不同的光谱分辨率——全色波段、多光谱、高光谱、超光谱，以对不同波长的电磁能量进行测量，进而反映不同地物的特征。表 2-15 所示为 Landsat 7 ETM＋影像不同波段的遥感意义。

表 2-15   ETM＋各多光谱波段及其有关意义

波段	光谱范围/μm	分辨率/m	功　　能
1	0.450～0.515(蓝青绿)	30	绘制水系图和森林图，识别土壤和常绿、落叶植被
2	0.525～0.600(绿黄橙)	30	探测健康植物绿色反射率和反映水下特征
3	0.630～0.690(红)	30	测量植物叶绿素吸收率，进行植被分类
4	0.775～0.900(近红外)	30	用于生物量和作物长势的测定
5	1.550～1.750(近红外)	30	用于土壤水分和地质研究,岩石光谱反射及地质探矿
6	10.4～12.5(远红外)	60	植物受热强度和其他热图测量
7	2.090～2.350)(近红外)	30	用于城市土地利用,岩石光谱反射及地质探矿

在选择遥感图像时，除考虑时空特征需求外，还应考虑光谱特征需求，根据特定项目的应用目的，选择具有针对性的波段数据。

3. 数据的可获得性

一旦确定了影像数据的需求，就要调查数据的可获得性和成本。数据的可获得性依赖于是否有存档的历史影像数据，或是否能够根据需求订购未来的数据。现在可获得的影像的数量和大小在以很快的速度增加，如果需要卫星影像数据，一般可以通过下述途径了解其可获得性。

1）航空遥感数据

在我国，已有覆盖全国各地的航空照片，数目达数百万张，这些数据主要存放在各省的测绘部门。不仅有历史的照片，而且近年来，随着数字化潮流的风起云涌，数字地球的日益热火，新的一轮测绘工作已经开始。

我国从 20 世纪 70 年代起进行了大量的航空遥感试验(在天津市、长春市、云南腾冲市、南京市、太原市、洞庭湖、珠江口等),积累了一些资料,如有需要,可以到进行这些试验的单位去查询。

2)航天遥感数据

中国遥感卫星地面站是最重要的航天遥感数据来源,它建立于 1986 年,是一个为全国提供卫星遥感数据及空间遥感信息服务的非营利性的社会公益型事业单位,也是国家级民用多种资源卫星的接收与处理基础设施。其任务是:接收、处理、存档、分发各类地球对地观测卫星数据,同时开展卫星数据接收与处理以及相关技术的研究。历经多年的发展,地面站已具有接收美国的陆地卫星 5 号、7 号,欧空局 ERS-1 和 ERS-2,日本的 JERS-1,法国SPOT 1/2/4,加拿大 RADARSAT 及中巴合作的 CBERS-1 卫星的能力。

国家卫星气象中心可以接收的气象/环境卫星数据有:我国的风云系列气象卫星数据、日本的 GMS-5 数据、欧洲的 Meteosat-5 数据、美国的 NOAA-15/16 和 Terra 的 MODIS 数据等。

此外,很多相关研究单位和高校也具有特定卫星的接收能力。还有,随着越来越多的商家开始涉足航天遥感数据市场,商业公司也成为遥感数据的一个重要来源。现在用户可以方便地在网上进行卫星影像数据的查询。

自然资源卫星遥感云服务平台(http://www.sasclouds.com/)以云计算环境为支撑,以多平台、多时相、多尺度、多层次卫星影像产品为资源,管理和分发以陆地自然资源监测为主的国产遥感卫星影像产品;中国遥感数据网(http://rs.ceode.ac.cn/)是中国科学院遥感与数字地球研究所为实施新型的数据分发服务模式,面向全国用户建立的对地观测数据网络服务平台,提供常用的国内和国外的遥感数据;中国资源卫星中心(http://www.cresda.com/)承担我国对地观测卫星数据处理、存档、分发和服务设施建设与运行管理的任务,为全国广大用户提供各类对地观测数据产品和技术服务。

习题

2-1　什么是电磁波谱?

2-2　何为绝对黑体?

2-3　大气的散射现象有哪几种类型? 试分析可见光遥感和微波遥感的区别。

2-4　试论述电磁能从太阳到地面再到传感器过程中发生的物理现象。

2-5　太阳光照射到地表时,物体表面状况不同,反射率也不同。有两种极端情况下的反射状况:镜面反射、漫反射。试利用图示说明两种反射的不同。

2-6　什么是地物波谱曲线? 试利用图示说明植被、水体、土壤等的地物反射波谱曲线。

2-7　什么是大气窗口? 试简述常用的大气窗口。

2-8　什么是加色法和减色法?

2-9　主要的遥感平台是什么? 各有什么特点?

2-10　简述遥感技术系统的组成。

2-11　列举并简述遥感航天平台的重要参数。

2-12　举例说明常用环境遥感卫星数据的特征。

2-13　试论述遥感图像的基本特征。

2-14　什么是高光谱遥感? 它对环境遥感的发展有什么意义?

CHAPTER 3

遥感图像处理

3.1 遥感数据存储格式

　　遥感系统的主要任务是获取遥感图像,供各个部门应用。应用用户必须了解遥感图像存储的种类及其规格和格式,并了解图像产品中各种信息的表达方法和意义。

　　遥感图像产品按照记录介质不同主要分两大类,即胶片、相片产品和计算机兼容磁带(computer compatible tapes,CCT)。而一般来说,遥感信息的主要形式是数字,因此下文着重介绍 CCT 产品的格式。

　　在遥感图像的数字处理中,除了主要用到遥感的影像数据外,还要用到与遥感图像成像条件有关的其他数据,如遥感成像的光照条件、成像时间等。在遥感数据中除了影像信息外,还包含其他各种附加信息。遥感 CCT 是以一定的格式向用户提供这些数据的,自从遥感技术得到应用以来,遥感数据的存储采用过很多格式,后来美国陆地卫星技术工作组(Landsat Technical Working Group)提出了 LTWG 格式,即世界标准格式。从 1982 年以后,包括陆地卫星、法国 SPOT 卫星等的卫星遥感数据都采用了世界标准格式,目前世界各地的遥感数据很多采用 LTWG格式。1987 年美国国家超级计算应用中心(NCSA)研制开发了层次数据格式(hierarchy data format,HDF),主要用来存储由不同计算机平台产生的各种类型科学数据,它适用于多种计算机平台,易于扩展。1993年美国国家航空航天局(NASA)开始把 HDF 格式作为存储和发布地球观测系统(earth observation system,EOS)数据的标准格式。下面对 LTWG 格式中的波段顺序(band sequential,BSQ)格式和波段交叉(band interleaved by line,BIL)格式以及 HDF 格式进行描述。

3.1.1 BSQ 格式

　　BSQ 格式是按波段顺序记录遥感影像数据的格式,每个波段的图像数据文件单独形成一个影像文件。每个影像中的数据文件按照其扫描时的次序一行一个记录顺序存放,存放完第一波段,再存放第二波段,一直到所有波段数据存放完为止。BSQ 格式的遥感 CCT 包含 4 种文件类型(图 3-1)，即磁带目录文件、图像属性文件、图像数据文件、尾部文件。图中 EOF 代表 end of file，是文件结尾的标志；EOS 代表 end of set，是数据集结尾的标志。在一个 CCT 组合中，只有一个磁带目录文件；而图像属性文件的数目则等于一景影像的波段数目。例如 MSS 有 4 个波段，所以 MSS CCT 组合中有 4 个图像属性文件；同样，一景影像有几个波段就有几个影像数据文件和尾部文件。对于一个波段为 N 的遥感影像，BSQ 格式的 CCT 应当包含 $1+3N$ 个数据文件，如 MSS 有 4 个波段，所以 BSQ 格式的 MSS 应当包含 $1+3×4=13$ 个数据文件。

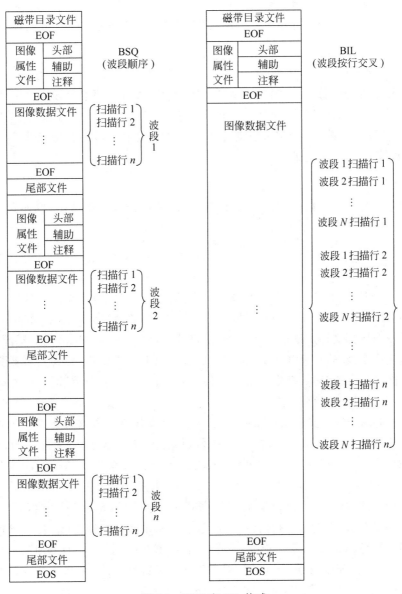

图 3-1　BSQ 和 BIL 格式

1．磁带目录文件

磁带目录文件是 BSQ 格式遥感 CCT 的第 1 个文件,共有 360 个字节,它说明了 CCT 的组合的内容、记录范围、格式。

2．图像属性文件

图像属性文件包括头部、辅助以及注释 3 个记录。

头部记录共有 92 个字节,1～36 字节是图像识别,37～62 字节是航天器描述,63～92 字节是成像时间及全球参考系统(world reference system,WRS)信息。

辅助记录包含了描述卫星特征的模拟数据以及与投影有关的数据。

注释记录包括所有印在标准胶片产品底部的字母数字资料,以及校正的成幅图像的信号资料。

3．图像数据文件

图像数据文件是遥感 CCT 的核心文件。图像数据文件按照卫星扫描的次序存放,一个扫描行对应一个记录,记录的长度等于每个扫描行上的像元数,例如 TM 的记录长度为 6967 个字节,每个波段单独形成一个图像数据文件,每个图像数据文件的长度就等于扫描行数,如 TM 每个波段都有 5965 个记录。

4．尾部文件

尾部文件包含了图像数据进行增强处理时所需要的一些基础数据,例如大气散射校正的基值。

3.1.2 BIL 格式

LTWG 的 BIL 格式是一种按照波段顺序交叉排列的遥感数据格式。BIL 格式与 BSQ 格式相似,整个遥感 CCT 也由四种文件组成(见图 3-1),即磁带目录文件、图像属性文件、图像数据文件以及尾部文件。BIL 格式与 BSQ 格式所不同的是,BIL 格式的遥感 CCT 不管遥感影像有多少个波段,只有 4 种文件类型,而且也只有 4 个文件,即每一种类型只有一个文件。BIL 格式的遥感 CCT 其磁带目录文件、图像属性文件以及尾部文件,在内容和记录格式上与 LTWG 的 BSQ 格式完全相同。

BIL 格式的图像数据文件由一景中的 N 个(TM 图像 $N=7$)波段影像数据组成。每一记录为一个波段的一条扫描线,扫描线的排列顺序是按波段顺序交叉排列的(图 3-1),如 MSS 有 MSS4、MSS5、MSS6、MSS7 共 4 个波段,其影像数据文件的排列次序是:首先是 MSS4 的第一扫描线(记录 1),然后是 MSS5 的第一扫描线(记录 2)、MSS6 的第一扫描线(记录 3)、MSS7 的第一扫描线(记录 4)。排完第一扫描线后,排第二扫描线,即 MSS4 的第二扫描线(记录 5)、MSS5 的第二扫描线(记录 6)、MSS6 的第二扫描线(记录 7)、MSS7 的第二扫描线(记录 8)。接下去是第三扫描线、第四扫描线、第五扫描线……直到所有扫描线都排完为止。很明显,BIL 格式的遥感 CCT 中影像数据的记录数等于影像的波段数乘以每个波段的扫描行数,例如 TM 有 7 个波段,其影像数据的记录数为 $5965×7=41\,755$。

3.1.3　HDF 格式

HDF 格式是一种不必转换格式就可以在不同平台间传递的新型数据格式,由美国国家高级计算应用中心(NCSA)研制,已被应用于 MODIS、ASTER、MISR 等数据中。

HDF 主要包括 6 种数据类型:栅格图像数据(RasterImage)、调色板(Palette)、科学数据集(ScientificDataSet)、HDF 注释(Annotations)、虚拟数据(Vdata)和虚拟组(Vgroup)。RasterImage 类型用于灵活存储和描述栅格图像数据;Palette 是一个颜色查找表,它提供不同图像的色谱,表中每列数字表示特定颜色;ScientificDataSet 类型用来存储和描述科学数据的多维数组;Annotations 是文本字符串,用来描述 HDF 文件或文件中包含的数据对象;Vdata 类型是一个用来存储和描述数据表格结构的框架;Vgroup 用来把相关数据目标联系起来,一个 Vgroup 可以包含另一个 Vgroup 以及数据对象。任何一个 HDF 对象都可以包含在一个 Vgroup 中。

HDF 采用分层数据管理结构,通过提供的"总体目录结构"直接从嵌套的文件中获得各种信息。因此,打开一个 HDF 文件,在读取图像数据的同时可以方便地查取到其地理定位、轨道参数、图像属性、图像噪声等各种信息参数。具体来讲,一个 HDF 文件包括一个头文件和一个或多个数据对象。一个数据对象由一个数据描述符和一个数据元素组成。前者包含数据元素的类型、位置、尺度等信息;后者是实际的数据资料。HDF 这种数据组织方式可以实现 HDF 数据的自我描述。HDF 用户可以通过应用界面来处理这些不同的数据集。

HDF 最初产生于 20 世纪 80 年代,到现在已经有不同的版本。不过 HDF1 到 HDF4,各版本在本质上是一致的,HDF4 可以兼容早期版本。而 HDF5 推出于 1998 年,它虽与 HDF4 在概念上一脉相承,但为了不断适应现代计算机发展和数据处理日益庞大复杂的要求,在数据结构的组织上有了很大的变化。

汇总起来,HDF 格式具有以下一些特点:

(1) 自述性。对于 HDF 文件中的每一个数据对象,都有关于该数据的综合信息。在没有任何外部信息的情况下,HDF 允许应用程序解释 HDF 文件的结构和内容。

(2) 通用性。许多数据类型都可以被嵌入在一个 HDF 文件中。通过使用合适的 HDF 数据结构,符号、数字和图形数据可以同时存储在一个 HDF 文件中。

(3) 灵活性。允许用户把相关的数据对象组合在一起,放到一个分层结构中,给数据对象添加描述和标签。它还允许用户把科学数据放到多个 HDF 文件中。

(4) 扩展性。HDF 极易容纳将来新增的数据模式,容易与其他标准格式兼容。

(5) 跨平台性。HDF 是一个与平台无关的文件格式。HDF 文件无须任何转换就可以在不同平台上使用。

美国国家航空航天局(NASA)基于 HDF 开发了 HDF-EOS 格式,专门用于处理 EOS 遥感数据产品。除了 HDF 的 6 种数据类型外,HDF-EOS 还支持另外 3 种数据类型:点、条带、网格。点类型可以存储在时间上间断的或空间上分散的一系列不规则数据记录,适用于处理气象站数据、浮标数据、船载测量的海洋数据等;条带类型用于存储卫星传感器条带路径廓线范围内的各种有用信息,包括传感器沿轨迹方向获取数据(a long track)和沿垂直轨迹方向获取数据(cross track);网格类型是最常用的一种处理空间数据的数据格式,已在

GIS 和 RS 领域得到广泛应用。HDF-EOS 文件的内容可以通过地理坐标和时间查询，每个 HDF-EOS 文件都包括元数据，它为科学研究和用户访问 EOS 数据提供了便利条件。在 EOS 中定义了 3 种元数据：①核心元数据（core metadata），它能够满足所有标准数据产品的需要；②具体产品的元数据（product specific metadata），它只能满足特定数据产品的需要；③结构化元数据（structural metadata），用于描述 HDF-EOS 文件中数据域的具体细节，它是 HDF-EOS 特有的元数据，包括空间尺度信息、数据域的信息和地理位置信息。

随着 EOS 数据的广泛应用，HDF-EOS 数据格式已逐步被广大遥感、地理信息系统的用户和软件开发商所接受，随之涌现出大量的 HDF-EOS 数据浏览和发布软件。许多遥感图像处理和 GIS 软件都提供对 HDF-EOS 的支持功能。

3.2 遥感图像校正

在遥感成像时，由于各种因素的影响，遥感图像存在一定的几何畸变和辐射量的失真现象。这些畸变和失真影响了图像的质量和应用，在遥感应用之前必须消除。对这些畸变和失真的消除一般称为遥感图像的预处理，主要包括辐射量校正和几何校正。

利用传感器观测目标的反射或辐射能量时，传感器得到的测量值与目标的光谱反射率或光谱辐射亮度等物理量是不一致的，这是因为测量值中包含了由于太阳位置和角度以及薄雾等大气条件所引起的失真以及传感器本身的偏差。为了正确评价目标的反射或辐射特性，也必须消除这些失真。消除图像数据中依附在辐射亮度中的各种失真的过程称为辐射量校正（radiometric correction）。

几何变形是指图像上的像元在图像坐标系中的坐标与其在地图坐标系等参考系统中的坐标之间的差异，消除这种差异的过程称为几何校正（geometric correction）。在卫星影像数据提供给用户使用前，有些已经经过辐射量校正和必要的几何校正，在实际问题中，应视具体情况加以处理。

3.2.1 图像辐射校正

进入传感器的辐射强度反映在图像上就是亮度值（灰度值）。辐射强度越大，亮度值越大。图像上每个像元的亮度值主要受两个物理量的影响：一是太阳辐射照射到地面的辐射强度；二是地物的反射光谱。当太阳辐射强度相同时，图像上像元亮度值的差异就直接反映了地物目标光谱反射率的差异。但实际测量中，辐射强度值还受到其他因素的影响而发生变化。这一改变的部分就是图像辐射校正需要校正的部分。

引起辐射畸变的原因主要有两个：传感器仪器本身产生的误差和大气对辐射的影响。相应地，辐射校正也包括两种类型：

（1）装饰性修正（cosmetic rectification）。对数据错误进行补偿性修复；

（2）大气校正（atmosphere correction）。校正由于大气和辐射参数带来的误差，如薄雾、太阳角、天空光等。

1. 装饰性修正

装饰性修正包括以修正影像中视觉错误或噪声为目的而进行的所有操作。数据中的缺陷一般包括以下形式：周期性或随机性扫描线丢失(line dropouts)、线状条带现象(line striping)、随机噪声(random noise)或尖峰噪声(spike noise)。其可以通过自动方式或目视方式识别出来。

1) 周期性扫描线丢失

周期性扫描线丢失现象产生的原因是传感器中的一个探测元件出现了问题，因此记录了错误的信息或者停止记录。例如 Landsat 的专题制图仪(TM)，除热红外波段外，其他波段都有 16 个探测元件。如果其中一个探测元件出现故障，则每 16 个扫描线中就有一个扫描线的数据为零，在影像上就表现为一条黑线。对于 Landsat MSS，上述问题将导致其每 6 个扫描线中有一个数据为零的扫描线。如图 3-2 所示为某沿海地区 Landsat MSS 影像及其一子区相应的 DN 值。假如有一个探测元件损坏，相应的 Landsat MSS 影像及其 DN 值如图 3-3 所示。

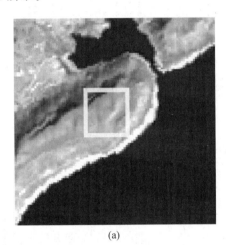

图 3-2　某沿海地区 Landsat MSS 影像(a)及其一子区相应的 DN 值(b)

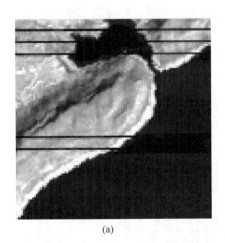

图 3-3　含有扫描线丢失的影像(a)及相应的 DN 值(b)

对这类问题进行修正，第一步要计算整景影像每个扫描线的平均 DN 值和整景影像的平均 DN 值，然后将每个扫描线的平均 DN 值与整景影像的平均 DN 值进行比较。如果某扫描线的平均 DN 值与整景影像的平均 DN 值相比,其偏差超过指定的限值,则可确定该条扫描线存在缺陷。在地面覆被非常复杂的区域,为了获得较好的效果,要考虑影像的直方图,进一步划分子区,然后对子区分别进行处理。

下一步是替代有缺陷的扫描线。对于一个有缺陷的扫描线,其每个像元的 DN 值取该扫描线前后两个扫描线上相应像元的 DN 值的平均值。这样,影像的质量就得到很大的改善(图 3-4),尽管每 16 个扫描线(对于 Landsat MSS 数据,为每 6 个扫描线)中有一个人工处理的数据行。

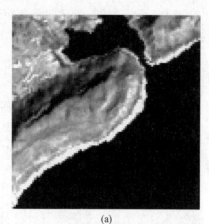

34	27	20	17	17	19	20	21	22	21	19	18	16	17	22
28	22	17	15	16	17	17	18	19	18	16	15	15	18	25
23	17	14	14	15	16	15	15	17	16	13	12	14	19	28
17	14	13	12	13	12	11	12	14	13	11	12	17	25	34
13	12	12	11	11	11	10	12	16	15	13	16	23	31	40
10	11	11	11	11	12	16	20	28	31	29	32	39	46	51
10	11	11	11	12	14	17	23	28	35	38	37	40	45	50	54
10	11	11	13	17	23	30	36	42	45	45	48	51	55	57
10	11	13	17	25	33	40	45	47	48	48	50	53	55	57
15	18	21	26	33	40	47	50	50	50	50	51	54	55	57
25	31	36	40	42	46	49	50	50	50	50	51	54	55	57
33	40	45	47	48	49	51	51	50	50	50	52	54	55	57
39	44	47	49	50	51	53	53	51	50	50	52	54	55	57
43	47	49	50	51	52	54	52	51	51	51	51	53	55	57
46	48	50	51	53	54	54	54	52	51	51	51	51	53	55	57
48	50	52	53	55	56	56	55	53	51	50	50	52	55	57
50	52	54	55	57	58	58	56	54	51	50	50	52	55	58
51	53	55	57	58	59	59	57	55	52	49	49	51	54	59
52	54	56	58	58	58	58	57	55	52	48	49	51	54	60

(a)   (b)

图 3-4 对含扫描线丢失影像处理后的影像(a)及相应的 DN 值(b)

上述修正方法同样适用于存在随机性的扫描线丢失影像的修正。

2)线状条带现象

相比于扫描线的丢失,存在线状条带现象在影像中就更加普遍了。线状条带现象的产生时常是由于探测元件的不统一引起的。在卫星发射前,传感器中所有的探测元件都进行了认真仔细的参数率定和配准。但一段时间后,某些探测元件的测量结果可能会向高或向低偏移。结果,发生偏移的探测元件所记录的扫描线与其他线相比会更亮或更暗,出现线状条带现象(图 3-5)。

34	27	20	17	17	19	20	21	22	21	19	18	16	17	22
96	92	92	90	94	88	86	86	94	98	92	88	87	84	88
23	17	14	14	15	16	15	15	17	16	13	12	14	19	28
17	14	13	12	13	12	11	12	14	13	11	12	17	25	34
13	12	12	11	11	11	12	16	15	13	16	23	31	40
11	11	11	11	11	11	12	15	22	23	21	24	31	39	46
10	11	11	11	12	16	20	28	31	29	32	39	46	51
20	22	22	22	26	32	44	56	72	78	78	84	94	95	96
10	11	11	13	17	23	30	36	42	45	45	48	51	55	57
10	11	13	17	25	33	40	45	47	48	48	50	53	55	57
15	18	21	26	33	40	47	50	50	50	50	51	54	55	57
25	31	36	40	42	46	49	50	50	50	50	51	54	55	57
33	40	45	47	48	49	51	51	50	50	50	52	54	55	57
78	88	93	95	95	97	98	98	96	94	94	96	98	99	99
43	47	49	50	51	52	54	54	52	51	51	51	53	55	57
46	48	50	51	53	54	54	54	52	51	51	51	53	55	57
48	50	52	53	55	56	56	55	53	51	50	50	52	55	57
50	52	54	55	57	58	58	56	54	51	50	50	52	55	58
51	53	55	57	58	59	59	57	55	52	49	49	51	54	59
89	91	99	99	99	99	99	97	96	94	98	98	96	94	94
53	55	57	59	58	58	58	57	55	52	48	49	52	55	61

(a)   (b)

图 3-5 带有线状条带现象的影像(a)及其相应的 DN 值(b)

对于带有线状条带现象的影像,要强调的是,存在缺陷的扫描线中的数据还是有效的,要做的只是对其进行修正以与整景影像匹配。

对于这种缺陷的处理,有很多方法,最常用的是直方图匹配法。即针对每个探测元件的记录,建立独立的直方图,并进行匹配,将一个记录行作为标准,对其余探测元件的记录的增益(gain)和偏移(offset)值进行适当的调整,然后计算出每个像元的新 DN 值。这样就得到了一个去条带后的影像。

3) 随机噪声或尖峰噪声

上述周期性扫描线丢失和线状条带现象是由于非随机的噪声引起的,因此可以通过简单的方法进行识别和修正。而对于随机的噪声,就需要用比较复杂的方法进行修正,比如数字过滤法等。

随机噪声或尖峰噪声的产生可能是由于数据传输中的错误或者一个短暂的扰动。因此某些像元的 DN 值显著高于或低于周围像元的 DN 值(图 3-6)。在这样的影像中,这些像元表现为明亮和暗淡的点,它们将会影响遥感影像中信息的提取。

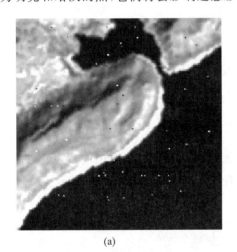

(a)　　　　　　　　　　(b)

图 3-6　存在尖峰噪声的影像(a)及相应的 DN 值(b)

尖峰噪声可以通过与周围像元 DN 值的相互比较检查出来。如果其与周围像元的 DN 值相比,差异超过给定的限值,就可判断其为尖峰噪声,并且将其 DN 值用周围像元 DN 值的内插值代替。

2. 大气校正

进入大气的太阳辐射会发生反射、折射、吸收、散射和透射。对传感器接收影响较大的是吸收和散射,如图 3-7 所示。假设没有大气存在,传感器接受的辐照度只与太阳辐射到地面的辐照度和地物反射率有关。而由于有大气的存在,太阳辐射经过大气的吸收和散射,减弱了原信号的强度。另外,大气的散射光也有一部分直接或经过地物反射进入到传感器,这两部分辐射又增强了信号,产生了对地物的干扰。

1) 大气影响的定量分析

设 $E_{0\lambda}$ 为波长 λ 的辐照度,θ 为入射方向的天顶角,当无大气存在时,地面上单位面积的辐照度为

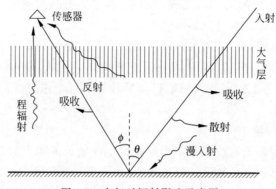

图 3-7   大气对辐射影响示意图

$$E_\lambda = E_{0\lambda} \cos\theta \tag{3-1}$$

假定地表面是朗伯体,在其表面发生漫反射,则某方向物体的亮度为

$$L_{0\lambda} = \frac{R_\lambda}{\pi} E_\lambda = \frac{R_\lambda}{\pi} E_{0\lambda} \cos\theta \tag{3-2}$$

式中,R_λ——地物反射率。

传感器接收信号时,受仪器的影响还有一个系统增益系数因子 S_λ,这时进入传感器的亮度值为

$$L'_{0\lambda} = \frac{R_\lambda}{\pi} E_{0\lambda} S_\lambda \cos\theta \tag{3-3}$$

由于大气的存在,在入射方向上有与入射天顶角 θ 和波长 λ 有关的透过率 $T_{\theta\lambda}$;反射后,在反射方向上有与反射天顶角 ϕ 和波长 λ 有关的透过率 $T_{\phi\lambda}$。因此,进入传感器的亮度值为

$$L_{1\lambda} = \frac{R_\lambda T_{\phi\lambda}}{\pi} E_{0\lambda} T_{\theta\lambda} S_\lambda \cos\theta \tag{3-4}$$

大气对辐射散射后,来自各个方向的散射又重新以漫入射的形式照射地物,其辐照度为 E_D,经过地物的反射及反射路径上大气的吸收进入传感器,其亮度值 $L_{2\lambda}$ 为

$$L_{2\lambda} = \frac{R_\lambda T_{\phi\lambda}}{\pi} S_\lambda E_D \tag{3-5}$$

$L_{2\lambda}$ 的值一般比较小。

此外,相当部分的散射光向上通过大气直接进入传感器,这部分辐射称为程辐射度,亮度为 $L_{p\lambda}$。

可见,由于大气影响的存在,实际到达传感器的辐射亮度是前面所分析的三项之和,即 $L_\lambda = L_{1\lambda} + L_{2\lambda} + L_{p\lambda}$。

为简化表达,去掉各项的下标 λ,得到

$$L = \frac{R T_\phi}{\pi} E_0 T_\theta S \cos\theta + \frac{R T_\phi}{\pi} S E_D + S L_p \tag{3-6}$$

将 $L_{0\lambda}$ 和 L 进行比较可以看出,大气的主要影响是减少了图像的对比度,使原始信号和背景信号都增加了因子。如图 3-8 所示,图像中某一剖面,其线长为横坐标,亮度值为纵

坐标。假设无大气时,白处亮度值为 50,黑处亮度值为 0,则亮度对比 $C_1 = (50-0)/50 = 1$。有大气影响时,乘以透过率后假定亮度减少 10%,亮度值减少到 45,而由于 L_2 和 L_p 存在,黑白处亮度均增加 10,这样亮度对比变成 $C_2 = (55-10)/55 = 9/11$。$C_2 < C_1$,可见对比度减少,图像质量下降了。

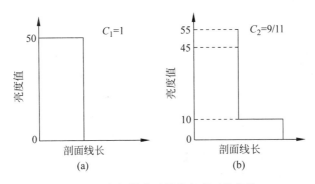

图 3-8　大气影响下图像亮度对比变化

2) 大气效应的校正

严格地说,去除大气影响是将上述计算 L 的公式中的附加项和附加因子求出,最终求出地物反射率 R,从而恢复遥感影像中地面目标的真实面目。当大气透过率变化不大时,有时只要去掉含 E_D 和 L_p 的数据项就可修正图像的亮度,使图像中像元之间的亮度变化真正反映不同像元地物反射率之间的变化关系。这种对大气影响的纠正是通过纠正辐射亮度的办法实现的。

精确的校正公式需要找出每个波段像元亮度值与地物反射率的关系。为此需得到卫星飞行时的大气参数,以求出透过率 T_θ、T_ϕ 等因子。如果不通过特别的观测,一般很难得到这些数据,所以常常采用一些简化的处理方法,只去掉主要的大气影响,使图像质量满足基本要求。

简化的校正指通过比较简便的方法去掉公式中的 L_p,即程辐射度,从而改善图像质量。式中还有漫入射因子 E_D 及其他如透过率等影响,这些因子都作为地物反射率的因子出现,直接相减不易去除,常用比值法或其他校正方法去除,在此不进行深入讨论。严格地说,程辐射度的大小与像元位置有关,随大气条件、太阳照射方向和时间变化而变化,但因其变化量微小而可以忽略。可以认为,程辐射度在同一幅图像的有限面积内是一个常数,其值的大小只与波段有关。

程辐射度也称影像中的雾霾(haze),因此该处理也称雾霾校正(haze correction)。

(1) 直方图最小值去除法

直方图以统计图的形式表示图像亮度值与像元数之间的关系。在二维坐标系中,横坐标代表图像中像元的亮度值,纵坐标代表每一亮度或亮度间隔的像元数占总像元数的百分比。从直方图统计中可以找到一幅图像中的最小亮度值。

最小值去除法的基本思想是:在一幅图像中总可以找到某种或某几种地物,其辐射亮度或反射率接近于零,例如地形起伏地区山的阴影处,反射率极低的深水水体处等,这时在图像中对应位置的像元亮度值应为零。而实测表明,这些位置上的像元亮度不为零。这个值就应该大致是大气散射导致的程辐射度值。一般来说,由于程辐射度主要来自米氏散射,其散射强度随波长的增大而减小,到红外波段也有可能接近于零。

具体校正方法十分简单,首先确定条件是否满足,即确定该图像上有辐射亮度或反射亮度应为零的地区,则亮度最小值必定是这一地区大气影响的程辐射度增值。校正时,将每一波段中每个像元的亮度值都减去本波段的最小值,使图像亮度动态范围得到改善,对比度增强,从而提高了图像质量。

(2) 回归分析法

假定某红外波段存在程辐射为主的大气影响,且亮度增值最小,接近于零,设为波段 a。现需要找到其他波段相应的最小值,这个值一定比波段 a 的最小值大一些,设为波段 b,分别以 a、b 波段的像元亮度值为坐标,在二维光谱空间,两个波段中对应像元在坐标系内用一个点表示。由于波段之间的相关性,通过回归分析在众多点中一定能找到一条直线与波段 b 的亮度 L_b 轴相交,且

$$L_b = \beta L_a + \alpha \tag{3-7}$$

式中,L_b——波段 b 上的像元亮度;

L_a——波段 a 上的像元亮度;

α——直线在 L_b 轴上的截距;

β——斜率。

可以认为,α 就是波段 b 的程辐射度。

校正的方法是将波段 b 中每个像元的亮度值减去 α,以改善图像质量,去掉程辐射。同理,依次完成其他较长波段的校正。

3. 太阳高度角与地形校正

相对于地面,太阳位置在年内和日内随着时间的不同而不同。在不同季节,获取的影像的太阳光照条件是不同的,因此需要进行太阳角校正。尤其是要对不同时期的影像进行拼接处理,或者要进行变化探测研究时,太阳角校正就尤为重要。

设太阳角为 h,要进行绝对校正,要将影像的 DN 值除去 $\sin h$(在影像的头文件中会给出影像的太阳角):

$$DN' = \frac{DN}{\sin h} \tag{3-8}$$

式中,DN——输入像元的值;

DN'——输出像元的值。

如果一个地区有多时相的影像数据,可以采用相对的太阳角校正。这时可以将太阳角大的影像作为参照,对其他影像的辐射度进行调整校正。

当地面地形复杂时,对于地面上的每个像元,经过地表散射、反射到遥感器的太阳辐射量就会依该像元的倾斜度而变化,因此需要用 DEM(数字高程模型)计算每个像元的太阳入射角来校正其辐射亮度值。

通常,在太阳高度角和地形校正中,都假设地球表面是一个朗伯反射面。但事实上,这个假设并不成立,最典型的如森林表面,其反射率就不是各向同性的,因此需要更复杂的反射模型。

3.2.2　图像几何校正

在遥感图像扫描成像过程中,由于遥感平台、地形、地球自转、大气折射等因素造成图像发生几何变形。相对于地面真实形态,遥感影像的总体变形是平移、缩放、旋转、偏扭、弯曲及其他变形综合作用的结果。产生畸变的图像给定量分析及位置配准造成困难,因此接收遥感数据后,首先由接收部门进行校正,这种校正往往根据遥感平台、地球、传感器的各种参数进行处理。而用户拿到这种产品后,由于使用目的不同或投影及比例尺不同,仍需要作进一步的几何校正。

1. 遥感影像几何变形的原因

1) 遥感平台位置和运动状态变化的影响

无论是卫星还是飞机,在运动过程中都会由于种种原因产生飞行姿势的变化,从而引起影像变形。对于遥感平台,影响遥感影像几何形态的因素有:

(1) 航高。如果航高发生变化,而传感器的扫描视场角不变,会导致图像扫描行对应的地面长度发生变化。航高越向高处偏离,图像对应的地面越宽。

(2) 航速。卫星的椭圆轨道本身就导致了卫星飞行速度的不均匀,其他因素也可导致遥感平台航速的变化。航速快时,扫描带超前,航速慢时,扫描带滞后,由此可导致图像在卫星前进方向上(图像上下方向)的位置错动。

(3) 俯仰。遥感平台的俯仰变化会引起图像上、下方向的变化,即星下点俯时后移、仰时前移,发生行间位置错动。

(4) 翻滚。遥感平台姿态翻滚是指以前进方向为轴旋转了一个角度,可导致星下点在扫描线方向偏移,使整个图像向翻滚的方向错动。

(5) 偏航。指遥感平台在前进过程中,相对于原前进航向偏转了一个小角度,从而引起扫描行方向的变化,导致图像的倾斜畸变。

上述各种影响产生的畸变均属于外部误差。此外还有因传感器而异的内部误差,如扫描仪扫描一个视场角时卫星前进导致的位置偏移或扫描速度不均、检测器不一致等引起的误差,这类误差一般较小。

2) 地形起伏的影响

当地形存在起伏时,会产生局部像点的位移,如图 3-9 所示。对地形引起的几何畸变的校正,要用到数字地形模型(DTM)。在地形起伏较大的区域,地形起伏对航空照片和航空扫描数据影响比较明显。而对于平坦的区域,或卫星影像而言,影响很小。一般地形起伏大小 h 与传感器高度 H 之比小于 1/1000,可以忽略地形起伏的影响。

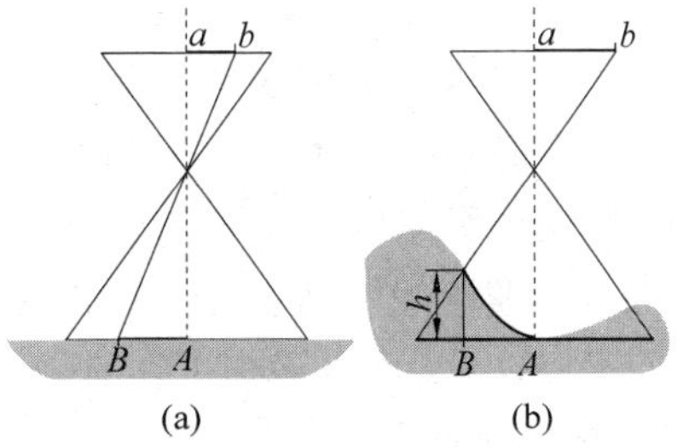

3) 地球表面曲率的影响

地球是个椭球体,地球表面是个曲面。这种曲

图 3-9　地形起伏对影像几何特征的影响

面的影响主要表现在两个方面:一是像点位置的移动,二是像元对应于地面宽度的不等。

当扫描器角度较大时,影响更加突出,造成边缘景物在图像显示时被压缩。假定原地面真实地物是一条直线,成像时中心窄,边缘宽,但图像显示时像元大小相同,这时直线被显示成反 S 形弯曲,这种现象又叫全景畸变,如图 3-10 所示。

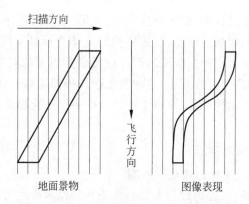

图 3-10　全景畸变导致的反 S 形弯曲现象

4) 大气折射的影响

我们知道,大气对辐射的传播会产生折射。由于大气的密度分布从下向上越来越小,折射率不断变化,因此折射后的辐射传播不再是直线而是一条曲线,从而导致传感器接收的像点发生位移。

5) 地球自转的影响

卫星在行进过程中,传感器对地面进行扫描获取图像时,地球自转影响较大,会产生影像偏移。因为多数卫星在轨道运行的降段接收影像,即卫星自北向南运行,这时地球自西向东自转。相对运动的结果是卫星的星下点位置逐渐产生偏离。

2. 几何校正方法

几何校正方法一般可分为系统校正和几何精校正。系统校正法大致由两部分组成,首先根据卫星轨道和姿态等参数确定扫描时刻的卫星轨道位置,然后根据传感器的扫描特性决定扫描点的地理坐标。系统校正一般由接收部门进行,产品的几何精度由上述参数和处理模型决定。而用户拿到这种产品后,由于使用目的不同或投影及比例尺不同,仍旧需要作进一步的几何校正。

对于应用用户而言,常用的是一种通用的精校正方法,它适合于在地面平坦、不需考虑高程信息,或地面起伏较大而无高程信息,以及传感器的位置和姿态参数无法获取的情况下应用。有时根据遥感平台的各种参数已进行过一次校正,但仍不能满足要求,就可以用该方法进行遥感影像相对于地面坐标的配准校正,遥感影像相对于地图投影坐标系统的配准校正,以及不同类型或不同时相的遥感影像之间的几何配准和融合分析,以得到比较精确的结果。下面针对几何精校正方法进行介绍。

1) 基本思路

校正前的图像看起来是由行列整齐的等间距像元点组成的,但实际上,由于某种几何畸变,图像中像元点间所对应的地面距离并不相等,如图 3-11(a)所示。校正后的图像亦是由等间距的网格点组成的,且以地面为标准,符合某种投影的均匀分布,图像中格网的交点可以看作像元的中心,如图 3-11(b)所示。校正的最终目的是确定校正后图像的行列数值,然后找到新图像中每一像元的亮度值。

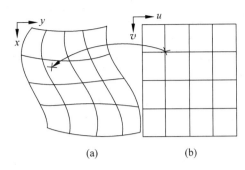

图 3-11　几何校正

(a) 校正前；(b) 校正后

2）计算方法

找到一种数学关系，建立校正前图像像元坐标(x,y)与校正后相应的图像像元坐标(u,v)的关系，记作

$$\begin{cases} x = f_x(u,v) \\ y = f_y(u,v) \end{cases} \tag{3-9}$$

通常数学关系f表示为二元n次多项式，常用的有一次、二次和三次多项式。在很多情况下，利用一次多项式就足够了。对于一次多项式，校正前后的图像坐标(x,y)和(u,v)之间的数学关系如下：

$$\begin{cases} x = a + bu + cv \\ y = d + eu + fv \end{cases} \tag{3-10}$$

上述方程组有 6 个参数(a,b,c,d,e,f)待确定。可以通过地面控制点（GCP）确定这些参数。GCP 是那些在原影像上易于识别的，并且地面实际坐标已知的点。一般利用道路交叉点、水道、形态典型的结构（如机场、水坝）等。选择 GCP 可以利用比例尺合适的地形图、校正的遥感影像，也可以在现场利用全球定位系统（GPS）进行坐标测量。要求解上述二元一次方程组，至少需要 3 个 GCP。求解二元n次多项式方程组，至少需要$(n+1)(n+2)/2$个 GCP。

在实际工作中，为了评估几何校正的误差，取得较好的校正结果，选择的 GCP 要大大多于需要的最少 GCP，有时可以是最少 GCP 的 6 倍。基于一组 GCP，可以利用最小二乘法计算出一组优化的校正参数。利用这组参数就可以对原影像进行几何精校正。几何校正的误差称为残差，其大小指示几何校正质量的高低。几何校正残差可以利用上述计算出的 GCP 坐标与实际坐标之间的偏差来表示。对各个 GCP 残差进行分析，可以评估不同 GCP 对误差的贡献，从而识别出误差大的 GCP。

几何校正的总体误差通常用均方根差（RMS）表示。x方向的均方根差m_x可按照下式计算：

$$m_x = \sqrt{\frac{1}{n}\sum_{i=1}^{n}\Delta x_i^2} \tag{3-11}$$

式中,Δx_i——第 i 个 GCP 实际坐标 x 与计算坐标 x_c 之差。

同样可以算出 y 方向上的均方根差 m_y,然后得到几何校正的总体误差 m_t:

$$m_t = \sqrt{m_x^2 + m_y^2} \qquad\qquad (3\text{-}12)$$

均方根差为评估几何校正的误差提供了一个定量的方法,然而它没有考虑 GCP 的空间分布。因此选择的 GCP 应当包括影像边缘附近的地面控制点。

为了确定校正后图像上每点的亮度值,就要求出其原图所对应点 (x,y) 的亮度。通常有三种方法——最近邻法、双线性内插法和三次卷积内插法。

(1) 最近邻法

图像中两相邻点的距离为 1,即行间距 $\Delta x = 1$,列间距 $\Delta y = 1$,取与所计算点 (x,y) 周围相邻的 4 个点,比较它们与被计算点的距离,哪个点距离最近,就取哪个点的亮度值作为 (x,y) 点的亮度值 $f(x,y)$。设该最近邻点的坐标为 (k,l),于是点 (k,l) 的亮度值 $f(k,l)$ 就作为点 (x,y) 的亮度值,即 $f(x,y) = f(k,l)$。

这种方法简单易用,计算量小,在几何位置上精度为 ± 0.5 像元,但处理后图像的亮度具有不连续性,从而影响了精确度。

(2) 双线性内插法

取 (x,y) 点周围的 4 邻点,在 y 方向(或 x 方向)内插两次,再在 x 方向(或 y 方向)上内插一次,得到 (x,y) 点的亮度值 $f(x,y)$,该方法称双线性内插法。

如图 3-12 所示,设 4 个邻点分别为 (i,j),$(i,j+1)$,$(i+1,j)$,$(i+1,j+1)$,i 代表行数,j 代表列数。设 $\alpha = x - i$,$\beta = y - j$,过 (x,y) 作直线与 x 轴平行,与 4 邻点组成的边相交于点 (i,y) 和点 $(i+1,y)$。先在 y 方向内插,计算交点的亮度 $f(i,y)$ 和 $f(i+1,y)$。然后,计算 x 方向,以 $f(i,y)$ 和 $f(i+1,y)$ 为两端点内插出 $f(x,y)$。

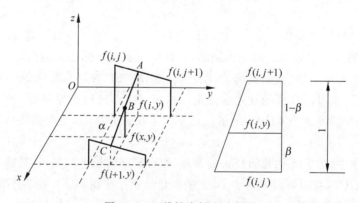

图 3-12　双线性内插法示意图

实际计算时,先对全幅图像沿行依次计算每一个点,再沿列逐行计算,直到全部点计算完毕。

双线性内插法与最近邻法相比虽然计算量增加,但精度明显提高,特别是对亮度不连续现象或线状特征的块状化现象有明显的改善。但这种内插法会对图像起到平滑作用,从而使对比度明显的分界线变得模糊。鉴于该方法的计算量和精度适中,只要不影响应用所需的精度,就可作为可取的方法而被采用。

(3) 三次卷积内插法

这是进一步提高内插精度的一种方法。其基本思想是增加邻点来获得最佳插值函数。

取与计算点(x,y)周围相邻的 16 个点,与双线性内插类似,可先在某一方向上内插,如先在 x 方向上,对每 4 个值依次内插,求出 $f(x,j-1),f(x,j),f(x,j+1),f(x,j+2)$。再根据这 4 个计算结果在 y 方向上内插,得到 $f(x,y)$。每一组 4 个样点组成一个连续内插函数。可以证明,这种三次多项式内插过程实际上是一种卷积运算,故称为三次卷积内插。

该方法对全图每一点(x,y)计算一遍,计算量很大。但以此换来了更好的图像质量,细节表现更为清楚。需要注意的是,欲以三次卷积内插获得好的图像效果,就要求位置校正过程更准确,即对控制点选取的均匀性要求更高。如果前面的工作没做好,三次卷积也得不到好的结果。

3.3　遥感图像的增强

当一幅图像的目视效果不太好,或者有用的信息突出不够时,就需要进行图像增强处理。例如,图像对比度不够,或希望突出的某些边缘看不清,就可用计算机图像处理技术来改善图像质量。针对遥感图像的增强,没有一个方法是最优的。一个方法的优劣取决于它是否能最好地表现分析者所关心的地物特征。因此,针对不同的问题,提出了不同的遥感图像增强方法,这些方法包括辐射增强、空间增强和光谱增强。

3.3.1　辐射增强处理

对每一幅图像,都可以得到其像元亮度值的直方图,观察直方图的形态,可以粗略地分析图像的质量。一般来说,一幅包含大量像元的图像,其像元亮度值应符合统计分布规律,即假定像元亮度随机分布时,直方图应是正态分布的。实际工作中,若图像的直方图接近正态分布,则说明图像中像元的亮度接近随机分布,该图像是一幅适合用统计方法分析的图像。当观察直方图形态时,发现直方图的峰值偏向亮度坐标轴左侧,则说明图像偏暗;峰值偏向坐标轴右侧,则说明图像偏亮;峰值提升过陡、过窄,说明图像的像元亮度值过于集中。以上情况均是图像对比度较小、图像视觉质量较差的反映(图 3-13)。

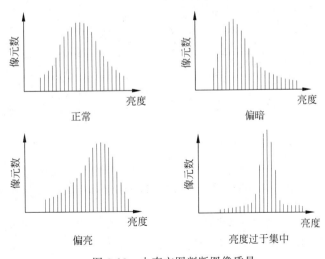

图 3-13　由直方图判断图像质量

辐射增强处理是针对影像中的每个像元进行操作处理。这与后面将要述及的空间增强不同,空间增强要考虑邻近像元的亮度值。由于影像中像元值和各波段特征不同,对某波段合适的辐射增强处理,对其他波段不一定合适。因此,针对一个多波段影像的辐射增强处理,可以看作一系列相互独立的单波段影像的增强处理。

1. 对比度拉伸

这是一种通过改变图像像元的亮度值来改变图像像元对比度,从而改善图像质量的图像处理方法。常用的方法有对比度线性变换和非线性变换。

1) 线性变换

为了改善图像的对比度,必须改变图像像元的亮度值,并且这种改变需符合一定的数学规律,即在运算过程中有一个变换函数。如果变换函数是线性的或分段线性的,这种变换就是线性变换。线性变换是图像增强处理最常用的方法。

如一幅图像,其亮度范围为 $a_1 \sim a_2$,现在欲将亮度范围变换为 $b_1 \sim b_2$,可以设计一个线性变换函数,假设横坐标 x_a 为变换前的亮度值,纵坐标 x_b 为变换后的亮度值,则

$$\frac{x_b - b_1}{b_2 - b_1} = \frac{x_a - a_1}{a_2 - a_1}, \quad x_a \in [a_1, a_2], \quad x_b \in [b_1, b_2] \tag{3-13}$$

即

$$x_b = \frac{b_2 - b_1}{a_2 - a_1}(x_a - a_1) + b_1 \tag{3-14}$$

变换时将每个像元的亮度值逐个代入公式,求出 x_b 值并替换 x_a,便得到变换后的新图像。假设 $[a_1, a_2]$ 为 $[0, 15]$,$[b_1, b_2]$ 为 $[0, 30]$,则变换后的数值和直方图如图 3-14 所示。可见直方图比原来拉伸了,图像可显示的亮度范围比以前扩大,对比度也加大,图像质量比以前提高了。

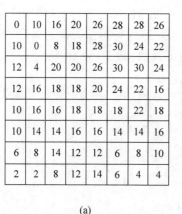

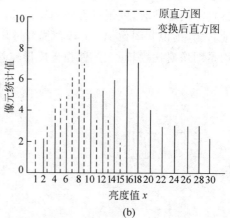

(a)　　　　　　　　　　　(b)

图 3-14　线性变换结果

（a）变换后图像；（b）变换前后直方图对比

调整 a_1、a_2、b_1、b_2 这 4 个参数,即改变变换直线的形态,可以产生不同的变换效果。若 $a_2 - a_1 < b_2 - b_1$,则亮度范围扩大,图像被拉伸;反之,亮度范围缩小,图像被压缩。对于这些参数的具体取值可根据对图像显示效果的需要而人为地设定。

有时为了更好地调节图像的对比度,需要在一些亮度段拉伸,而在另一些亮度段压缩,这种变换称为分段线性变换。分段线性变换时,变换函数不同,在变换坐标系中成为折线,折线间断点的位置根据需要决定。有些图像处理软件显示图像时有自动处理能力,在变换时可通过鼠标任意变换间断点位置,屏幕上则及时显示出变换效果,直到满意为止。这种变换,目视效果十分明显。

2) 非线性变换

当变换函数为非线性时,即为非线性变换。非线性变换的函数很多,常用的有指数变换和对数变换。

对于指数变换,变换函数的意义是在亮度值较高的部分扩大亮度间隔,属于拉伸,而在亮度值较低的部分缩小亮度间隔,属于压缩,其数学表达式为

$$x_b = b\,\mathrm{e}^{ax_a} + c \tag{3-15}$$

式中,a、b、c——可调参数,可以改变指数函数曲线的形态,从而实现不同的拉伸比例。

对数变换与指数变换相反,它的意义是在亮度值较低的部分拉伸,而在亮度值较高的部分压缩,其数学表达式为

$$x_b = b\lg(ax_a + 1) + c \tag{3-16}$$

式中,a、b、c——可调参数,其值由使用者决定。

2. 直方图变换

直方图变换是使输入图像灰度值的频率分布(直方图)与所希望的直方图形状一致而对灰度值进行变换的方法,它实际上属于一种非线性变换。典型的直方图变换有以下两种:

1) 直方图均衡化(histogram equalization)

直方图均衡是将随机分布的图像直方图变换为均匀分布的输出图像直方图,如图 3-15(a)所示。其实质上是对图像进行非线性拉伸,重新分配图像每个像元的值,使一定灰度范围的像元数量大致相等。这样,原直方图中,中间的峰顶部分对比度得到增强,而两侧部分对比度降低,从而增强了图像中大面积地物与周围地物的反差。

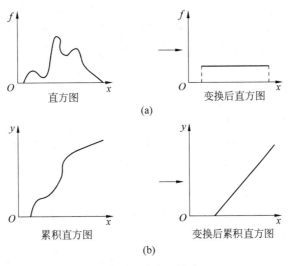

图 3-15 直方图均衡

可以利用累积直方图图解出均衡直方图在原灰度轴上的区间。如图 3-15(b)所示,作出原图像的累积直方图,确定等分累积频率值(y)的适当个数,并根据原图像累积直方图利用上述等分点找出适当灰度值(x)的分割区段。对该灰度分割区段分别进行线性变换,从而使具有较高频率的灰度值区间得到增强,而较低频率的灰度区间得到压缩。

2)直方图正态化(histogram normalization)

一般来说,如果灰度的频率分布具有接近正态分布的形状,那么该图像可以认为适合于人眼观察。为此,如图 3-16 所示,可以将图像进行直方图正态化处理。

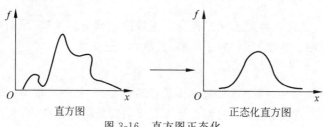

直方图　　　　　　　　　正态化直方图

图 3-16　直方图正态化

不过,如果把与正态分布形状相距较大的原图像的频率分布勉强变换为正态分布,往往会产生以下问题:当原图像的某一灰度的频率很高时,由于正态分布所对应的灰度值的频率低,就会造成对该部分的压缩而丢失重要的信息。

3)直方图匹配(histogram match)

直方图匹配是对图像查找表进行数学变换,使一幅图像的某个波段的直方图与另一幅图像对应波段的直方图类似,或使一幅图像的所有波段的直方图与另一幅图像所有对应波段的直方图类似的方法。

直方图匹配常常用于相邻图像拼接或应用多时相遥感图像进行动态变化研究时的预处理。通过直方图匹配可以部分消除由于太阳高度角或大气影响造成的相邻图像的效果差异。

3. 亮度反转处理

亮度反转处理(brightness inverse)是指对图像亮度范围进行线性或非线性取反,产生一幅与输入图像亮度相反的图像,原来暗的地方变亮,亮的地方变暗。

3.3.2　空间增强处理

辐射增强是通过单个像元的运算从整体上改善图像的质量。而空间增强则是以重点突出图像上的某些特征为目的,如突出边缘或纹理等,通过像元与其周围相邻像元的关系进行邻域处理的方法,也称"空间滤波"。它仍属于一种几何增强处理,主要包括平滑和锐化。

1. 图像卷积运算

它是在空间域上对图像进行局部检测的运算,以实现平滑和锐化的目的。具体做法是选定一卷积函数,又称"模板",实际上是一个 $M \times N$ 图像。二维的卷积运算是在图像中使用模板来实现的。

运算方法如图 3-17 所示,从图像左上角开始,开一与模板同样大小的活动窗口,图像窗口与模板像元的亮度值对应相乘再相加。假定模板大小为 $M \times N$,窗口为 $\phi(m,n)$,模板为

$t(m,n)$,则模板运算为

$$r(i,j) = \sum_{m=1}^{M} \sum_{n=1}^{N} \phi(m,n)t(m,n) \qquad (3-17)$$

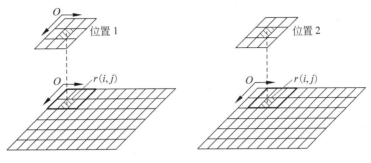

图 3-17　模板移动

将计算结果 $r(i,j)$ 放在窗口中心的像元位置,成为新像元的灰度值。然后活动窗口向右移动一个像元,再按上式与模板进行同样的运算,仍旧把计算结果放在移动后的窗口中心位置上,依次逐行进行扫描,直到全幅图像扫描一遍结束,则新图像生成。

2. 平滑

图像中出现某些亮度变化过大的区域,或出现不该有的亮点("噪声")时,采用平滑的方法可以减小变化,使亮度平缓或去掉不必要的"噪声"点。具体方法有:

1) 均值平滑

均值平滑是对每个像元在以其为中心的区域内取平均值来代替该像元值,以达到去掉尖锐"噪声"和平滑图像的目的。区域范围取作 $M \times N$ 时,求均值公式为

$$r(i,j) = \frac{1}{MN} \sum_{m=1}^{M} \sum_{n=1}^{N} \phi(m,n) \qquad (3-18)$$

2) 中值滤波

中值滤波是对每个像元在以其为中心的邻域内取中间亮度值来代替该像元值,以达到去尖锐"噪声"和平滑图像的目的。具体计算方法与模板卷积方法类似,仍采用活动窗口的扫描方法。取值时,将窗口内所有像元按亮度值的大小排列,取中间值作为中间像元的值,所以 $M \times N$ 取奇数为好。

一般来说,图像亮度呈阶梯状变化时,取均值平滑比取中值滤波要明显得多,而对于突出亮点的"噪声"干扰,从去"噪声"后对原图的保留程度看取中值要优于取均值。

3. 锐化

为了突出图像的边缘、线状目标或某些亮度变化率大的部分,可采用锐化方法。有时可通过锐化,直接提取出需要的信息。锐化后的图像已不再具有原遥感图像的特征而成为边缘图像。锐化的方法很多,在此只介绍常用的几种。

1) 罗伯特梯度

梯度反映了相邻像元的亮度变化率,也就是说,图像中如果存在边缘,如湖泊与河流的边界、山脉、道路等,则边缘处有较大的梯度值。对于亮度值较平滑的部分,亮度梯度值较小。因此,找到梯度较大的位置,也就找到了边缘,然后再用不同的梯度计算值代替边缘处

像元的值，也就突出了边缘，实现了图像的锐化。

罗伯特梯度方法也可以近似地用模板计算，其公式表示为

$$|\ \mathrm{grad} f\ | \cong |\ t_1\ | + |\ t_2\ | \tag{3-19}$$

具体为

$$|\ \mathrm{grad} f\ | \cong |\ f(i,j) - f(i+1,j+1)\ | + |\ f(i+1,j) - f(i,j+1)\ | \tag{3-20}$$

模板有两个，表示为

$$t_1 = \begin{bmatrix} 1 & 0 \\ 0 & -1 \end{bmatrix}, \quad t_2 = \begin{bmatrix} 0 & -1 \\ 1 & 0 \end{bmatrix}$$

相当于窗口 2×2 大小，用模板 t_1 进行卷积计算后取绝对值加上模板 t_2 计算后的绝对值。计算出的梯度值放在左上角的像元 $f(i,j)$ 位置，成为 $r(i,j)$。这种算法的意义在于用交叉的方法检测出像元与其邻域在上下之间或左右之间或斜方向之间的差异，最终产生一个梯度影像，达到提取边缘信息的目的。有时为了突出主要边缘，需要将图像的其他亮度差异部分模糊掉，故采用设定正阈值的方法，只保留较大的梯度值来改善锐化后的效果。

2）索伯尔梯度

索伯尔方法是罗伯特梯度方法的改进，将模板改进成为

$$t_1 = \begin{bmatrix} 1 & 2 & 1 \\ 0 & 0 & 0 \\ -1 & -2 & -1 \end{bmatrix}, \quad t_2 = \begin{bmatrix} -1 & 0 & 1 \\ -2 & 0 & 2 \\ -1 & 0 & 1 \end{bmatrix}$$

与罗伯特方法相比，此法较多地考虑了邻域点的关系，使窗口由 2×2 扩大到 3×3，使检测边界更加精确。

3）拉普拉斯算法

在模板卷积运算中，将模板定义为

$$t(m,n) = \begin{bmatrix} 0 & 1 & 0 \\ 1 & -4 & 1 \\ 0 & 1 & 0 \end{bmatrix}$$

即上、下、左、右 4 个邻点的值相加再减去该像元值的 4 倍，作为这一像元的新值。

拉普拉斯算法的意义与前述两种算法不同，它不检测均匀的亮度变化，而是检测变化率的变化率，相当于二阶微分。计算出的图像更加突出亮度值突变的位置。

有时，也用原图像的值减去模板运算结果的整倍数，即

$$r'(i,j) = f(i,j) - kr(i,j) \tag{3-21}$$

式中，$r(i,j)$——拉普拉斯运算结果；

k——正整数；

$f(i,j)$——原图像；

$r'(i,j)$——最后结果。

这样的计算结果保留了原图像作为背景，边缘之处加大了对比度，更突出了边界位置。

4）定向检测

当有目的地检测某一方向的边、线或纹理特征时，可选择特定的模板卷积运算进行定向检测。常用的模板如下：

检测垂直边界时，

$$t(m,n) = \begin{bmatrix} -1 & 0 & 1 \\ -1 & 0 & 1 \\ -1 & 0 & 1 \end{bmatrix} \quad 或 \quad \begin{bmatrix} -1 & 2 & -1 \\ -1 & 2 & -1 \\ -1 & 2 & -1 \end{bmatrix}$$

检测水平边界时,

$$t(m,n) = \begin{bmatrix} -1 & -1 & -1 \\ 0 & 0 & 0 \\ 1 & 1 & 1 \end{bmatrix} \quad 或 \quad \begin{bmatrix} -1 & -1 & -1 \\ 2 & 2 & 2 \\ -1 & -1 & -1 \end{bmatrix}$$

检测对角线边界时,

$$t(m,n) = \begin{bmatrix} 0 & 1 & 1 \\ -1 & 0 & 1 \\ -1 & -1 & 0 \end{bmatrix} \quad 或 \quad \begin{bmatrix} 1 & 1 & 0 \\ 1 & 0 & -1 \\ 0 & -1 & -1 \end{bmatrix}$$

$$或 \quad \begin{bmatrix} -1 & -1 & -2 \\ -1 & 2 & -1 \\ 2 & -1 & -1 \end{bmatrix} \quad 或 \quad \begin{bmatrix} 2 & -1 & -1 \\ -1 & 2 & -1 \\ -1 & -1 & 2 \end{bmatrix}$$

此外,还可以选择其他模板运算。

3.3.3　光谱增强处理

1. 主成分分析

主成分分析(principal components analysis)是着眼于变量之间的相互关系,尽可能不丢失信息,用几个综合性指标汇集多个变量的测量值而进行描述的方法。

遥感多光谱影像的波段多,信息量大,对图像解译很有价值。但数据量太大,在图像处理计算时,也常常耗费大量的机时和占据大量的磁盘空间。实际上,一些波段的遥感数据之间都有不同程度的相关性,存在着数据冗余。通过采用主成分分析就可以把现图像中所含的大部分信息用假想的少数波段表示出来,达到保留主要信息,降低数据量,增强或提取有用信息的目的。其变换的本质是对遥感图像进行线性变换,使多光谱空间的坐标系按一定规律旋转。

所谓多光谱空间就是一个 n 维坐标系,每一个坐标轴代表一个波段,坐标值为亮度值,坐标系内的每一个点代表一个像元。像元点在坐标系中的位置可以表示成一个 n 维向量:

$$\boldsymbol{x} = \begin{bmatrix} x_1 \\ x_2 \\ \vdots \\ x_i \\ \vdots \\ x_n \end{bmatrix} = \begin{bmatrix} x_1 & x_2 & \cdots & x_i & \cdots & x_n \end{bmatrix}^{\mathrm{T}}$$

其中每个分量 x_i 表示该点在第 i 个坐标轴上的投影,即亮度值。这种多光谱空间只表示各波段光谱之间的关系,而不包括任何该点在原图像中的位置信息。遥感数据采用的波段数就是光谱空间的维数。

主成分分析又称作 K-L(Karhunen-Loeve)变换。它是对某一多光谱图像 $\boldsymbol{x}$,利用变换矩

阵 A 进行线性组合,而产生一组新的多光谱图像 y,表达式为

$$y = Ax \qquad (3-22)$$

式中,x——变换前的多光谱空间的像元矢量;

　　y——变换后的主分量空间的像元矢量;

　　A——变换矩阵,是 x 空间协方差矩阵的特征向量矩阵的转置矩阵,其计算详见相关
　　　　参考书。

对图像中每一像元矢量逐个乘以矩阵 A,便得到新图像中的每一像元矢量。A 是不同波段的像元亮度加权系数。由于变换前各波段之间有很强的相关性,经过 K-L 变换组合,输出图像 y 的各分量 y_i 之间将具有最小的相关性。

从几何意义来看,变换后的主分量空间坐标系与变换前的多光谱空间坐标系相比旋转了一个角度。而且新坐标系的坐标轴一定指向数据信息量较大的方向。以二维空间为例,假定某图像像元的分布呈椭圆状,那么经过旋转后,新坐标系的坐标轴分别指向椭圆的长半轴和短半轴方向,其中第一主成分(PC1)为长半轴,第二主成分(PC2)为与第一主成分垂直的短半轴(图 3-18)。通常可在多维数据中取得与它的维数相等的主成分数。

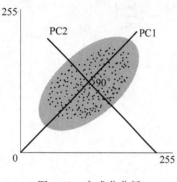

图 3-18　主成分分析

就变换后的新波段主分量而言,它们所包括的信息量不同,呈逐渐减少趋势。事实上,第一主分量集中了最大的信息量,常常占 80% 以上。第二主分量、第三主分量的信息量依次快速递减,到了第 n 分量,信息几乎为零。由于 K-L 变换对不相关的噪声没有影响,因此信息减少时便突出了噪声,最后的分量几乎全是噪声。所以这种变换又可分离出噪声。

通过主成分分析后,得到的前几个主分量,其信噪比大,噪声相对小,因此突出了主要信息,达到了增强图像的目的。此外还可实现数据压缩目的。以 TM 影像为例,共有 7 个波段(除去分辨率低的第 6 波段,经常使用 TM1~TM5 和 TM7 共 6 个波段),处理起来数据量很大。进行主成分分析后,7 维的多光谱空间变换成 7 维的主分量空间,这时亮度不再与地物光谱值直接关联,但第 1,或前 2 个或前 3 个主分量,已包含了绝大多数的地物信息,同时数据量却大大地减少了。应用中常常只取前 3 个主分量进行假彩色合成,数据量可减少到 43%,既实现了数据压缩,也可作为分类前的特征选择。

2. 缨帽变换

缨帽变换也称 K-T 变换,是 1976 年 Kauth 和 Thomas 发现的另外一种线性变换。与主成分分析不同,其旋转后坐标轴不是指向主成分方向,而是指向与地面景物有密切关系的方向,特别是指向与植物生长过程和土壤有关的方向。

缨帽变换的变换公式如下:

$$y = Bx \qquad (3-23)$$

式中,x——变换前多光谱空间的像元矢量;

　　y——变换后的新坐标空间的像元矢量;

　　B——变换矩阵。

缨帽变换的应用主要针对 TM 数据和曾经广泛使用的 MSS 数据。它抓住了地面景物,特别是植被和土壤在多光谱空间中的特征,这对于扩大陆地卫星 TM 影像数据分析在农业方面的应用有重要意义。

变换矩阵 $\boldsymbol{B}$ 的表达,对 TM 与 MSS 数据是不同的。1984 年,Crist 和 Cicone 提出 TM 数据在缨帽变换时的 $\boldsymbol{B}$ 值:

$$\boldsymbol{B} = \begin{bmatrix} 0.3037 & 0.2793 & 0.4743 & 0.5585 & 0.5082 & 0.1863 \\ -0.2848 & -0.2435 & -0.5436 & 0.7243 & 0.0840 & -0.1800 \\ 0.1509 & 0.1973 & 0.3279 & 0.3406 & -0.7112 & -0.4572 \\ -0.8242 & -0.849 & 0.4392 & -0.0580 & 0.2012 & -0.2768 \\ -0.3280 & -0.0549 & 0.1075 & 0.1855 & -0.4357 & 0.8085 \\ 0.1084 & -0.9022 & 0.4120 & 0.0573 & -0.0251 & 0.0238 \end{bmatrix}$$

$\boldsymbol{B}$ 为 6×6 矩阵,是针对 TM 的 $1 \sim 5$ 和第 7 波段,低分辨率的热红外(第 6)波段不予考虑。$\boldsymbol{B}$ 与矢量 $\boldsymbol{x}$ 相乘后得到新的 6 个分量 $\boldsymbol{y}$,其中,$\boldsymbol{x} = [x_1, x_2, \cdots, x_6]^{\mathrm{T}}$,$\boldsymbol{y} = [y_1, y_2, \cdots, y_6]^{\mathrm{T}}$。经研究发现,新分量中的前 3 个分量与地面景物的关系密切:y_1 为亮度,实际上是 TM 的 6 个波段的加权和,反映图像总体的反射值;y_2 为绿度,从变换矩阵 $\boldsymbol{B}$ 的第二行系数看,波长较长的红外波段 5 和 7,即 y_5 和 y_7 有很大的抵消,剩下的是近红外与可见光部分的差值,反映了绿色生物量的特征;y_3 为湿度,该分量反映了可见光与近红外波段 $1 \sim 4$ 与波长较长的红外 5 和 7 波段的差值,而 5 和 7 两波段对土壤湿度和植被湿度最为敏感,易于反映出湿度特征;y_4、y_5、y_6 这 3 个分量没有与景物明确的对应关系,因此缨帽变换后只取前 3 个分量,这样也实现了数据的压缩。

为了更好地分析农作物生长过程中植被与土壤特征的变化,将亮度 y_1 和绿度 y_2 两分量组成的二维平面称为"植被视面",将湿度 y_3 和亮度 y_1 两分量组成的二维平面称为"土壤视面",湿度 y_3 与绿度 y_2 组成的二维平面叫"过渡区视面"。这 3 个分量共同组成一个新的三维空间,这样植被和土壤的特征便看得更清楚了。如图 3-19 所示,虚线表示植物的生长过程,其中点 1 为农作物破土前的裸土;在点 2 附近植物的生长,反映出叶子逐渐茂密,绿度增长,阴影扩大,故亮度降低;到点 3 附近为植物最茂盛阶段,裸土和阴影几乎全部被植物覆盖而使绿度和亮度都增加了;直到农作物衰老枯萎(点 4),绿度迅速降低。这一过程在植被视面上十分清楚。靠近亮度的底边线是土壤线,表现出各种不同类型的裸土位置。在土壤视面图中,随着植物生长,湿度从点 1 向点 2 和点 3 逐渐增加,经过一个恒定过程,再

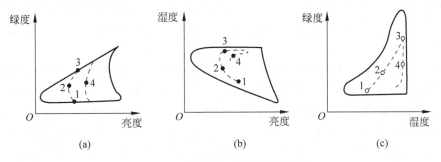

图 3-19   农作物生长的缨帽分析

(a) 植被视面;(b) 土壤视面;(c) 过渡区视面

稍许变化。这一平面中没有表现出土壤线的线状规律，而是散布在整个土壤面中。只有过渡视面既反映了植被信息又反映了土壤信息，故称为过渡视面。图中所有坐标均没标明原点位置，仅仅表示出各分量增长的方向，因为有些数值计算出来可能是负值。如果将三个坐标分量立体化，就可以更清楚地反映出农作物生长过程中的三维形态的规律。

3. 彩色变换

亮度值的变化可以改善图像的质量，就人眼对图像的观察能力而言，一般只能分辨20级左右的亮度级，而对彩色的分辨能力则可达100多种，远远大于对黑白亮度值的分辨能力。不同的彩色变换可大大增强图像的可读性，在此介绍常用的3种彩色变换方法。

1) 单波段彩色变换

单波段黑白遥感图像可按亮度分层，对每层赋予不同的色彩，使之成为一幅彩色图像。这种方法又叫密度分割，即按图像的密度进行分层，每一层所包含的亮度值范围可以不同。例如，亮度0～10为第一层，赋予值1，亮度值11～15为第二层，赋予值2，亮度16～30为第三层，赋予值3，等等，再给1、2、3等分别赋不同的颜色，于是生成一幅彩色图像。目前计算机显示彩色的能力很强，理论上完全可以将256层的黑白亮度赋予256种彩色。

对于遥感影像而言，将黑白单波段影像赋上彩色，如果分层方案与地物光谱差异对应得好，就可以区分出地物的类别。例如在红外波段，水体的吸收很强，在图像上表现为接近黑色，这时若取低亮度值为分割点并以某种颜色表现则可以分离出水体；同理，沙地反射率高，取较高亮度为分割点，可以从亮区以彩色分离出沙地。因此，只要掌握地物光谱的特点，就可以获得较好的地物类别图像。当地物光谱的规律性在某一影像上表现不太明显时，也可以简单地对每一层亮度值赋色，以得到彩色影像，也会较一般黑白影像的目视效果好。

2) 多波段色彩变换

根据加色法彩色合成原理，选择遥感影像的某3个波段，分别赋予红、绿、蓝3种原色，就可以合成彩色影像。由于原色的选择与原来遥感波段所代表的真实颜色不同，因此生成的合成色不是地物真实的颜色，因此这种合成称为假彩色合成。

多波段影像合成时，方案的选择十分重要，它决定了彩色影像能否显示较丰富的地物信息或突出某一方面的信息。以陆地卫星 Landsat 的 ETM+影像为例，ETM+的 7 个多光谱波段中，第 2 波段是绿黄橙波段（$0.525\sim0.606\mu m$），第 3 波段是红色波段（$0.630\sim0.690\mu m$），第 4 波段是近红外波段（$0.775\sim0.900\mu m$），当 4、3、2 波段被分别赋予红、绿、蓝色时，这一合成方案被称为标准假彩色合成，是一种最常用的合成方案。

实际应用时，应根据不同的应用目的，经试验、分析，寻找最佳合成方案，以达到最好的目视效果。通常，以合成后的信息量最大和波段之间的信息相关最小作为最佳波段组合。

3) IHS 变换

在计算机上定量处理色彩时，通常采用 RGB 表色系统，但在视觉上定性描述色彩时，采用 IHS 显色系统更直观些。IHS 代表明度（intensity）、色别（hue）和饱和度（saturation）的色彩模式。明度是指人眼对光源或物体明亮程度的感觉，一般来说物质反射率越高，明度就越高。色别，也叫色调，指彩色的类别，是彩色彼此相互区分的特征。饱和度是指彩色的纯洁性，一般来讲色彩越鲜艳，饱和度越大。对于光源，发出的若是单色光就是最饱和的色彩。对于物质颜色，如果物体对光谱反射有很高的选择性，反射的波段很窄的光的饱和度高。如果光源或物体反射光在某种波长中混有白光，则饱和度变低。这种模式可以用近似的颜色立体来表示,如图 3-20 所示,垂直轴代表明度(I),其表示图像的总体亮度,黑色为 0,白色为 1,中间为 0.5;环绕垂直轴的圆周代表色别(H),以红色为 0°,逆时针旋转,每隔 60°改变一种颜色,一周 360°刚好 6 种颜色,顺序为红、黄、绿、青、蓝、品红。从垂直轴向外沿水平面的发散半径代表饱和度(S),与垂直轴相交处为 0,最大饱和度为 1。根据这一定义,对于黑白色或灰色,色别 H 无值,饱和度 $S=0$,当色别处于最大饱和度时 $S=1$,这时 $I=0.5$。

为实现 RGB 到 IHS 的变换,应建立 RGB 空间和 IHS 空间的关系模型。

令

$$M=\max(R,G,B), \quad m=\min(R,G,B)$$

$$r=\frac{M-R}{M-m}, \quad g=\frac{M-G}{M-m}, \quad b=\frac{M-B}{M-m}$$

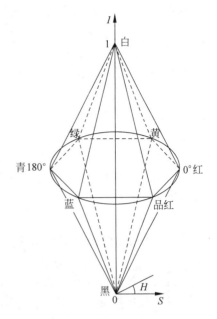

图 3-20　IHS 颜色空间

其中 r、g、b 中至少有一个为 0 或 1,则有:

(1) 明度值:$I=(M+m)/2$。

(2) 饱和度:

当 $M=m$ 时,$S=0$;

当 $M\neq m$,$I\leqslant0.5$ 时,则 $S=(M-m)/(M+m)$;

当 $M\neq m$,$I>0.5$ 时,则 $S=(M-m)/(2-M-m)$。

(3) 色别 H:

当 $S=0$ 时,$H=0$;

当 $S\neq0$,$R=M$ 时,则 $H=60(2+b-g)$,这时色别位于黄和品红之间;

当 $S\neq0$,$G=M$ 时,则 $H=60(4+r-b)$,这时色别位于青和黄色之间;

当 $S\neq0$,$B=M$ 时,则 $H=60(6+g-r)$,色别跳到蓝区附近,即品红和青之间。

通过以上运算可以把 RGB 模式转换成 IHS 模式,这两种模式的转换对于定量地表示色彩特性,以及在应用程序中实现两种表达方式的转换具有重要意义。

同样,还可以将 IHS 模式转换为 RGB 模式。

4. 图像运算

在同一区域,对地物目标的不同波段图像间进行运算的处理过程叫图像间运算,包括多光谱图像的波段间运算及不同时期观测的图像间运算等。运算的执行结果也生成图像数据。通过图像运算,可以实现图像增强,达到提取某些信息或去掉某些不必要信息的目的。图像运算包括差值运算和比值运算。

1) 差值运算

两幅同样行、列数的图像,对应像元的亮度值相减就是差值运算,即

$$f_D(x,y)=f_1(x,y)-f_2(x,y) \tag{3-24}$$

差值运算应用于两个波段时,相减后的值反映了同一地物光谱反射率之间的差别。由于不同地物反射率差值不同,两波段亮度值相减后,差值大的被突出出来。例如,当用红外

波段减红波段时,植被的反射率差异很大,相减后的差值就大,而土壤和水在这两个波段的反射率差值就很小,因此相减后的图像可以把植被信息突出出来。如果不作相减,在红外波段上植被和土壤、在红色波段上植被和水体均难区分。因此,图像的差值运算有利于目标与背景反差较小的信息提取,如冰雪覆盖区、黄土高原区的界线特征,海岸带的潮汐线等。

差值运算还常用于研究同一地区不同时相的动态变化。如监测森林火灾发生前后的变化以及计算过火的面积,监测水灾发生前后的水域变化和计算受灾面积及损失,监测城市在不同年份的扩展情况等。

有时为了突出边缘,也用差值法将两幅图像的行、列各移一位,再与原图像相减,也可起到几何增强的作用。

2) 比值运算

两幅同样行、列数的图像,对应像元的亮度值相除(除数不为0)就是比值运算,即

$$f_R(x,y) = f_1(x,y)/f_2(x,y) \tag{3-25}$$

比值运算可以检测波段的斜率信息并加以扩展,以突出不同波段间地物光谱的差异,提高对比度。该运算常用于突出遥感影像中的植被特征,提取植被类别或估算植被生物量。这种算法的结果称为植被指数,常用算法如下:

近红外波段 / 红波段　　或　　(近红外 - 红)/(近红外 + 红)

例如,TM4/TM3,AVHRR2/AVHRR1,(TM4 - TM3)/(TM4 + TM3),(AVHRR2 - AVHRR1)/(AVHRR2 + AVHRR1),等等。

比值运算对于去除地形影响也非常有效。由于地形起伏及太阳倾斜照射,山坡的向阳处与阴影处在遥感影像上的亮度有很大区别,同一地物向阳面和背阴面亮度不同,给判读解译造成困难,特别是在计算机分类时不能识别。由于阴影的形成主要是地形因子影响引起的,比值运算可以去掉这一因子影响,使向阳与背阴处都毫无例外地只与地物反射率的比值有关。

比值处理还有其他多方面的应用,例如对研究浅海区的水下地形,对土壤富水性差异、微地貌变化、地球化学反应引起的微小光谱变化等,对与隐伏构造信息有关的线性特征等,都能有不同程度的增强效果。

3.4　图像数据的融合

3.4.1　概况

多元信息的融合是将多种遥感平台、多时相遥感数据之间以及遥感数据与非遥感数据之间的信息组合匹配的技术。这可以更好地发挥不同数据源的优势,弥补某单一遥感数据的不足,提高遥感数据的可应用性。

图像融合着重于把那些在空间上或时间上冗余或互补的多源数据,按照一定的规则(或算法)进行运算处理,获得比任何单一数据更准确、更丰富的信息,生成一幅具有新的空间、波谱、时间特征的合成图像。它不仅仅是数据间的简单复合,而强调信息的优化,以突出有用的专题信息,消除或抑制无关的信息,改善目标识别的图像环境,从而增加解译的可靠性,

减少模糊性,改善分类,扩大应用范围和效果。图像融合可在 3 个不同的层次上进行:基于像元、基于特征和基于决策,如图 3-21 所示。

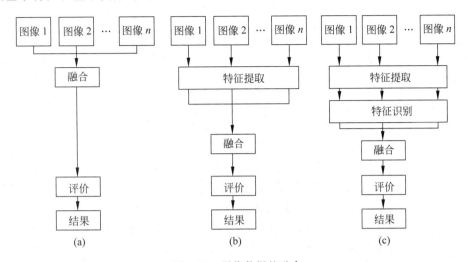

图 3-21　图像数据的融合
(a)基于像元;(b)基于特征;(c)基于决策

1. 基于像元的图像融合

基于像元的图像融合是指对测量的物理参数的合并,即直接在采集的原始数据层上进行融合。它强调不同图像信息在像元基础上的综合,强调必须进行基本的地理编码,即对栅格数据进行相互间的几何配准,在各像元一一对应的前提下进行图像像元级的合并处理,以改善图像处理的效果,使图像分割、特征提取等工作在更准确的基础上进行,并可能获得更好的图像视觉效果。

基于像元的图像融合必须解决以几何纠正为基础的空间匹配问题,在匹配过程中会产生误差。而且它是对每个像元进行运算,涉及的数据处理量大。再者,由于对多种遥感器原始数据所包含的特征难以进行一致性检验,基于像元的图像融合往往具有一定的盲目性。尽管基于像元的图像融合有一定的局限性,但由于它是基于最原始的图像数据,能更多地保留图像原有的真实感,提供其他融合层次所不能提供的细微信息,因而被广泛应用。

2. 基于特征的图像融合

基于特征的图像融合是指运用不同算法,首先对各种数据源进行目标识别的特征提取,如边缘提取、分类等,也就是先从初始图像中提取特征信息(空间结构信息),如范围、形状、邻域、纹理等,然后对这些特征信息进行综合分析与融合处理。这些识别自多种来源的相似目标或区域特征,在空间上一一对应,并非与像元一一对应,可运用统计方法或神经网络、模糊积分等方法进行融合。

基于特征的图像融合,强调“特征(结构信息)”之间的对应,并不突出像元的对应,在处理上避免了像元重采样等方面的人为误差。由于它强调对“特征”进行关联处理,把“特征”分类成有意义的组合,因而对特征属性的判断具有更高的可信度和准确性,围绕辅助决策的针对性更强,结果的应用更有效,且数据处理量大大减少,有利于实时处理。但正因为它不是基于原始图像数据而是特征,所以在特征提取过程中不可避免地会出现信息的部分丢失,并难以提供细微信息。

　　3. 基于决策的图像融合

　　基于决策的图像融合是指在图像理解和图像识别基础上的融合,也就是经"特征提取"和"特征识别"过程后的融合。它是一种高层次的融合,往往直接面向应用,为决策支持服务。此种融合先经图像数据的特征提取以及一些辅助信息的参与,再对其有价值的复合数据运用判别准则、决策规则加以判断、识别、分类,然后在一个更为抽象的层次上,将这些有价值的信息进行融合,获得综合的决策结果,以提高识别和解译能力,更好地理解研究目标,更有效地反映地学过程。常用的方法有:用马尔可夫随机场(MRF)模型方法加入多源决策分类、贝叶斯法则的分类理论与方法、模糊集理论、专家系统方法等。

　　图像融合可以在单层次上进行,也可以在多层次上进行,但往往是从低层到高层、逐步抽象的数据处理过程。下面的介绍主要针对基于像元的图像数据融合。

　　对于图像融合效果的评价,由于涉及不同的数据源,其数据获取方式不同,采用的图像融合方法也不同,因此对融合效果的评价也是复杂的。目前一般采用多种统计分析方法从图像信息量、清晰度和逼真度角度对融合图像的质量进行评价。

3.4.2　遥感信息的融合

　　遥感信息的融合主要指不同传感器的遥感数据的融合,以及不同时相的遥感数据的融合。

　　1. 不同传感器的遥感数据融合

　　不同传感器的信息源有不同的特点,例如 Landsat 5 TM 影像有 7 个波段,光谱信息丰富,特别是 5 和 7 波段。SPOT 数据光谱信息相比要少,但数据空间分辨率高,SPOT 4 全色波段空间分辨率可达 10m,比 TM 的 30m 和 SPOT 4 多光谱传感器的 20m 都高,而 SPOT 5 全色波段的空间分辨率进一步达到 5m 或 2.5m,TM 与 SPOT 数据的融合既可以提高新图像的空间分辨率又可以保持较丰富的光谱信息。再如,侧视雷达图像可以反映地物的微波反射特性,地物的介电常数越大,微波反射率越高,色调越发白,这种特性对于反映土壤、水体、山地、丘陵、居民点以及道路、渠道等线性地物明显优于陆地卫星影像,因此如将雷达影像与陆地卫星影像融合,既可以反映出可见光、近红外的反射特性,又可以反映出微波的反射特性,有利于综合分析。

　　针对具体问题常常有不同的融合方案。融合方案的选择取决于被融合图像的特性及融合的目的。比如研究洪水监测,可选择的遥感信息源有 TM 图像、侧视雷达图像、气象卫星图像等。用每一种图像单独分析时都有不理想之处。实验表明,融合后的图像实用性大大增强。从不同信息源来看,多时相的 NOAA 气象卫星图像地面分辨率低(1.1km),但时相分辨率高,信息及时,可昼夜获取,同步性强,有利于动态监测;TM 图像光谱信息丰富,几何性能好,空间分辨率较高,有利于分析洪水信息;侧视雷达图像较易观察水体和线性地物,并且可全天候获取信息,有利于实地监测洪峰。将 TM 与侧视雷达图像融合,既可获得洪水、水田、旱地情况,也可获得大堤、水渠等线性地物情况;将 TM 与气象卫星图像融合,可以克服云层影响和气象卫星分辨率低的不足。因此融合图像在洪水监测中更具实用意义。

　　由于影像所对应的地面范围不同,空间分辨率不同,地物反射的亮度变化规律不同,为实现融合常常需要对每一种信息源进行预处理。但不论增加什么处理方法,都需包括配准和融合两个步骤。

　　1) 配准

　　为了使两幅图像所对应的地物吻合,必须先完成配准。配准是采用几何校正的方法,分别在不同数据源的影像上选取控制点,用双线性内插或三次卷积内插运算等对分辨率较低的图像进行重采样,完成配准。

　　2) 融合

　　遥感影像的融合有很多方案。下面以 TM 与 SPOT 的融合为例,介绍一下常用的融合方法。

　　方法一:将 TM 图像的每个波段均与 SPOT 图像全色波段进行逐点图像运算,如相加、相减或相乘,或其他运算方案,这样就可以生成新的融合图像。根据 Crippen 在 1989 年的研究,将一定亮度的图像进行变换处理时,在加、减、乘、除运算中,只有乘法变换可以使其色彩保持不变。因此多用乘法运算进行融合。

　　方法二:设 L_{RTM}、L_{GTM}、L_{BTM} 分别为 TM 的 3 个波段的亮度值,L_{SPOT} 为 SPOT 全色波段的亮度值,A 为权函数,则生成三幅新图像的亮度值 $L_复$ 为

$$\begin{cases} L_{R复} = AL_{SPOT}L_{RTM}/(L_{RTM}+L_{GTM}+L_{BTM}) \\ L_{G复} = AL_{SPOT}L_{GTM}/(L_{RTM}+L_{GTM}+L_{BTM}) \\ L_{B复} = AL_{SPOT}L_{BTM}/(L_{RTM}+L_{GTM}+L_{BTM}) \end{cases} \tag{3-26}$$

将新生成的图像 $L_{R复}$ 赋予红色,$L_{G复}$ 赋予绿色,$L_{B复}$ 赋予蓝色,彩色合成后生成融合图像。这种方法也称比值融合变换。

　　方法三:代换法。

　　(1) 对 TM 的所有波段进行主成分变换,然后用 SPOT 的高分辨率全色波段代换变换后的 TM 第 1 主成分。对代换后的所有波段再进行一次主成分变换的反变换。这种处理方法既保持了原有 TM 数据的光谱分辨率,又增加了 SPOT 的高空间分辨率的特点,大大提高了数据质量。

　　(2) 对假彩色合成的任意 3 个波段实行 IHS 变换,然后用 SPOT 的高分辨率全色波段代换变换后的明度成分,对代换后的 3 个波段再进行 IHS 到 RGB 的反变换,生成新的彩色合成图,大大提高了空间分辨率。

　　2. 不同时相的遥感数据融合

　　如要探测地物的类型、位置、轮廓及动态变化,常需要不同时相遥感数据的融合。融合的步骤如下:

　　1) 配准

　　利用几何校正的方法进行位置匹配。

　　2) 直方图匹配

　　采用前述的直方图匹配法,将配准后的图像尽可能地调整成一致的直方图,使图像亮度值趋于协调,以便于比较。

3) 融合

不同时相的图像融合主要用来研究时间变化所引起的各种动态变化。采用的融合方法包括：

(1) 彩色合成方法。通过颜色对比表现变化；

(2) 差值方法。差值后可设定适当阈值,获得只有 0 与 1 的二值图像,以突出变化(变化部分为 1,非变化部分为 0,或相反);

(3) 比值方法。也可设定阈值,类别不变的地物一定接近于 1,因此同样可利用二值图像突出变化。

3.4.3　遥感信息与地理信息的融合

遥感信息来源于地球表面物体对太阳辐射(被动遥感)或人为探测器辐射(主动遥感)的反射,某些波段还具有一定的穿透能力,由此可得到具有一定地表深度的信息。通过不同地物的相关性,还可间接地获得某些信息,例如植被和土壤相关,通过覆盖在土壤上的植被信息,可间接地分析出土壤的情况。还可通过不同遥感信息源的优势互补,进行融合增加信息量。尽管如此,仅通过遥感手段获取信息仍感到不够,不能解决遇到的全部问题,因此将地形、气象、水文等专题信息,行政区划、人口、经济收入等人文与经济信息作为遥感数据的补充,有助于综合分析问题,发现客观规律。因此遥感数据与地理数据的融合也是遥感分析过程中不可缺少的手段之一。

遥感数据是以栅格数据的格式记录的,而地面采集的地理数据常呈现出多等级、多量纲的特点,数据格式也多样化。因此,为了使各种地理数据能与遥感数据兼容,首先需要将获取的非遥感数据按照一定的地理网格系统重新量化和编码,以完成各种地理数据的定量和定位,转换为新的数据格式。甚至可以将其制作成与遥感数据类似的若干独立的波段,以便与遥感数据融合。这样,遥感数据与非遥感数据可在空间上对应一致,又可在成因上互相说明,以达到深入分析的目的。以下简单介绍遥感数据与非遥感数据融合的步骤。

1. 地理数据的网格化

地理数据与遥感数据融合,前提条件是必须使地理数据作为遥感数据的一个"波段",这就是说要通过一系列预处理,使地理数据转换成为网格化的栅格数据,地面分辨率与遥感数据一致,并且与遥感影像配准。

1) 网格数据生成

原始采集的地理数据多种多样,其中以离散形式采样的数据居多,如高程点值、土壤酸碱度值、气温值、降雨量等。这种数据不能以统一的数学模型生成网格,但在某一局部仍可用近似的数学函数来表达,因此常采用局部拟合法进行逐点内插,求出各个网格点的数值。

2) 与遥感数据配准

地理数据生成网格时,网格所对应的地面分辨率应与遥感数据的地面分辨率一致。如果从地理数据无法得到与遥感数据一致的分辨率,只有用配准的方法同时调整分辨率与位置。

配准仍采用几何校正法,但需特别注意控制点选取的准确性。

2．最优遥感数据的选取

融合时的遥感数据常常只需一个或两个波段,如为使分辨率优化,可选取 SPOT 数据的全色波段,当用 TM 数据时,则可选用 K-L 变换后的前两个波段,以达到减少数据量、保持信息量的目的。因此选取适合的遥感波段十分重要。

3．配准融合

1）栅格数据与栅格数据

在完成分辨率与位置配准后,多采用两种方法进行融合：一是将非遥感数据与遥感数据组成三个波段,实行假彩色合成；二是将两种数据直接叠加,波段之间可进行加法或其他数学运算,也可在波段之间进行适当的“与”“或”等布尔运算。

2）栅格数据与矢量数据

栅格数据与矢量数据配准融合包括不同数据格式的融合和不同数据层的融合。对于栅格数据和矢量数据不同记录格式数据的融合,只要坐标位置配准,这两种数据就可以叠加,如在遥感影像上加上行政边界或等高线等。

对于不同数据层(这里的数据层指在计算和记录空间数据时根据数据的不同主题或类别将其分图层记录在相同的层上)的融合,显示时可以分别显示,也可以一起叠合显示,以达到融合的效果。如要想在遥感影像的背景上突出河流湖泊等水体部分,或突出其他地理特征,则被突出的部分可单独记录为一层。

遥感数据和非遥感数据还可以在同一地理投影坐标系统下放到一起进行综合分类分析,这种分析不限波段数目。

总之,多源信息融合实现了遥感数据之间的优势互补,也实现了遥感数据与地理数据的有机结合。这种融合的意义不仅仅是提高了目视解译的效果,更重要的是在定量分析中提高了精度,扩大了遥感数据的应用面,具有重要的实际意义。

习题

3-1　简述遥感图像数据的存储格式。

3-2　遥感传感器接收的辐射信号除了地物直接反射的信息外,还混入了其他途径来的辐射,需要进行辐射校正,试分析有几种其他的辐射。

3-3　遥感图像位置畸变的原因是什么？试分析几种常用的几何校正算法及其使用条件。

3-4　对所有的影像数据,为什么不是先用直方图均衡来进行图像增强？

3-5　下表为一数字图像,亮度普遍在 10 以下,只有两个像元出现了值为 15 的高亮度。

4	3	7	6	8
2	15	8	9	9
5	8	9	13	10
7	9	12	15	11
8	11	10	14	13

（1）采用下面的模板进行均值平滑，计算新的图像。

$$\begin{bmatrix} \dfrac{1}{9} & \dfrac{1}{9} & \dfrac{1}{9} \\[2mm] \dfrac{1}{9} & \dfrac{1}{9} & \dfrac{1}{9} \\[2mm] \dfrac{1}{9} & \dfrac{1}{9} & \dfrac{1}{9} \end{bmatrix}$$

（2）采用中值滤波，仍用 3×3 模板，计算新的图像。

（计算前原图像左右上下均加一列或一行，亮度取相邻像元的亮度。）

3-6　试解释光谱增强中，主成分分析的功能特征和几何意义。

3-7　结合地物光谱的特征，解释比值运算为何能突出植被覆盖。

3-8　试分析图像数据融合的方法和步骤。

CHAPTER 4

遥感图像专题分类

遥感图像的专题分类是指根据遥感图像中环境要素的光谱特征、空间特征、时相特征等,对遥感图像中的环境要素目标进行识别的过程。通过对遥感图像的专题分类,可以得到地表环境要素类别的空间分布信息。遥感图像分类过程可以分为人工解译和计算机自动分类两大类,其中计算机自动分类又分为监督分类和非监督分类。在计算机自动分类中,神经网络和专家系统等技术最近也得到了应用,本书中也一并介绍。关于遥感图像的分类,还有一些综合性的方法,在此不予介绍,有些分类方法会在后面案例分析章节结合案例进行讲解。此外,关于遥感分类的精度评价将在第 5 章中结合不确定性和尺度问题一起介绍。

4.1 人工解译

人工解译是指根据人的经验和知识,分析图像解译的基本要素,建立具体的解译标志来识别图像中目标的过程。

遥感图像解译的出发点是遥感影像的特征。遥感影像的特征包括光谱特征和空间特征两个方面。光谱特征包括影像的色调和颜色,它是地物电磁波特性的记录,反映影像的物理性质。图像的空间特征包括影像中目标的大小、形状、纹理结构、位置、空间排列及阴影等,它是色调和颜色在空间上的组合。遥感图像的人工解译就是通过影像的以上特征进行目标识别。一般的遥感图像解译标志包括以下要素:

(1)色调和颜色。指遥感影像的相对明暗程度。色调是地物反射或辐射能量的强弱在遥感影像上表现出的差异。地物的属性、几何形状和分布范围等都通过色调差异反映在遥感图像上。在彩色图像上,色调表现为颜色。由于颜色不但取决于图像中目标本身的光谱特征,而且受成像时太阳高度角、成像时间、观察角度等多种因素的影响,因此在建立解译标志时必须考虑这些因素。

(2)阴影。指在特定传感器观测角度、太阳高度和方位下,由地物自身遮挡或地形起伏而造成的影像上的暗色调,是地物空间结构特征的反映。阴影可以增强图像的立体感,其形状和轮廓显示了地物的高度和侧面形状,有助于地物的识别。但是,阴影有时也会掩盖部分信息,给阴影区地物的识别造成困难。

(3) 大小。指地物的尺寸、面积和体积在图像上的反映。它直观地反映感兴趣目标相对于其他目标地的大小。在图像解译过程中一般要结合地物大小方面的经验和知识来判断图像中目标的类别。

(4) 形状。指地物的外形和轮廓。地物形状是识别它们的重要而明显的标志,如弯曲的河流、直线形的公路、扇形的冲积扇等。

(5) 纹理。指图像的局部结构,表现为图像上色调变化的频率。在目视解译中,纹理指图像上地物表面的质感(平滑、粗糙),一般以平滑/粗糙划分不同的层次。纹理一般用于判别光谱特征相似的地物。

(6) 图案。指地物目标排列的空间形式,它反映地物的空间分布特征。

(7) 位置。地物的空间位置反映地物所处的地点与环境。通过地物所处的空间位置,常常可以间接地推测地物的类别。例如,有些植被只能生长在高山地区,而有些则只生长在湿地。

(8) 组合。指某些地物的特殊空间组合关系。它不同于严格按照图形结构显示的空间排列,而是指物体间一定位置关系和排列方式,如城市污水处理厂、机场等地物中各部分之间的组合关系。

根据上述要素,结合遥感影像的时相特征、图像种类、研究对象和研究区域等,就可以整理出不同目标在该图像上所特有的表现形式,即解译标志。

解译标志可以分为直接标志和间接标志。直接标志是在图像上可以直接反映出来的影像标志。间接标志是指运用某些直接解译标志,根据地物的相关属性等地学知识,间接推断出的影像标志,如可以根据植被、地形与土壤的关系,推断土壤类型和分布。

解译标志的建立是因研究区域、影像时相、研究目标等而异的。不同地物目标的解译标志需要不同解译要素的组合。一般解译标志的建立需要针对研究目标,通过典型样片,对典型标志进行实地对照、详细观察和描述而建立。

建立了解译标志后,就可以根据这些标志,将影像中的地物目标逐一判别为特定的地物类型。

4.2　计算机非监督分类

非监督分类(unsupervised classification)又称聚类分析,是通过在多光谱图像中搜寻、定义其自然相似光谱集群来对图像进行分类的过程。非监督分类不需要人工选择训练样本,仅需要设定一定的条件,让计算机按照一定的规则自动地根据像元光谱或空间等特征组成集群组,然后分析和比较集群组和参考数据,给每个集群组赋予一定的类别。常用的非监督分类方法有 K-均值(K-Means)算法和迭代自组织数据分析技术(ISODATA)两种。

4.2.1　K-均值算法

K-均值算法是使集群组中每一个像元到该类中心的特征距离平方和最小的聚类方法。K-均值分类的基本步骤如下:

（1）选 K 个初始聚类中心 $Z_1(1),Z_2(1),\cdots,Z_K(1)$，括号内的序号为寻找聚类中心的迭代运算的次序号。

（2）逐个将待分类的像元 $\{x\}$ 按照最小距离原则分配给 K 个聚类中心中的某一个 $Z_i(1)$。

（3）计算各个聚类中心所包含像元的均值矢量，以均值矢量作为新的聚类中心，再逐个将待分类像元按照最小距离原则分配给新的聚类中心。因为这一步要计算 K 个聚类中心的均值矢量，因此该方法称作 K-均值算法。

（4）比较新的聚类中心的均值矢量与前一次迭代计算中的均值矢量。如果二者相差小于设定的值，则聚类过程结束；否则，返回步骤（2），将像元逐个重新分类，重复迭代计算，直到相邻两次迭代计算中聚类中心的均值矢量差小于设定的标准。

4.2.2　ISODATA 算法

ISODATA 算法与 K-均值算法相似，即聚类中心同样是通过样本均值的迭代运算得到的。但 ISODATA 算法还加入了一些试探步骤，并且组合成人机交互结构，使之能利用通过中间结果所得到的经验。ISODATA 算法的基本步骤如下：

（1）选择一些初始值作为初始聚类中心，将待分类像元按照一定指标分配给各个聚类中心。

（2）计算各类中样本的距离函数等指标。

（3）按照给定的要求，将前一次获得的集群组进行分裂和合并处理，以获得新的聚类中心。一般集群组的分裂和合并根据预设的最大集群组数量、迭代运算中最大的类别不变的像元数、最大迭代次数、每个集群中最小的像元数和最大的标准差、最小的集群均值间距离等确定。

（4）进行迭代运算，重新计算各项指标，判别聚类结果是否符合要求。经过多次迭代运算后，如果结果收敛，运算结束。

非监督分类的优点在于它不需要事先对所要分类的区域有广泛的了解，人为引入的误差小，而且独特的、覆盖量小的类别也能够被识别。但它在实际应用中最主要的缺陷在于其产生的光谱集群组一般难以和分析所得的预分类别相对应，而且分析者难以对分类过程进行控制。

4.3　计算机监督分类

监督分类是最常用的遥感图像分类方法。遥感图像的监督分类过程一般包括以下几个步骤：

（1）定义遥感图像中所包含的地物类别。由于遥感图像记录的是地表物质的综合信息，因此类别系统的定义取决于应用的需要，即用户希望通过遥感图像分类得到哪些方面的类别信息。例如：如果要进行土地利用分类，则可能的类别系统包括城镇、草地、耕地、道路等类别；如果要进行植被类型制图，则可能的类别包括草地、针叶林、阔叶林、高山草甸等。

（2）为每一类定义的类别选择代表性的像元。在监督图像分类中，这些像元构成训练数据。训练数据的选取一般通过样点实测，或者从已有更高精度的地图或航片等资料中获得。

(3) 利用选取的训练数据进行所用分类算法的参数估计。例如,在最大似然分类过程中需要估计类别光谱空间的均值和协方差。参数估计的过程就是对分类器进行训练的过程。

(4) 利用训练好的分类器,将图像中的每一个像元进行分类,即将图像逐像元标记为步骤(1)中定义的类别。

监督分类中可用的分类算法很多,以下介绍经典的常用分类算法,有最大似然分类法、最小距离分类法、马氏距离分类法、平行六面体分类法、K-NN 分类法等。

4.3.1　最大似然分类法

最大似然分类法是遥感图像分类中最常用的方法。其理论基础是贝叶斯分类。

假设一影像中的光谱类别表示为 $\omega_i(i=1,2,\cdots,M,M$ 为总的类别个数),当判别位于 x 的某一像元的类别时,可使用条件概率 $p(\omega_i|x)(i=1,2,\cdots,M)$。其中位置矢量 x 是一个多波段的光谱反射值的矢量,它将像元表达为多维光谱空间中的一个点。概率 $p(\omega_i|x)$ 给出了在光谱空间中点 x 的像元属于类别 ω_i 的概率。分类按以下规则进行:

$$\text{如果对所有 } j\neq i,\text{有 } p(\omega_i|x)>p(\omega_j|x),\text{则 } x\in\omega_i$$

也就是说,当 $p(\omega_i|x)$ 最大时,像元属于类别 ω_i。这是贝叶斯分类的一个特例。

一般情况下,$p(\omega_i|x)$ 是未知的。但是在有足够的训练数据以及地面类别的先验知识的条件下,该条件概率可以估计得到。条件概率 $p(\omega_i|x)$ 和 $p(x|\omega_i)$ 可以用贝叶斯定律表达:

$$p(\omega_i|x)=p(x|\omega_i)p(\omega_i)/p(x) \tag{4-1}$$

式中,$p(x|\omega_i)$——x 在类别 ω_i 出现的概率;

$p(\omega_i)$——类别 ω_i 在整个图像中出现的概率,并且有

$$p(x)=\sum_{i=1}^{M}p(x|\omega_i)p(\omega_i) \tag{4-2}$$

在以上公式中,$p(\omega_i)$ 被称为先验概率,$p(x|\omega_i)$ 被称为后验概率。这时分类规则可以表示如下:

$$\text{如果对所有 } j\neq i,\text{有 } p(x|\omega_i)p(\omega_i)>p(x|\omega_j)p(\omega_j),\text{则 } x\in\omega_i \tag{4-3}$$

这里,由于 $p(x)$ 与判别无关,被作为公共项删去。为便于计算,设

$$g_i(x)=\ln(p(x|\omega_i)p(\omega_i))=\ln p(x|\omega_i)+\ln p(\omega_i) \tag{4-4}$$

则判别函数表达为

$$\text{如果对所有 } j\neq i,\text{有 } g_i(x)>g_j(x),\text{则 } x\in\omega_i$$

这就是最大似然分类的决策规则。$g_i(x)$ 被称为判别函数。在 $p(x|\omega_i)$ 服从多元正态分布的假设下,判别函数改写为

$$g_i(x)=\ln p(\omega_i)-\frac{1}{2}\ln\|\Sigma_i\|-\frac{1}{2}(x-m_i)^{\mathrm{T}}\Sigma_i^{-1}(x-m_i) \tag{4-5}$$

式中,m_i——类别 ω_i 中像元的均值;

Σ_i——类别 ω_i 中像元的协方差矩阵,$\|\Sigma_i\|$ 表示矩阵 Σ_i 的范数。

m_i 和 Σ_i 可以从训练数据中获得。

最大似然分类方法是遥感数据分类中最常用的分类方法之一。在有足够多的训练样本、一定的类别先验概率分布的知识,且数据接近正态分布的条件下,最大似然分类被认为是分类精度最高的分类方法。但是当训练数据较少时,均值和协方差参数估计的偏差会严重影响分类精度。Swain 和 Davis(1978)认为,在 N 维光谱空间的最大似然分类中,每一类别的训练数据样本至少应该达到 $10N$ 个,在可能的条件下,最好能达到 $100N$ 个以上。然而,在许多情况下,遥感数据的统计分布不满足正态分布的假设,而且也难以确定各类别的先验概率。

4.3.2　最小距离分类法

最大似然分类方法的效果在很大程度上依赖于对每个光谱类别均值矢量 m 和协方差 Σ 的精确估计。而均值矢量 m 和协方差 Σ 的精确估计又依赖于每个类别足够的训练样本数。当训练样本不足时,协方差 Σ 的估计误差会导致整个分类结果精度的降低。因此,在训练样本有限的情况下,更有效的分类算法应该是不利用协方差的信息,而仅仅利用光谱均值的信息进行分类。因为在一定训练样本数目的前提下,对光谱类别均值的估计一般要比协方差的估计精确。这就是最小距离分类法的思想。这里的"最小距离"是指像元光谱矢量到类别平均光谱矢量的最小距离。最小距离分类法通过训练样本估计每个类别的光谱均值,然后按照"最小距离"的判别原则,将每一个像元划分到与其光谱距离最近的类别中。

最小距离分类法判别函数的构造原理如下:

假设 $m_i(i=1,2,\cdots,M)$ 为从训练数据中估计的 M 个类别的光谱均值,x 为待分类像元在光谱空间中的位置,则待分类像元到类别均值的欧氏光谱距离为

$$
\begin{aligned}
d(x,m_i)^2 &= (x-m_i)^{\mathrm{T}}(x-m_i) \\
&= (x-m_i)\cdot(x-m_i),\quad i=1,2,\cdots,M
\end{aligned}
\tag{4-6}
$$

将上式展开,得

$$
d(x,m_i)^2 = x\cdot x - 2m_i\cdot x + m_i\cdot m_i
\tag{4-7}
$$

这时分类过程按照如下判别式进行:

如果对所有 $j\neq i$,有 $d(x,m_i)^2 < d(x,m_j)^2$,则 $x\in\omega_i$

由于对所有的 $d(x,m_j)^2$,$x\cdot x$ 是公共项,因此可以消去。

令 $g_i(x)=2m_i\cdot x - m_i\cdot m_i$,则最小距离分类的判别函数可以表达为

如果对所有 $j\neq i$,有 $g_i(x)>g_j(x)$,则 $x\in\omega_i$

最小距离分类可以认为是在不考虑协方差矩阵时的最大似然分类方法。当训练样本较少时,对均值的估计精度一般要高于对协方差矩阵的估计。因此,在有限的训练样本条件下,可以只估计训练样本的均值而不计算协方差矩阵。由于没有考虑数据的协方差,类别的概率分布是对称的,而且各类别的光谱特征分布的方差被认为是相等的。很显然,当有足够训练样本保证协方差矩阵的精确估计时,最大似然分类结果精度要高于最小距离分类精度。然而,在训练数据较少时,最小距离分类精度可能比最大似然分类精度高。而且,最小距离算法对数据概率分布特征没有要求。

4.3.3　马氏距离分类法

另一种常用的距离分类法是马氏距离分类法(Mahalanobis distance classifier)。在最大似然分类的判别函数中,假设各类别的先验概率相等,判别函数可以变为

$$D(x,m_i)^2 = \ln \| \Sigma_i \| + (x - m_i)^\mathrm{T} \Sigma_i^{-1} (x - m_i) \tag{4-8}$$

如果假设每一类别的协方差矩阵相等，那么上式中等号右边的第一项可以作为公共项删除。这时判别函数变为

$$D(x,m_i)^2 = (x - m_i)^\mathrm{T} \Sigma^{-1} (x - m_i) \tag{4-9}$$

这就是一个马氏距离的表达式。这个基于马氏距离的分类法称为马氏距离分类法。马氏距离分类法的判别函数表达为

如果对所有 $j \ne i$，有 $D(x,m_i)^2 < D(x,m_j)^2$，则 $x \in \omega_i$

马氏距离分类法可以认为是在各类别的协方差矩阵相等时的最大似然分类。由于假定各类别的协方差矩阵相等，和最大似然方法相比，它丢失了各类别之间协方差矩阵的差异的信息，但和最小距离法相比较，它通过协方差矩阵保持了一定的方向灵敏性。因此，马氏距离分类法可以认为是介于最大似然和最小距离分类法之间的一种分类法。与最大似然分类一样，马氏距离分类法要求数据服从正态分布。

4.3.4　平行六面体分类法

平行六面体分类法又称箱式决策规则，它是根据训练样本的亮度值形成一个多维数据空间。如果被分类像元的亮度值落入某一类别的训练数据构成的多维空间中，则这个像元被表示为该训练数据代表的类别。图 4-1 所示为二维数据空间下平行六面体分类法的示意图，其在二维空间中表现为平行四边形，在三维或更多维特征空间中，形成一个平行六面体或多面体。

平行六面体分类是一种简单、快速的分类方法，它的缺点在于类别比较多时，各类别的训练样本组成的数据空间相互重叠，也可能由于训练样本的代表性问题，使训练样本组成的多维空间范围小于实际像元的亮度值，导致被分类像元无法被分为任何类别。

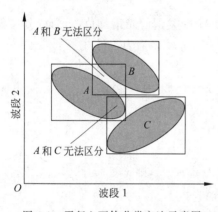

图 4-1　平行六面体分类方法示意图

4.3.5　K-NN 分类法

K-NN(K-nearest neighbors)分类法即 K 最近邻法，它是根据与待分类像元在特征空间中最接近的一个或多个训练样本的类别来判断待分类像元类别的一种方法。

当 $K = 1$ 时，称为 1-NN 分类法，即给待分类像元赋予在特征空间中与其最近的训练样本的类别。当 $K > 1$ 时，选择在特征空间中与待分类像元最近的 K 个训练样本中样本数最多的类别作为该像元的类别。

4.4　神经网络分类

4.4.1　概述

人工神经网络(artificial neural network，ANN)简称神经网络，在遥感图像分类中得到

了越来越多研究者的关注。神经网络是由一些简单的处理单元(processing elements，PE)和节点(nodes)组成的一个内部相互关联的统一体，该系统的功能模仿了动物神经网络的功能。神经网络的处理能力储存于系统内部起连接作用的权重(weights)之间，并通过学习一系列给定的训练模式(training patterns)的过程而获得。

神经网络用于遥感数据分类的最大优势在于它平等地对待多源输入数据的能力，即使这些输入数据具有完全不同的统计分布，但是由于神经网络内部各层大量的神经元之间连接的权重是不透明的，因此用户难以控制。

神经网络遥感数据分类被认为是遥感数据分类的热点研究领域之一。神经网络分类器也分监督分类器和非监督分类器两种。

4.4.2 神经网络分类器的结构

遥感数据分类中最常用的神经网络是多层感知器(multi-layer perception，MLP)模型。该模型的网络结构如图 4-2 所示。该网络包括三层：输入层、隐层和输出层。输入层是数据进入神经网络的一层；隐层是由一些平行排列而又相互连接的处理单元组成的，可以是一层，也可以是多层；输出层则是神经网络产生结果的一层。输入层一般为待分类数据的特征矢量。一般情况下，为训练像元的多光谱矢量，每个节点代表一个光谱波段。当然，输入节点也可以为像元的空间信息、纹理信息等，或多时段的光谱矢量。

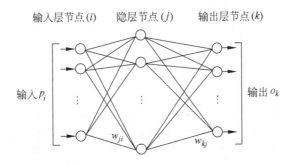

图 4-2　多层感知器神经网络结构

对于隐层和输出层的节点来说，其处理过程用一个激励函数(activation function)表示。假设激励函数为 $f(S)$，对隐层节点来说，有

$$\begin{cases} S_j = \sum_i w_{ji} p_i \\ h_j = f(S_j) \end{cases} \tag{4-10}$$

式中，p_i——隐层节点的输入；

　　　h_j——隐层节点的输出；

　　　w_{ji}——隐层节点的权重。

对输出层来说，有如下关系：

$$\begin{cases} S_k = \sum_j w_{kj} h_j \\ o_k = f(S_k) \end{cases} \tag{4-11}$$

式中,h_j——输出层的输入;

　　o_k——输出层的输出;

　　w_{kj}——输出节点的权重。

激励函数一般为 S 形曲线转换函数(sigmoidal transfer functions),表达为

$$f(S) = \frac{1}{1 + e^{-S}} \tag{4-12}$$

这种转换方法允许非线性关系的再表达。该曲线的中间部分几乎呈线性,但两端为非线性,也就意味着该功能缓和了原始的很大或很小的加和值 S,并使所有输出值都落入 0~1 范围内,转换后的输出值接近"0"或"1"都代表输出值是比较确定的,而转换后的输出值接近"0.5"则代表结果不确定。

4.4.3　后向传播训练算法和学习机制

确定了网络结构后,就要对网络进行训练,使网络具有根据新的输入数据预测输出结果的能力。最常用的算法是后向传播训练算法。这一算法将训练数据从输入层输入网络,随机产生各节点连接权重,按式(4-10)~式(4-12)进行计算,将网络输出与预期的结果(训练数据的类别)相比较并计算误差。这个误差被后向传播到网络并用于调整节点间的连接权重,直到条件满足为止。调整连接权重的方法一般为 δ 规则:

$$\Delta w_{kj}(n+1) = \eta(\delta_k, o_j) + \alpha \Delta w_{kj}(n) \tag{4-13}$$

式中,η——学习率(learning rate);

　　δ_k——误差变化率;

　　α——动量参数;

　　o_j——输出层的输出。

具体计算参见神经网络算法相关文献。这样,将误差的后向传播过程和网络权重的调整过程不断迭代,直到网络误差减小到预设的水平,网络训练结束。这时就可以将待分类数据输入神经网络进行分类。

4.4.4　神经网络系统的结构参数和训练参数

许多因素影响神经网络的遥感数据分类精度。Foody 和 Arora(1997)认为神经网络结构、遥感数据的维数以及训练数据的多少是影响神经网络分类的重要因素。

神经网络结构,特别是网络的层数和各层节点的数量是神经网络设计最关键的问题。网络结构不但影响分类精度,而且对网络训练时间有直接影响。对用于遥感数据分类的神经网络来说,由于输入层和输出层的节点数目分别由遥感数据的特征维数和总的类别数决定,因此网络结构设计的关键是确定隐层的数目和隐层的节点数目。一般过于复杂的网络结构在刻画训练数据方面较好,但分类精度较低,即出现"过度拟合"(over-fit)现象。而过于简单的网络结构由于不能很好地学习训练数据中的模式,因此分类结果也不易理想。

网络结构一般通过实验的方法确定。Hirose 等(1991)提出了一种方法:从一个小的网络结构开始训练,每次网络训练达到局部最优时,增加一个隐层节点,然后再训练。如此反

复,直到网络训练收敛。这个方法可能导致网络结构过于复杂。一种解决方法是每当认为网络收敛时,减去最近一次加入的节点,直到网络不再收敛,那么最后一次收敛的网络被认为是最优结构。这种方法的缺点是非常耗时。

"剪枝法"(pruning)是另一种确定神经网络结构的方法。和 Hirose 等(1991)的方法不同,"剪枝法"从一个很大的网络结构开始,然后逐步去掉认为多余的节点。从一个大的网络开始的好处是,网络学习速度快,对初始条件和学习参数不敏感。"剪枝"过程不断重复,直到网络不再收敛时,最后一次收敛的网络被认为最优。

神经网络训练需要的训练数据样本的多少随不同的网络结构、类别的多少等因素变化。但是,基本要求是训练数据能够充分描述代表性的类别。Foody 等(1995)认为训练数据的多少对遥感分类精度有显著影响,但和基于统计特征参数的分类方法相比,神经网络的训练数据可以比较少。

分类变量的数据维对分类精度的影响是遥感数据分类中的普遍问题。许多研究表明,一般类别之间的可分性和最终的分类精度会随着数据维数的增大而增高,达到某一点后,分类精度会随数据维的继续增大而降低。这就是有名的 Hughes 现象。一般需要通过特征选择去掉信息相关性高的波段或通过主成分分析方法去掉冗余信息。分类数据的维数对神经网络分类的精度同样有明显影响,但与传统的基于统计的分类方法相比,神经网络分类的 Hughes 没那么严重。

Kanellopoulos(1997)通过长期的实践,认为一个有效的 ANN 模型应考虑以下几点:合适的神经网络结构、优化学习算法、输入数据的预处理、避免振荡、采用混合分类方法。其中混合模型包括多种 ANN 模型的混合、ANN 与传统分类器的混合、ANN 与知识处理器的混合等。

4.5　专家系统分类

专家系统是利用符号知识来模拟人类专家行为的计算机程序。随着专家系统技术的发展,越来越多的人将专家系统应用到遥感影像分类上。

4.5.1　专家系统结构

专家系统一般包括的基本结构有:用户界面(user interface)、推理器(inference engine)、特定领域的知识库(domain-specific knowledge base)(图 4-3)。用户界面以某种自然语言直接与用户交互;推理器是一个控制器,它控制着程序所应用的推理过程;知识库对于专家系统是至关重要的,它提供关于某个领域的知识。专家系统中的知识库对于专家系统的建立非常重要,以至于专家系统又通常被称为知识库系统(knowledge-based systems)。另外,三种人对于专家系统的成功建立是至关重要的,即用户(user)、领域专家(domain expert)和知识提取工程师(knowledge engineer)。

图 4-3　专家系统结构及组成

　　Richards(1993)以遥感影像分类为例,说明专家系统分类器与传统分类器的区别。如果以传统监督分类法分析影像数据,其工作流程如图 4-4(a)所示,即待分析的数据被输入到一个具备特定算法(最大似然法、最小距离法等)的计算机处理器中,这些算法被应用到各个像元而得到分类结果。这个过程中,用户不必了解有关光谱特征的详细知识。图 4-4(b)显示的是专家系统分类器的结构,光谱数据和空间数据都被输入到知识库处理器,储存在知识库中的知识从领域专家处获得,在处理器中被用来分析数据,这种情况下的处理器被称为推理器。

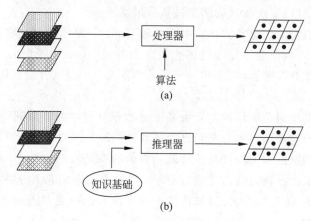

图 4-4　传统影像分析系统(a)和专家系统影像分析系统(b)

4.5.2　专家知识的表达

　　专家知识可以通过几种方式采集和记录,但最简单也最常用的方式是应用"规则",其通式是"**如果**　条件,**那么**　推理"。式中的"条件"是一个逻辑表达式,可以是正确的,也可以是错误的。如果"条件"是正确的,那么"推理"就进行,否则"规则"不提供任何信息。"条件"可以是简单的逻辑表达式,也可以是复合的逻辑陈述,其中多个成分通过逻辑符号"或"(or)、"和"(and)和"不"(not)来连接。

　　专家系统的知识库常常是以"事实"(facts)和"规则"(rules)(即启发式论据)两种形式存在。"事实"就是被广泛共享的、大众可得的和某个领域被专家一致承认的信息。领域特定的"事实"由程序提供,情形特殊的"事实"可以由用户咨询专家后提供。启发式论据大多数情况下是由个人决定的,而一些常见判断很少讨论的"规则"则由专家决策制定。规则很典型地遵循下列形式:

　　如果　条件是真的,

　　那么　得出一个结论,或采取一个行动。

　　这通常也称作"如果/那么"(if/then)规则,或产出规则(production rules)。"如果"部分是前提条件,"那么"部分是前提条件正确的结论。当前提条件不正确时,就得不出后面的结论。一个规则基础上的专家系统推理是从一个规则转至下一个规则的,从中获取信息以更新专家系统对情形的理解。最终,当专家系统对情形了解足够了,就可给出一定的结论。下面分别以简单逻辑表达式和复合逻辑表达式举例说明。

　　简单逻辑表达式:

如果	海拔高度为 2600～2800m	**那么**	针叶林；
如果	海拔高度为 1800～2600m	**那么**	针阔混交林；
如果	海拔高度为 1200～1800m	**那么**	阔叶林；
如果	TM Band3 值为 15～22	**那么**	针叶林；
如果	TM Band3 值为 20～25	**那么**	针阔混交林；
如果	TM Band3 值为 22～25	**那么**	阔叶林。

复合逻辑表达式：

如果	海拔高度为 2600～2800m 和 TM Band3 值为 15～22	**那么**	针叶林；
如果	海拔高度为 1800～2600m 和 TM Band3 值为 20～25	**那么**	针阔混交林；
如果	海拔高度为 1200～1800m 和 TM Band3 值为 22～25	**那么**	阔叶林。

除了"如果/那么"规则这种专家系统中表达知识最常用的方式外，还有其他方式，如框架法（frames）、语义网法（semantic nets）和逻辑法（logic）（Winston，1979）。

4.5.3　推理机制

推理是对证据进行调度分析以得出新的结论。一个推理器包含搜索和推理两个过程，从而使专家系统找到问题的解决方案。如果需要，推理器还能为结论提供判断。

用于导出问题方案的规则顺序可被视为搜索空间（search space）或决策树（decision tree）的一部分（图 4-5）。分支点（branching points）被称为节点（nodes）；一个问题的可能答案称为假设（hypotheses）或叶节点（leaf nodes），出现在分支的末端、决策树的底部。分支代表可能找到答案的途径。

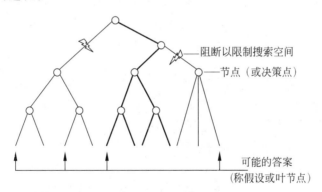

图 4-5　专家系统搜索空间或决策树

搜索规则以找到解决问题的方案通常遵循"格局吻合"（pattern matching）过程。通过这个过程，程序可以沿着规则推进（chaining），而最终找到问题答案。专家系统可采用正向推进（forward chaining）（图 4-6(a)），也可以采用反向推进（backward chaining）（图 4-6(b)）。

正向推进是数据驱动的。规则的前提条件被系统地搜索直到发现一系列规则，当所有基于的前提条件都正确时，就能找到解决问题的方案。简单地说就是从证据到结论或假设。当问题的答案被很松散地定义，或问题很大时，如规划、计划以及其他综合问题，正向推进是最有用的。许多真实世界问题都属于此列。

反向推进是目的驱动的。是从一个终端（terminal）或一个叶节点（leaf node）或者说是

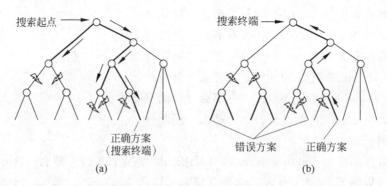

图 4-6 专家系统搜索空间中的正向推进(a)和反向推进(b)

一个可能的方案(possible solution)开始,沿着规则反向推进以寻找那些支持该终端目的成立的前提条件。简单说就是从假设到证据。当可能的方案有限时,比如诊断一种疾病,选择一种杀虫剂,寻找发动机问题所在等,反向推进是最有用的。

一般来说,如果知识库系统是针对特定应用的,那么推理器或推理机制可以是非常简单的,但如果需要的是一个通用的专家系统,那就需要非常复杂的和功能强大的推理器或推理机制。

4.5.4 基于贝叶斯概率的分类计算

专家系统除了与总推理策略(即正向或反向推理)有关外,还要处理不确定性问题。最直接且明显的计算不确定性的方法是采用概率理论。大多数利用概率理论的专家系统都采用贝叶斯定理将不确定性推理紧连在一起,贝叶斯定理可以简略表示成下列表达式:

$$P(H_i \mid E_j) = \frac{P(H_i)P(E_j \mid H_i)}{P(E_j)} \tag{4-14}$$

$$P(E_j) = \sum_{i=1}^{n} P(H_i)P(E_j \mid H_i) \tag{4-15}$$

式中,H_i——假设;

E_j——证据;

$P(H_i)$——假设 H_i 发生的概率;

$P(E_j)$——证据 E_j 发生的概率;

$P(E_j|H_i)$——证据 E_j 对于给定假设 H_i 的概率,又叫条件概率;

$P(H_i|E_j)$——假设 H_i 在给定证据 E_j 条件下的概率。

为计算方便,多数贝叶斯专家系统都在系统内部采用可更新的运算推理。系统运算起始点的 $P(H_i)$ 可看作在给予任何证据之前时假设 H_i 的概率,称为先验概率(prior probability);$P(E_j|H_i)$ 则称为条件概率(conditional probability),运算中 $P(H_i|E_j)$ 值称为后验概率(posterior probability)。在实际应用中,$P(H_i)$ 和 $P(E_j|H_i)$ 均由专家根据现有知识或经验估计给出。

下面举例说明,例子参考了文献(Heine,1998)和(Liu,2001)。在研究区域中由专家给出出现针叶林、针阔混交林和阔叶林的先验概率 $P(H_1)$、$P(H_2)$ 和 $P(H_3)$ 分别是 0.10、0.60 和 0.30。当提供海拔和 TM 第 3 波段(TM3)数据证据时,专家再给出出现针叶林、针

阔混交林和阔叶林的条件概率 $P(E_j|H_i)$，列于表 4-1 中，问题是想知道在给定的条件证据下，最终最可能的土地覆被类型是什么。

表 4-1　专家给出的出现针叶林、针阔混交林和阔叶林的条件概率

假设 证据	针叶林	针阔混交林	阔叶林
海拔 2600～2800m	0.95	0.20	0.05
TM3 值 15～22	0.90	0.40	0.20

　　下面给出了运算推理中的更新过程。首先计算在第一证据（即给出海拔数据证据）下的推理过程，如表 4-2 所示求出在海拔证据下为针叶林、针阔混交林和阔叶林的概率结果是针阔混交林概率最大，为 52.2%，而针叶林的概率是 41.3%。把上述计算结果作为下次计算的 $P(H_i)$，进行新证据（TM 第 3 波段数据）下的概率推理计算，如表 4-3 所示。经过上述运算推理，在给定的先验概率和两个证据的条件概率下，最终最可能出现的土地覆被类型是针叶林，出现概率为 62.7%，远高于出现针阔混交林和阔叶林的概率 35.2% 和 2.2%。

表 4-2　第一证据下的概率运算过程

类别	$P(H_i)$	$P(E_j|H_i)$	$P(H_i)P(E_j|H_i)$	$P(H_i|E_j)$
针叶林	0.10	0.95	0.095	0.413
针阔混交林	0.60	0.20	0.120	0.522
阔叶林	0.30	0.05	0.015	0.065
			$P(E_j)=0.230$	

表 4-3　第二证据下的概率运算过程

类别	$P(H_i)$	$P(E_j|H_i)$	$P(H_i)P(E_j|H_i)$	$P(H_i|E_j)$
针叶林	0.413	0.90	0.372	0.627
针阔混交林	0.522	0.40	0.209	0.352
阔叶林	0.065	0.20	0.013	0.022
			$P(E_j)=0.594$	

　　一般情况下，如果证据多且专家知识准确，则所推理出来的结果可靠性高。

习题

　　4-1　简述监督分类和非监督分类方法在分类过程中的不同。

　　4-2　说明最大似然分类、马氏距离分类、最小距离分类和神经网络分类四种方法各自的特征及其使用条件。

　　4-3　比较遥感图像人工解译的标志和自动图像分类中所用的特征，讨论将人工解译中的各种解译标志用于自动分类的可能性。

　　4-4　论述神经网络分类器的结构和算法。

　　4-5　论述专家系统分类中专家知识的重要性和获得专家知识的途径。

CHAPTER 5

遥感分类中的不确定性和尺度问题

5.1 遥感数据专题分类的不确定性问题

从遥感数据中获取地面目标分布的专题信息(如土地覆被/土地利用等),是从遥感数据中获取的主要信息之一。通过对遥感数据进行目视解译或自动分类,可以获得区域和全球尺度的土地覆被/土地利用及其变化信息。受数据源特性、数据处理方式、分类方法等多种因素的影响,遥感数据的专题分类结果不可避免地具有不确定性。对分类结果的不确定性进行分析,不但可以使用户了解数据的质量和适用性,还可以帮助检验分类方法的有效性,以便改进或建立新的分类方法。

5.1.1 基本概念

1. 误差

Heuvelink(1993)将误差(error)定义为:"现实与对现实表达之间的差异。它不但包括错误(mistakes 或 faults),而且也包括统计意义上的'变化(variation)'。"从这个意义上说,误差是一个贬义词。正如 Chrisman(1991)所指出的,"Error is a bad thing"。在大部分遥感分类精度或误差评价的文献中,分类误差指某一像元被赋予的类型与此像元所代表的真实类型的差别。

2. 精度

精度(accuracy)被定义为观测值、计算值或估计值与真实值之间的接近程度(closeness)。在统计意义上,精度也可以理解为观测、计算或估计的均值与真实均值之差。在这个意义上,为了评价数据的精度,就必须有一个更高精度的数据作为"实况"。但是,实际上真实状况也许永远无法得到。Aronoff(1989)将遥感分类精度定义为:"给地图上某一位置赋予的类别为该位置真实类别的概率。"这个定义强调统计意义上的精度。Story 和 Congalton(1986)将分类精度分为总体精度(overall accuracy)、生产者精度(producer's accuracy)和用户精度(user's accuracy),其中"用户精度"对应于

Aronoff(1989)所定义的精度。

3. 精确度

精确度(precision)被定义为"某一值被表达的精确程度(exactness),而不管是对是错"。更通俗的定义为"测量值的小数点位数"。这意味着精确度是和精度无关的量。高的精确度并不意味着高的精度,相反,虽然数据的表达可能非常精确,但却是完全错误的。遥感分类属性数据的精确度定义为数据的"详尽程度"(detail)或在遥感分类过程中定义的类别数目。它代表分类所得专题图的综合水平。

4. 质量

数据质量(quality)定义为数据的"适用性"(fitness for use)。既然数据质量反映数据的适用性,那么它就和特定的数据应用目标相关。因此质量是一个相对的概念。

5. 不确定性

不确定性(uncertainty)的概念被越来越多地引入空间数据的处理和空间数据质量评价中。Heuvelink(1993)将不确定性作为误差的同义词;Goodchild(1995)则将不确定性看作一个误差的更一般的量度,且不隐含关于误差源以及误差能否纠正的任何信息。而误差和精度则是不确定性的一种特定的表达方式。

5.1.2　遥感信息中的不确定性来源

在遥感数据的生命周期中,从数据的获取、处理、分析、数据转换等各种操作中,都会引入不同类型和不同程度的不确定性,并在随后的各种处理过程中传播。最终的总的不确定性则是各种不确定性不断积累的结果。不同的操作可能引入不同的不确定性。图 5-1 展示了典型遥感信息处理过程中误差的累计。

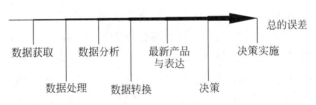

图 5-1　典型遥感信息处理过程中误差的累计

在遥感信息处理流程的各个阶段,基本的引入不确定性的因素如图 5-2 所示。

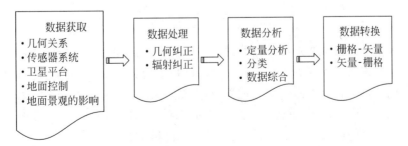

图 5-2　遥感信息处理流程中引入不确定性的因素

1. 数据获取阶段

传感器与地面景观的几何关系直接影响图像的质量。理想状态下，在一景图像中的辐照几何关系应该是一个常数。当瞬时视场角（IFOV）较大时，这种几何关系在一个范围内变化，导致图像内的辐射畸变。同时，这种大视场角也会导致图像内的几何畸变。

传感器系统的特性对图像质量以及信息提取的不确定性有显著影响。传感器的物理参数不但决定获取遥感数据的空间、时间和辐射分辨率，还决定数据的信噪比。同时，传感器工作的电磁波范围决定了云对数据获取的影响以及大气吸收、辐射和散射等造成的遥感数据的辐射畸变。由传感器参数决定的空间分辨率直接影响遥感信息提取（如分类）的精度。卫星平台的轨道高度、飞行速度和传感器的瞬时视场角一起决定图像的几何特性。卫星平台的稳定性严重影响遥感系统的几何精度。

遥感图像所覆盖的地面景观的复杂性也对遥感数据中的不确定性有影响。地形起伏不但会导致图像几何畸变，而且会导致图像内迎光坡和背光坡均匀区域内光谱响应的巨大差异，导致信息提取结果中大的不确定性。对于特定物理参数的传感器所获取的遥感图像，地表景观分布的复杂性和地表单元的大小共同直接影响遥感数据的分类不确定性。

这些在数据获取时引入的不确定性有些可以纠正，有些则无法纠正或处理，但它们终将影响最后遥感信息的不确定性。

2. 数据处理阶段

遥感数据的处理过程中也会引入不确定性。根据不同的应用目标，需要对遥感数据进行不同的处理。一般来说，对图像进行几何纠正、辐射纠正是最基本的处理步骤。

遥感图像的几何纠正一般通过选取地面控制点和图像上同名的点，在地面控制点坐标和同名点的图像坐标之间建立多项式而在两个坐标系之间建立联系，然后将遥感图像从图像坐标系转换到地面控制点的坐标系。通常，利用均方根误差（RMSE）衡量参考像元的位置精度。地面控制点的选取对图像几何纠正精度起决定性作用。一般地面控制点从大比例尺的地形图选取。由于地形图具有不同的地图综合程度，控制点的位置总会存在一定偏差。即使地面控制点位置通过 GPS 精确地得到，对于不同空间分辨率的遥感数据而言，在图像上选取相应于地面控制点的同名点的位置也会存在一定偏差。几何纠正过程中的重采样过程也可能引起图像整体或局部亮度值的变化，从而影响数据分析结果的精度。

辐射纠正的目的是消除大气效应、地形效应以及传感器引入的遥感数据中的辐射畸变。不同的辐射纠正方法以及辐射纠正模型中参数的精度常常影响辐射纠正效果，并可能引入新的不确定性。

3. 数据分析阶段

不仅上述不确定性会在遥感数据的进一步分析中传播并导致分析结果的不确定性，数据分析过程本身也会引入新的不确定性。就遥感数据分类而言，在分类过程的各个阶段都可能引入不确定性。在分类系统设计过程中，类型定义的不完备或模糊性，没有考虑混合像元，不同分类体系集成中的不兼容等，都会在分类结果中引入不确定性；在分类过程中，训练样本数量、训练样本的代表性直接影响分类结果的精度。

分类算法本身也是一个重要的不确定源。不同的分类算法所产生的分类结果，其不确定性会有很大差别。

4. 数据转换阶段

不同数据格式之间的转换,包括栅格数据和矢量数据之间的转换等,也都会引入新的不确定性。

由于在遥感数据的获取、处理、分析和转换等一系列步骤中都有不同类型和程度的不确定性引入,并在进一步分析中传播,因此在遥感信息提取过程中,不但要设法纠正数据获取过程中引入的不确定性,而且要选取合适的、对误差不敏感的处理和分析方法,使最后提取的信息包含最小的不确定性。

在此重点探讨遥感数据分类方法以及由此导致的结果的不确定性。但必须明确,最终分类结果的不确定性是数据获取、处理和分析等过程中不同不确定性传播、积累的结果。只有在数据源和前期各处理步骤完全相同的前提下,才有可能通过评价分类结果的不确定性来评价分类方法的有效性。

5.2 遥感数据分类精度及不确定性评价方法

虽然 20 世纪 70 年代以来,遥感数据就被广泛用于土地覆被/土地利用制图、资源调查、环境和自然灾害监测等领域,但直到 20 世纪 80 年代,人们才开始研究遥感数据分类精度的不确定性问题。

遥感数据分类的精度评价方法也经历了一个逐步细化和严格的过程。Congalton (1994)将分类精度评价的发展分为 4 个阶段:第一阶段的精度评价方法以目视判断为主。显然这种精度评价方法是一种定性的评价方法,而且具有很大的主观性。在第二阶段,精度评价方法由定性方法发展到定量方法。这一阶段中,精度评价主要通过比较分类所得的专题图中各类别的面积范围(或面积百分比)与地面或其他参考数据中相应类别的面积范围(或面积百分比)得到评价结果。与第一阶段的方法比较,这种评价方法具有定量和客观的优点。但这种方法的最大局限在于其非定位本质。因为分类专题图中的某些类别面积虽然占有正确的百分比,但它可能在错误的位置。因此,这种评价方法可能掩盖分类结果的真实精度。第三个阶段以定位类别比较和精度测量为特征。在这一阶段,精度评价将特定位置的分类结果中的类别和地面实况或其他参考数据中相应点的类别进行比较,并在比较基础上发展出了各种精度(如总体精度)的测量。第四阶段的评价方法是在第三阶段方法基础上的细化和发展,其核心是误差矩阵方法。其特点是在充分利用误差矩阵信息的基础上,计算出各种精度测量(如 Kappa 系数),且统计上更为严格。

误差矩阵精度评价方法是当前遥感分类精度评价的核心方法。但以误差矩阵为基础的精度评价方法存在诸多局限性。随着对遥感数据分类问题认识的深入,以及为满足不同精度评价目标的需求,科学家们进一步发展了许多新的误差评价方法和指标。同时,基于误差矩阵的精度评价方法也还在不断发展和完善。

从评价方法的角度,可以将遥感数据分类不确定性评价方法分为基于误差矩阵的方法、基于模糊分析的方法和像元尺度上的不确定评价方法三大类。

5.2.1 基于误差矩阵的分类精度评价方法

1. 误差矩阵及其精度测量

误差矩阵(error matrix)又称混淆矩阵(confusion matrix),是一个用于表示分为某一类别的像元个数与地面检验为该类别数的比较阵列。一般,阵列中的列代表参考数据,而行代表由遥感数据分类所得的类别数据。一个典型的误差矩阵如图 5-3 所示,A、B、C、D 为分类的类别。从误差矩阵中可以直观地得到每一类别的错分误差(commission error)和漏分误差(omission error)。错分误差指不该属于某类别的像元被分为该类别的误差,它由该类别所在行的非对角线元素之和除以该行的总和而得。漏分误差指该属于某一类别的像元未被分为该类别的误差,它由该类别所在列的非对角线元素之和除以该列的总和而得。

分类数据 \ 参考数据	A	B	C	D	n_{i+}
A	n_{11}	n_{12}	…	n_{1k}	n_{1+}
B	n_{21}	n_{22}	…	n_{2k}	n_{2+}
C	⋮	⋮		⋮	⋮
D	n_{k1}	n_{k2}	…	n_{kk}	n_{k+}
n_{+j}	n_{+1}	n_{+2}	…	n_{+k}	n

图 5-3 误差矩阵示意图

使用误差矩阵除了可以清楚地显示各类别的错分和漏分误差外,我们还可以从误差矩阵中计算出各种精度测量指标,如总体精度、生产者精度和用户精度。总体精度是误差矩阵内主对角线元素之和(正确分类的个数)除以总的采样个数。生产者精度和用户精度可以表示某一单类别的精度。生产者精度为某类别正确分类个数除以该类的总采样个数(该类的列总和);而用户精度定义为正确分类的该类个数除以分为该类的采样个数(该类的行总和)。

设 n 为遥感分类精度评价中总的样本数,k 为分类类别数目,以 n_{ij} 代表样本中被分类为类别 $i\,(i=1,2,\cdots,k)$,而在参考类别中属于类别 $j\,(j=1,2,\cdots,k)$的样本数目,则样本在遥感分类中被分为类别 i 的样本数目为

$$n_{i+}=\sum_{j=1}^{k}n_{ij} \tag{5-1}$$

而参考类别为 j 的样本数目为

$$n_{+j}=\sum_{i=1}^{k}n_{ij} \tag{5-2}$$

总体精度(OA)为

$$\mathrm{OA}=\frac{\sum_{i=1}^{k}n_{ii}}{n} \tag{5-3}$$

类别 j 的生产者精度(PA)表示为

$$\mathrm{PA}_j=\frac{n_{jj}}{n_{+j}} \tag{5-4}$$

类别 i 的用户精度(UA)表示为

$$\mathrm{UA}_i=\frac{n_{ii}}{n_{i+}} \tag{5-5}$$

除了以上各种描述性的精度测量外,还可以在误差矩阵基础上利用各种统计分析技术

对不同的分类方法进行进一步的比较,其中最常用的是 Kappa 分析技术。

Kappa 分析技术是一种多变量统计分析技术,它在统计意义上反映分类结果在多大程度上优于随机分类结果,并可以用于比较两个分类法所得的误差矩阵是否具有显著差别。Kappa 分析的计算结果就是得到分类的 Kappa 系数,也就是 KHAT 统计值。从误差矩阵中可以计算总体分类的 KHAT 统计值和各类别的条件 Kappa 系数(conditional Kappa coefficient)。

假设遥感分类精度评价中的样本采样模型为多项式采样模型,则 KHAT 统计的计算如下:

$$\hat{K} = \frac{n \sum_{i=1}^{k} n_{ii} - \sum_{i=1}^{k} n_{i+} n_{+i}}{n^2 - \sum_{i=1}^{k} n_{i+} n_{+i}} \tag{5-6}$$

KHAT 估计的大样本方差为

$$\mathrm{var}(\hat{K}) = \frac{1}{n} \left[\frac{\theta_1(1-\theta_1)}{(1-\theta_2)^2} + \frac{2(1-\theta_1)(2\theta_1\theta_2 - \theta_3)}{(1-\theta_2)^3} + \frac{(1-\theta_1)^2(\theta_4 - 4\theta_2^2)}{(1-\theta_2)^4} \right] \tag{5-7}$$

式中

$$\theta_1 = \frac{1}{n} \sum_{i=1}^{k} n_{ii}$$

$$\theta_2 = \frac{1}{n^2} \sum_{i=1}^{k} n_{i+} n_{+i}$$

$$\theta_3 = \frac{1}{n^2} \sum_{i=1}^{k} n_{ii}(n_{i+} + n_{+i})$$

$$\theta_4 = \frac{1}{n^3} \sum_{i=1}^{k} \sum_{j=1}^{k} n_{ij}(n_{j+} + n_{+i})^2$$

有时,为了检验两个误差矩阵是否有显著差别,需要通过统计检验确定两个误差矩阵的 KHAT 值是否差别显著。

令 $\hat{K}_1$ 和 $\hat{K}_2$ 分别代表误差矩阵 1 和误差矩阵 2 的 Kappa 统计值,$\mathrm{var}(\hat{K}_1)$ 和 $\mathrm{var}(\hat{K}_2)$ 分别为相应的误差估计。以误差矩阵 1 为例,单个误差矩阵的统计显著性检验表达为

$$Z = \frac{\hat{K}_1}{\sqrt{\mathrm{var}(\hat{K}_1)}} \tag{5-8}$$

Z 是标准化且服从正态分布的。给定假设 $H_0 : K_1 = 0$ 和 $H_1 : K_1 \neq 0$,当 $Z \geq Z_{\alpha/2}$ 时,H_0 被拒绝。这里 $\alpha/2$ 是双尾 Z 检验的置信水平,且假设自由度为无穷大。

检验两个误差矩阵是否有显著差异的检验统计表达为

$$Z = \frac{|\hat{K}_1 - \hat{K}_2|}{\sqrt{\mathrm{var}(\hat{K}_1) + \mathrm{var}(\hat{K}_2)}} \tag{5-9}$$

同样,Z 是标准化并服从正态分布的。给定假设 $H_0 : (K_1 - K_2) = 0$ 和 $H_1 : (K_1 - K_2) \neq 0$,当 $Z \geq Z_{\alpha/2}$ 时,H_0 被拒绝。

除了计算整个误差矩阵的 Kappa 系数外,有时还需要了解误差矩阵中单个类别分类结

果和参考类别的一致性。单个类别的一致性可以用条件 Kappa 系数来检验。误差矩阵中第 i 个类别条件 Kappa 系数的最大似然估计表达为

$$\hat{K}_i = \frac{n n_{ii} - n_{i+} n_{+i}}{n n_{i+} - n_{i+} n_{+i}} \tag{5-10}$$

其大样本方差估计为

$$\mathrm{var}(\hat{K}_i) = \frac{n(n_{i+} - n_{ii})}{[n_{i+}(n - n_{+i})]^3} [(n_{i+} - n_{ii})(n_{i+} n_{+i} - n n_{ii}) +$$
$$n n_{ii}(n - n_{i+} - n_{+i} + n_{ii})] \tag{5-11}$$

一般的，Kappa 系数及其方差的估计方法是在假设采样模型为多项式模型的基础上发展的，而只有简单随机采样方法满足这个假设。

2. 基于误差矩阵精度评价方法的问题

1）精度测量指标

虽然从误差矩阵可以得到诸如总体精度、生产者精度、用户精度，以及 Kappa 系数等多个精度量度指标，并且该方法已经成为遥感数据分类精度评价的经典方法，但在实际应用中，它仍然存在一些局限性。

Foody(1992)认为，由于在 Kappa 系数计算过程中实际高估了偶然一致性（chance agree），使总体分类精度被低估。Ma 和 Redmond(1995)同样认识到这个问题，并建议用 Tau 系数代替 Kappa 系数作为误差矩阵的精度指标。有一些科学家认为，应该根据不同的目标使用不同的精度测量，比如提供原始的误差矩阵和多个精度测量以全面描述分类精度。

2）采样问题

由于误差矩阵的基础是一定大小样本的地面实况类别与分类类别之间的比较，不同的采样设计和样本大小就直接和精度评价结果有关。

Stehman 对遥感分类精度评价中的采样问题做了非常深入的研究。就样本大小而言，大样本数一般会提高评价结果的可靠性，但会增加分析成本。就采样方法而言，首先，采样方法必须保证采样的无偏性，这是保证精度评价结果可靠的基础；其次，在误差矩阵基础上的进一步分析与采用何种采样方法有关，因为不同的采样模型需要不同的方差估计方法；最后，采样方法决定样本的空间分布，这直接影响精度评价的成本。

常用的采样方法包括随机采样、层次随机采样、系统采样、聚集采样等，各种采样方法如图 5-4 所示。在遥感分类不确定性评价中，最常用的是随机采样和层次随机采样方法。一般来说，简单的随机采样具有较好的统计特性，且适合基于误差矩阵的精度分析。但由于随机选取的样本可能位于人迹罕至的地区，在实际评价过程中，获取地面实况信息十分困难。而且当样本数比较小时，部分面积较小的类别可能没有样本点。但大样本点有增加成本和样本获取困难的缺点。这在实际应用中是一对矛盾。理论上，层次随机采样可以解决小面积类别没有样本点的问题。Stehman(1996)发展了层次随机采样下的 KHAT 统计方差估计方法。但是，实际评价过程中可能并不完美，因为选取样本前可能无法知道各类别的位置。对于其他采样方法，如何进行 KHAT 统计的方差估计依然是一个问题。

3）参考数据的精度问题

基于误差矩阵的分类精度评价，其基本假设之一是参考数据完全正确。在实际评价过

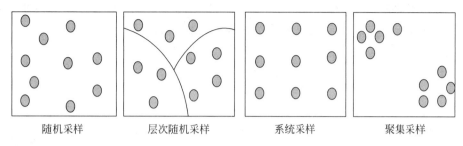

图 5-4　各种常用采样方法示意

程中,这种假设常常难以保证。许多情况下,地面参考数据也含有误差,甚至含有比分类数据更大的误差。参考数据中的误差既有专题误差,也有因参考数据和分类数据的配准而带来的位置误差。但在精度评价时,总是将误差矩阵中的参考数据和分类数据的不一致归咎于分类数据的误差,因此可能导致低估分类结果的精度。

参考数据一般有两种来源。一种是通过地面实况调查获得的,另一种是用更高空间分辨率的遥感数据分类结果作为参考数据。地面实况信息的获取受地面景观的复杂程度、空间分布及采样单元大小,以及人的主观判断的影响。在地面目标分布复杂的地区,常常难以确定某一位置属于哪一个类别。同时,在采样单元较大时,由于混合像元的存在,可能无法找到一个"纯"的像元大小的地面实况。在更多情况下,用更高空间分辨率的分类结果作为参考数据来"验证"较粗空间分辨率遥感数据的分类结果。这时不但参考数据的分类精度对精度评价有影响,而且不同分辨率的数据之间比较时,混合像元的存在,以及两个数据集分类系统的差别带来的诸如类别定义方面的差异,也会给精度评价结果带来严重偏差。

由于参考数据的问题,一些科学家认为基于误差矩阵的精度评价方法只适用于区域尺度上较高分辨率遥感数据的分类精度评价,而不适用于粗分辨率遥感数据的分类精度评价。大尺度上粗分辨率遥感数据分类精度评价已经受到广泛关注,并取得了一定进展,如 Lewis和 Brown(2001)提出了一般的误差矩阵(generalized confusion matrix)以评价亚像元分类和面积估计精度。

4) 误差严重程度

在基于误差矩阵的分类精度评价中,所有的分类错误是等权重的。也就是说,任何分类错误的严重程度被认为是相同的。实际上,不同类别之间的混淆,其错误的严重程度是不同的。误差有时候发生在相对相似的类别之间,而有时候却发生在毫不相关的类别之间。相似类别之间的错误在应用中可能并不重要,但差别很大的类别之间的分类错误可能导致应用中严重的后果。例如,在土地覆被分类中,针叶林和水体之间的分类错误远比针叶林和阔叶林之间的分类错误严重得多。

由于地表物质分布的连续性,不同类别之间并不具有明显的边界,而是从一个类别逐渐过渡到另一个类别。而一般分类法的分类结果是用一组离散的类别来表达这一连续分布,将特征相似的像元根据分类判别规则赋予不同的类别。相似类别光谱特征的相似性决定了在分类误差矩阵中,类别混淆大部分发生在类别之间的过渡区域。这种情况下,相似类别在误差矩阵中的混淆度可能很大,但因为是相似类别之间的混淆,因此在实际应用中该分类结果实际质量较高,而有些类别在误差矩阵中虽然混淆程度不大,但因为是毫不相干的类别之间有混淆(如水体和阴影），因此数据质量有严重问题。所以，从应用的角度来说，误差矩阵总混淆程度大并不一定数据质量低，反之亦然。解决这种问题的方法之一是对不同类别之间的误差采用不同的权重，计算加权 Kappa 系数。但权重的选择具有很大的主观性，在不同目的的评价结果之间不具有可比性。

5）误差的空间分布和可视化问题

遥感分类数据中误差在空间上并不是随机分布的。根据不同的地面特征和传感器特性，遥感分类数据中的误差具有一定的空间分布结构。由于混合像元的存在，一般误差主要分布在类别之间的边缘区域。误差的空间分布不但有助于探测误差源，而且对于以遥感分类结果为数据源的环境模型中误差的传播分析非常重要。但是误差矩阵以及从误差矩阵中得到的精度值不能提供任何关于误差空间分布的信息。

为了表达和探测遥感分类精度的空间分布结构，许多学者致力于分类不确定性的可视化研究。最大似然分类过程中的后验概率可以较好地刻画分类不确定性的空间变化分布，而且便于可视化表达。但是，后验概率只能通过最大似然分类方法得到，这限制了它的应用。McIver 和 Friedl（2001）利用非参数机器学习方法估计像元尺度上土地覆被分类的不确定性。另外，信息熵、模糊推理方法以及统计学方法等也被用于提供误差的空间变化信息。

5.2.2　基于模糊集理论的精度评价方法

正如上文在探讨误差矩阵精度评价中参考数据的问题时所述，由于混合像元的存在，在实际中有时难以找到"纯"的属于某一类别的参考数据，从而使精度评价结果具有偏差。

针对这种情况，Woodcock 和 Gopal（2000）发展了用模糊集理论评价遥感分类专题图精度的方法。此方法将分类精度在语义上分为绝对错误的、可理解但错误的、可接受的、好的以及完全正确的五个语义精度尺度，通过专家知识得到每个语义尺度的模糊隶属度，然后用模糊推理方法得到分类图像误差的频率、严重程度以及误差源等信息。模糊集理论评价方法提供了混合像元情况下的误差评价方法，并且可以提供误差的严重程度信息。

然而，通过利用专家知识获取模糊隶属度的方法具有很大的主观性和随意性，不同的评价结果之间不便比较。而且，由于它只提供了参考数据中类别之间的混淆的信息，因此它的精度信息远不如 Kappa 统计丰富。同时，在实际应用中，建立模糊逻辑推理的规则并不是一件容易的工作。另外，基于模糊集理论的精度评价方法仍然存在基于误差矩阵的分析中的采样问题以及误差的空间分布和可视化表达问题。

5.2.3　像元尺度上遥感数据分类的不确定性

1. 后验概率矢量

从基于贝叶斯理论的遥感分类过程中得到的后验概率矢量，可以衍生出一些分类不确定性的量度。基于贝叶斯理论的分类方法通过计算像元属于分类系统中每一类的后验概率来判断像元最终属于哪一类。一般取某像元的后验概率矢量中最大的一项所属的类别作为最终分类结果中该像元所属的类别。这种分类被称为"硬分类"（hard classification）。由于这种方法只保留了具有最大后验概率的类别，而忽略了像元属于任何其他类别的概率，因此"损失了所有有用的不确定性信息"。对应地,图像上每一个像元可以同时分到两个或两个以上的类,就称为"软分类"(soft classification)。Goodchild 等(1992)指出,遥感数据分类的不确定性可以通过概率矢量来表达。而概率矢量一般通过最大似然分类方法得到。最大似然图像分类方法的原理已经在第 4 章讲述。

实际上,按照最大似然分类的判别函数(式(4-3))进行分类时,将像元 x 分为 ω_i 类别时,并非 100% 肯定 x 属于 ω_i 类别,因此,这是一个具有不确定性的决策过程。为了描述在最大似然分类中引入的不确定性,可以使用分类过程本身所生成的概率矢量。最大似然分类过程的本质问题是计算像元 x 属于类别 $\omega_i(i=1,2,\cdots,M)$ 的条件概率。像元 x 属于每一类别的后验条件概率可以用一个概率矢量表达:

$$[p(\omega_1\mid x),p(\omega_2\mid x),\cdots,p(\omega_i\mid x),\cdots,p(\omega_M\mid x)]^{\mathrm{T}} \tag{5-12}$$

概率矢量所表达的不确定性的意义可以用图 5-5 形象地描述。图 5-5 所示是一个两个类别的分类问题。在图中 $x(b)$ 被分类为 I 类,$x(a)$ 被分类为 II 类。但 $x(a)$ 被分为 II 类的不确定性远大于 $x(b)$ 被分类为 I 类的不确定性,因为 $x(a)$ 属于类 I 和类 II 的后验概率差别远小于 $x(b)$ 属于类 I 和类 II 的后验概率差别。

将概率矢量中的零元素删除,并将其从大到小排序,则有如下形式的一个概率矢量 $\mathbf{PV}(x)$:

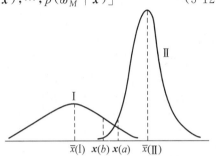

图 5-5 概率矢量的意义示意图

$$\mathbf{PV}(x)=[p(\omega_{l1}\mid x),p(\omega_{l2}\mid x),\cdots,p(\omega_{li}\mid x),\cdots,p(\omega_{lk}\mid x)]^{\mathrm{T}} \tag{5-13}$$

式中,k 是式(5-12)中非零元素的个数,且有当 $i<j$ 时 $p(\omega_{li}\mid x)\geqslant p(\omega_{lj}\mid x)$。

式(5-12)和式(5-13)是对同一最大似然分类过程中生成的概率矢量的不同形式的表达。采用不同的表达形式便于从中获取不同的不确定性描述指标。

2. 不确定性测量

从概率矢量中,可以衍生出许多分类不确定性的量度方法。在分类过程中,像元被分类为式(5-13)中概率矢量第一个元素所属的类别,即具有最大后验概率的类别。最大后验概率本身可以作为分类不确定性的一个度量。最大后验概率越大,表示分类不确定性越小。或者,可以定义概率残差(probability residual)为不确定性的量度。概率残差为概率矢量元素的和与概率矢量中最大概率之差,表达为

$$\Delta p=1-p(\omega_{l1}\mid x) \tag{5-14}$$

史文中(1998)在式(5-13)所表达的概率矢量基础上,定义了 4 个描述分类不确定性的参数。

1) 绝对不确定性

绝对不确定性的定义如下:

$$U_{\mathrm{A}}(x)=p(\omega_{l1}\mid x)/[1-p(\omega_{l1}\mid x)] \tag{5-15}$$

式中,U_{A} 的取值范围为 $(0,+\infty)$,该值越大,将 x 分为类别 ω_{l1} 的不确定性越小。计算每一个像元的绝对不确定性后,就可以描述分类不确定性在整个图像上的分布。

2）相对不确定性

相对不确定性描述一个像元在 ω_{li} 和 ω_{lj} 之间误分类的可能性。该参数定义为

$$U_{R}(\boldsymbol{x},i,j)=|\ p(\omega_{li}\mid\boldsymbol{x})-p(\omega_{lj}\mid\boldsymbol{x})\ | \tag{5-16}$$

$U_{R}(\boldsymbol{x},i,j)$ 的取值范围为 $[0,1]$。该值越大，像元 $\boldsymbol{x}$ 越容易在类别 ω_{li} 和 ω_{lj} 之间分开。

3）混合像元程度

混合像元程度用于量度一个像元为混合像元的程度。该参数定义为

$$M=\frac{\sum_{j=1}^{n}|\ p(\omega_{li}\mid\boldsymbol{x})-p(\omega_{lj}\mid\boldsymbol{x})\ |}{p(\omega_{li}\mid\boldsymbol{x})},\quad i\neq j \tag{5-17}$$

式中，$p(\omega_{li}\mid\boldsymbol{x})$——像元属于类别 ω_{li} 的概率。

如果概率矢量中各元素的值接近，则 M 值较小，说明该像元有较大可能为一个混合像元。

4）证据不完整性

在对一个像元进行分类时，有时不能肯定它属于哪一类，即分类证据不完整时，将它定义为"未分类类别"。证据不完整性 (Θ) 定义为

$$\sum_{i=1}^{k}p(\omega_{li}\mid\boldsymbol{x})+\Theta=1 \tag{5-18}$$

Θ 的取值范围为 $[0,1]$。该值越大，表示该像元分为"未分类类别"的可能性越大。

需要认识到，证据不完整性的值与分类过程中确定的最大后验概率的阈值有关。在分类过程中，一般确定一个最大后验概率阈值，当该阈值小于某一特定值时，表示没有足够证据表明该像元属于哪一类。因此设定不同的阈值可能导致不同的证据不完整性。

除了以上四个不确定性量度，还可以从概率矢量中得出其他的分类不确定性度量。最常用的是概率熵（entropy）。

概率熵是信息论中的一个概念，它与一个统计变量的不同测量值的不确定性有关，用于表达统计变量测量值不确定性的分布和范围。在概率熵的量度中，统计变量某一单个值的不确定性定义为反映这个值精度的信息内容。将遥感数据分类结果看作一个统计变量，像元分为类别 ω_{i} 的不确定性可表示为

$$-\log_{2}p(\omega_{i}\mid\boldsymbol{x})$$

一般在分类时，像元的真实类别是未知的，因此判断一个像元所属类别所需要的信息量也是未知的。像元的概率熵可因此定义为反映像元所属类别所需信息的期望的信息内容。这样，熵的量度 $H(p)$ 就用像元属于不同类别的后验概率加权的不确定性的和来表示：

$$H(p)=-\left(\sum_{i=1}^{M}p(\omega_{i}\mid\boldsymbol{x})\right)\log_{2}p(\omega_{i}\mid\boldsymbol{x}) \tag{5-19}$$

概率熵反映了要 100% 确定像元属于某一类还需要的信息量，也可以主观地理解为像元属于分类体系中各类别的后验概率的变异程度。当像元属于每一类别的后验概率分布平均时，这些概率矢量实际上没有提供关于像元属于哪一类别的信息，因此这时分类所需的信息量最大，概率熵达到最大值；当最大后验概率为 1 时，该像元 100% 属于最大后验概率所指的类别，不再需要额外信息，这时概率熵值达到最小。用概率熵表达分类不确定性的最大优点在于它将整个概率矢量中所包含的信息总结为一个单一的值。

为便于表达,Maselli 等(1994)提出了相对概率熵的概念:

$$H_R(p) = (H(p)/H_{max}(p)) \times 100 \tag{5-20}$$

式中,$H_R(p)$——相对概率熵;

$H_{max}(p)$——概率熵的最大值。

另一个从概率矢量中得出的不确定性量度表达为

$$U = 1 - \frac{max - \dfrac{sum}{M}}{1 - \dfrac{1}{M}} \tag{5-21}$$

式中,max——概率矢量中的最大概率;

sum——概率矢量中各元素之和;

M——概率矢量中元素的个数,即类别数。

这一不确定性量度是通过概率矢量中最大概率隶属度偏离平均概率隶属度的程度来表达的,因此可以称其为相对最大概率离差(relative maximum probability deviation)。

对遥感图像进行最大似然分类的过程中,如果不设概率阈值,则式(5-21)中 sum=1,这样式(5-21)可以表达为

$$U = 1 - \frac{max - \dfrac{1}{M}}{1 - \dfrac{1}{M}} = \frac{M}{M-1}(1 - max) = \frac{M}{M-1}\Delta p \tag{5-22}$$

式中,Δp——式(5-14)所表达的概率残差。

可以看出,相对最大概率离差相当于概率残差和一常数的乘积。类别数越多,常数越接近于1,概率残差和相对最大概率离差越接近。无论类别数多大,概率残差和相对最大概率离差所反映的绝对不确定性的空间分布结构不会有任何差别,因此可以认为相对最大概率离差和概率残差在反映绝对不确定性方面是等价的。

3. 几种不确定性量度的比较

以上几种不确定性量度从不同方面表达了分类结果的不确定性,各有其优点和缺点。

概率残差、绝对不确定性以及相对最大概率离差所表达的意义相近。这三个不确定性量度的优点是突出了最大概率。最大概率本身在很大程度上反映了像元最终被赋予该类别时的绝对意义上的可靠性,意义直观明确。其缺点是没有考虑概率矢量中各元素之间的相对关系,因此没有充分利用概率矢量包含的不确定性的信息。许多情况下,我们关心最大概率和第二大概率之间的相对差别以及所有概率之间的相对差别。例如,在一个三个类别的分类问题中,概率矢量[0.5,0.3,0.2]和[0.5,0.4,0.1]所反映的分类不确定性是不同的,前者的分类不确定性要小于后者。但反映在概率残差和绝对不确定性量度中,两个概率矢量所反映的不确定性没有任何区别。绝对不确定性的另一个缺陷是其范围在$(0,+\infty)$之间,由于最大值和最小值之间差别太大,甚至可能出现无穷大的值,因此不便于以灰度图像表达。

相对不确定性比较一个像元在每两个类别之间可能的误分类情况。相对不确定性充分利用了概率矢量中所有元素的信息,可以认为是对绝对不确定性量度的一个补充。但是由于要计算像元属于每两类之间的后验概率差,因此最终结果要用许多数来表达。例如,对于一个5

类的分类问题,需要计算出 10 个相对不确定性,而对于一个 10 类的分类问题,需要计算出 45 个相对不确定性!

混合像元程度 M 用于量度像元为混合像元的程度,当不同像元的概率矢量中最大概率差别较大时,M 能够反映像元为混合像元程度的差别;但如果两个概率矢量中最大概率相同时,这一量度对概率矢量的差别不敏感。以 $[0.6, 0.4, 0.0]$ 和 $[0.6, 0.2, 0.2]$ 两个概率矢量为例,由这两个概率矢量所计算的 M 值都为 1.33,没有差别。

证据不完整性的值与分类过程中确定的最大后验概率的阈值有关。在分类过程中,一般确定一个最大后验概率阈值,当某分类的最大后验概率小于该阈值时,表示没有足够证据表明该像元属于哪一类。因此设定不同的阈值可能导致不同的证据不完整性。

概率熵是一个广泛应用的不确定性量度。概率熵的计算中考虑了整个概率矢量中的所有元素,因此包含了整个概率矢量的信息。由于概率熵反映的是概率矢量中各元素之间的变异程度或离差,因此表达了像元在各类别之间的相对可分性。从这个意义上,概率熵本身包含了相对不确定性和混合像元程度的信息。用概率熵表达分类不确定性的最大优点在于它将整个概率矢量中所包含的信息总结成一个单一的值。虽然概率熵的计算结果本身对像元最终赋予哪个类别并不敏感,但因为在分类过程中,最终的判别决策规则是赋予像元具有最高概率隶属度的类别,概率熵实际上同时考虑了最大概率与其他概率的差别以及其他概率之间的相似性,含有最多的不确定性的信息,因此概率熵被认为是一个很好的表达分类不确定性的量度。

综上讨论,概率残差、相对最大概率离差以及绝对不确定性实质都是反映分类结果的绝对意义上的不确定性,没有充分利用概率矢量中元素之间的相对关系所反映的不确定性信息。若将史文中(1998)提出的 4 个不确定性量度作为一个整体评价,则它们充分利用了概率矢量中的信息,共同完整地描述了分类的不确定性,但是需要计算许多不确定性指标。概率熵用一个指标充分反映了整个概率矢量中的不确定性信息。虽然概率熵的计算本身隐含了最大概率的作用,但由于熵值没有明确表现最大概率隶属度在表达绝对不确定性中的意义,因此反映的主要是相对不确定性和混合像元程度所表达的不确定。可以认为,利用概率残差(或最大概率离差)和概率熵两个指标,能够较明确和完整地表达概率矢量中的不确定性信息。

4. 概率矢量的扩展

上述基于后验概率的不确定性测量,只能通过最大似然分类过程得到。而对于其他常用分类法,如各种距离分类法等,无法用其进行这些分类法分类结果的不确定性评价。针对这个问题,柏延臣和王劲峰(2003)提出了"扩展的概率矢量"的概念,将仅用于最大似然分类结果不确定性评价的概率矢量模型扩展到用于各种距离分类法、模糊分类法和神经网络分类法分类结果的不确定性评价。

对于最大似然分类方法来说,高精度的分类结果依赖于类别的光谱特征服从正态分布以及每个光谱类别的均值 m 和协方差矩阵 Σ 的精确估计。而光谱类别均值和协方差矩阵的精确估计又依赖于每一类别足够的训练数据。如果这些条件不满足,对协方差矩阵不准确的估计会导致很大的分类误差。当每一类别的训练样本有限时,更有效的分类方法是在分类过程中只用光谱类别的均值而不计算协方差矩阵。因为在训练样本有限时,对均值的估计比对协方差矩阵的估计精确。最小距离分类法就是这种分类法。

最大似然分类根据像元属于每一个类别的后验概率来确定像元分为哪一类别,而距离分类法根据像元属于每一个类别的光谱距离确定像元分为哪一个类别。因此,距离分类法中像元属于每一个类别的光谱距离可以生成一个距离矢量:

$$[d(\omega_1 \mid \boldsymbol{x}), d(\omega_2 \mid \boldsymbol{x}), \cdots, d(\omega_i \mid \boldsymbol{x}), \cdots, d(\omega_M \mid \boldsymbol{x})]^{\mathrm{T}} \tag{5-23}$$

很显然,就某一个像元来说,如果它到几个类别的光谱特征距离很接近,那么这个像元分类的不确定性就很大。因此,距离矢量本身也含有图像分类的不确定性信息。但是,距离矢量所代表的意义与概率矢量所代表的意义有所不同。概率矢量表示像元属于每一类别的条件概率,而距离矢量代表的是像元到每一类别光谱均值的光谱距离。由于不同地物光谱反射的差异很大,每个像元的距离矢量中元素值的变化范围不同,因此通过直接比较不同像元之间的距离矢量来探索分类不确定性的空间结构是不合适的。这里用一个单波段最小距离分类的例子来说明。

假设有一个三类别的分类问题,从训练数据中计算的各类别的光谱均值矢量为[30,60,90]。假设像元 $\boldsymbol{a}$ 的光谱值为70,而像元 $\boldsymbol{b}$ 的光谱值为100,那么这两个像元分类的距离矢量可以表达为[40,10,20]和[70,50,10]。显然,不能套用概率矢量中的分析方法,因为这两个距离矢量中最小元素值相等,因而认为这两个像元分类的绝对不确定性相等。

因此,有必要将距离矢量中各元素值转换到[0,1]范围,使转换后的距离矢量中各元素的相对关系不变,但满足概率论的三个公理。转换关系可由如下公式表示:

$$p_c(\omega_i \mid \boldsymbol{x}) = \frac{1/d(\omega_i \mid \boldsymbol{x})}{\sum\limits_{i=1}^{M} 1/d(\omega_i \mid \boldsymbol{x})} \tag{5-24}$$

经过上式转换后,距离矢量中的最小距离对应于转换后"概率矢量"的最大"概率"。以上面的例子为例,像元 $\boldsymbol{a}$ 转换后的概率矢量为[0.571,0.143,0.286],而像元 $\boldsymbol{b}$ 转换后的概率矢量为[0.534,0.333,0.1333],可见后者的绝对不确定性小于前者。

将距离矢量用式(5-24)转换到[0,1]范围内,就可以用与概率矢量相同的方法探索不确定性的空间变化。但是转换得到的概率矢量中的元素并不是真正的概率,它反映了将像元依据到各类别平均特征矢量的距离分类到各类别时的不确定性。因此,可以预见,如果像元的光谱特征矢量到几个类别的光谱特征矢量相近,则该像元分类的不确定性较大。

同样,从各种模糊分类方法中也可以得到类似于概率矢量的一个模糊隶属度矢量。模糊分类方法主要用于混合像元情况下的遥感数据分类问题。模糊分类方法有许多种,包括模糊 C-均值方法、模糊监督分类方法、混合像元模型以及人工神经网络方法等。模糊分类方法通过模糊推理,最终赋予像元属于每一类别的模糊隶属度。因此,像元属于每个类别的隶属度可以生成一个模糊隶属度矢量:

$$[m(\omega_1 \mid \boldsymbol{x}), m(\omega_2 \mid \boldsymbol{x}), \cdots, m(\omega_i \mid \boldsymbol{x}), \cdots, m(\omega_M \mid \boldsymbol{x})]^{\mathrm{T}} \tag{5-25}$$

自然地,从模糊隶属度矢量中同样可以衍生出概率矢量中衍生出的各种不确定性参数。

5.2.4　其他分类不确定性评价方法

除了基于误差矩阵和基于模糊集理论的遥感分类不确定性评价方法外,还有许多分析技术被用于分类精度评价,如 Rosenfield(1981)提出的方差分析技术,Maxim(1983)的多变量伪贝叶斯估计技术,Richards(1996)提出的贝叶斯精度估计技术,基于成本的精度评价方法（Smits et al.，1999），基于模糊相似性的精度测量（Gunther 和 Ursula Benz，2000），最小精度值分析方法（Aronoff，1985），错分概率估计（Steele et al.，1998）以及后验概率估计等（Canters，1997；Goodchild et al.，1992）。

后验概率估计因为具有能在像元尺度上反映分类不确定性的空间分布结构和变化，以及便于可视化表达的特点，因此在空间数据不确定性传播研究方兴未艾的今天越来越受到人们的关注。但基于后验概率估计的评价方法一般只适用于基于贝叶斯分类的情况。

5.3　遥感信息提取中的尺度问题

5.3.1　尺度问题

1. 尺度的概念

在地理学、生态学、环境科学以及其他自然和社会科学研究中，研究人员常常首先需要回答以下问题：①研究要在多大空间范围或多大空间分辨率（空间尺度）上进行？②在某一空间分辨率（空间尺度）上的研究结果是否能推广到其他空间尺度？这两个问题所关心的核心概念是研究的尺度问题，因此尺度问题是许多科学研究中的核心问题之一。

一般来说，尺度是指观测和描述实体、结构和过程的空间维。有四种意义上的尺度：①制图尺度或地图尺度，即地图比例尺；②地理或观测尺度，即研究区域的空间范围，它相应于生态学中的范围；③运行尺度，指特定地学过程运行的尺度，运行尺度是由所研究的地学现象或过程本身决定的，而观测尺度的确定则常常具有很大主观性；④测量尺度，或空间分辨率，空间分辨率是指研究对象的最小可分辨部分的大小。不同尺度定义的意义如图 5-6 所示。这里所讨论的尺度主要是测量尺度。

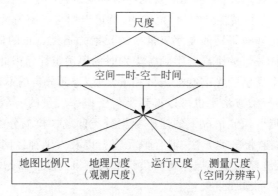

图 5-6　不同尺度定义的意义

尺度转换（scaling）是将数据或信息从一个尺度转换到另一个尺度的过程。尺度转换可以是向上尺度转换（up-scaling），也可以是向下尺度转换（down-scaling）。向上尺度转换也称尺度扩展，是从较小尺度观测中获得较大尺度上信息的过程；而向下尺度转换又称尺度收缩，是将大尺度上的信息分解到更小的尺度上的过程。

2. 自然和社会科学中的尺度问题

在自然和社会科学中,尺度并不是一个新的概念。例如,在物理学中,经典的牛顿力学只适用于宏观物质世界而不适用于微观世界便是一个典型的尺度问题。地理学家、生态学家、水文学家等也很早就认识到了尺度问题的重要性,并在各自的领域对尺度问题做了大量深入研究。特别在生态学中,尺度问题得到广泛重视和非常深入的研究。

在生态学中,早在 20 世纪 50 年代,Robinson 就提出了"生态谬论"(ecological fallacy)的概念,以解释聚集关系到个体关系的统计推理中的误差问题。此后,尺度问题成为生态学的一个主要研究方向。Crawley 和 Harral(2001)在 11 个尺度上探讨了植物多样性的尺度依赖性,发现植物的生物多样性统计随尺度不同而变化;在不同的空间尺度上,植物多样性由不同的生态过程决定。周红章等(2000)研究了生物多样性的变化格局与时空尺度的关系。Qi 和 Wu(1996)利用空间自相关指数研究了尺度变化对景观结构分析结果的影响,结果表明,随着分析尺度的变化,空间自相关指数也随着变化。

生态学中尺度问题研究的核心之一是选择合适的尺度分析生态学现象,如检测植物群落的空间结构等。一般认为,生态学的研究尺度决定可以检测到的结构和过程,应该确定对于所研究的现象或过程的最合适的尺度。在这种认识的基础上,生态学家提出了尺度域(scale domain)和尺度门限(scale threshold)的概念。尺度域是指随着尺度变化,特定的现象或结构不变或单调变化的区域。尺度域由尺度门限分割开。尺度门限是连续的空间尺度上一些剧烈变化的过渡区或一些重要的点。在尺度门限附近一些变量的变化会影响这个生态过程的发生。除了尺度效应研究以及合适尺度的选择研究以外,尺度转换问题也在生态学研究中得到重视。

在地理学,特别是人文地理学中,尺度效应问题也早已经得到广泛关注。20 世纪 50 年代,McCarthy 等(1956)在研究产业关联时认识到:"在地理研究中,不能期望在某一尺度上的研究结论能适用于其他尺度,尺度的每一个变化都会引出新的问题,没有理由假设在某一尺度上的关联在其他尺度上仍然存在。"Openshaw 在前人工作的基础上,系统研究了地理学中的尺度效应问题,提出了著名的"可变面元问题"(modifiable areal unit problem,MAUP),成为空间尺度效应分析的经典理论。可变面元问题源于一个事实,即存在许多不同的方式将地理研究区划分为互不重叠的面元以进行空间分析。一般情况下,定义这些面元的标准是划分面元的可操作性。其结果是,这些划分的空间面状单元常常缺少本质的地理学意义。所以,如果这些面元的划分是人为的和可变的,那么以这些面元为单元的分析结果是依赖于面元划分方式和面元大小的。人文地理学中许多统计分析,如空间分配模型、投入产出分析、空间相互作用模型以及传统的多变量统计分析等方面的研究中也揭示了可变面元问题的存在。

在水文、气象等学科中,尺度问题也作为一个核心问题受到重视。例如,Wood 等(1990)提出了代表单元面积(representative element area,REA)的概念。他们发现,当子流域面积小于 REA 时,降雨径流关系明显受地形、土壤及雨强的空间变异的影响;而当子流域面积大于 REA 时,可以只对空间变异予以古典统计研究,而不用考虑其结构,对流域响应可以用简化模型模拟。同时,水文学参数的尺度转换问题也受到广泛关注,特别是结合遥感信息进行水文学参数尺度转换的方法取得很大进展。

总的来说,在生态学、地理学以及水文学等许多领域,尺度问题受到广泛关注并得到深入的研究。概括起来,对尺度的研究主要注重:生态、地理和水文模型的尺度效应问题;进行生态或地理等现象或过程观测、模拟的合适尺度选择问题;不同尺度间信息的转换问题。由于上述领域是遥感信息的主要应用领域,因此这些领域中对尺度问题的研究,为遥感信息尺度问题的研究奠定了坚实的理论基础。

3. 遥感信息尺度问题

遥感技术已被广泛用于地理学、生态学、水文学以及气候气象等诸多学科的研究中。在这些学科中,遥感数据是最重要的数据源之一,有时是不可缺少的信息源。遥感是对地表各种变量分布进行观测的一种特殊观测方式,如前文所述,在不同尺度上的观测可能会得出不同结论,因此应用遥感数据进行研究也存在尺度问题。

遥感中的尺度问题早已成为遥感基础研究中的热点问题。早在 20 世纪 80 年代初期,许多科学家就开始关注遥感数据空间分辨率的遥感数据提取信息的精度问题。例如,Latty 和 Hoffer(1981)、Welch(1982)等科学家针对遥感数据空间分辨率,对土地覆被分类精度的影响进行了研究。1987 年,Woodcock 和 Strahler 发表的《遥感中的尺度因子》一文,成为研究遥感中尺度问题的经典文献。

与遥感应用领域中(地理学、生态学等)的尺度定义相对应,遥感中所讲的尺度也有两方面意义。一是指遥感的空间分辨率,对应于测量尺度,其实质是空间采样单元的大小;二是遥感研究的地表空间范围,对应于地理尺度。如"利用遥感进行区域尺度和全球尺度的土地利用、覆被变化监测"这句话中,尺度就指研究区域的空间范围。在本书的讨论中,除非特别说明,遥感尺度的概念一般指遥感的空间分辨率。

许多遥感应用问题都涉及遥感的尺度问题。在遥感信息提取过程中,从不同尺度遥感数据提取的信息具有不同的精度,或者从不同尺度遥感数据中提取的信息反映不同的地表特性的空间分布结构。例如,对于土地利用分类,用不同分辨率的遥感数据分类的精度会有很大差别。在这种情况下,总是希望了解所关心的信息如何随着遥感数据空间尺度的变化而变化,并且希望了解在什么尺度下,从遥感数据中提取的信息的精度最高,或什么样尺度的遥感信息能真实反映所关心的地表特性的空间分布特性。

遥感中的尺度问题主要体现在三个方面:①从遥感中获取的地表特性以及遥感信息模型如何随遥感尺度的变化而变化,即遥感信息和遥感模型的尺度效应问题;②对于特定的应用,如何选取合适空间分辨率的遥感数据;③如何将遥感信息从一个尺度转换到另一个尺度。

5.3.2　遥感信息与遥感模型的尺度效应

遥感信息的尺度效应问题已经有许多研究。Woodcock 和 Strahler(1987)研究了遥感中尺度因子与遥感分类精度的关系,指出遥感分类精度受遥感图像空间分辨率与图像内目标大小的相对关系影响。遥感信息的尺度效应问题是前述地理学中可变面元问题(MAUP)的一个特例。在遥感中,可变面元就是遥感图像的像元,当采用不同的传感器或像元被集聚时,面元就被改变了,结果,这种集聚过程可能引入很大误差。Marceau(1994)通过研究遥感数据空间分辨率对森林分类精度的影响证实了遥感信息的 MAUP 问题。她的研究结果表明,单个类别的分类精度受到尺度和集聚水平变化的显著影响。遥感数据并不独立于其获取时采样栅格大小,忽略遥感数据的尺度效应可能导致与景的地理实体不相对应的结果。Arbia 等(1996)用模拟的方法研究了 MAUP 对遥感图像最大似然分类精度的影响,其结论显示遥感图像的最大似然分类误差随分辨率降低而增加,但其增加幅度受到像元间空间依赖的影响,分类误差的空间分布受分辨率降低的影响主要在类别的边缘部分。

Benson 和 MacKenzie(1995)检验了当遥感数据空间分辨率从 20m 变为 1.1km 时,所获得的描述景观结构的景观参数的变化。结果表明大部分的景观参数都对空间分辨率的变化反应明显,有些增大了,而有些减小了。O'Neill 等(1996)用 AVHRR 遥感数据计算景观指数,结果发现当景观结构要素分散分布并小于像元大小时,许多组成景观的重要的斑块消失了。Moody 和 Woodcock(1995)利用多元回归分析,评价了当土地覆被数据的分辨率被逐步转换为不同的粗分辨率时,景观的空间结构与土地覆被类型面积百分比的估计误差之间的关系。其结果显示百分比的估计误差主要由景观的空间特征和聚集尺度间的相互作用决定。他们强调,标准的线性回归模型没有考虑估计的百分比误差在不同方向的尺度依赖;理解景观的空间特征和分辨率之间的关系,对发展合适的尺度转换方法是必要的。He 等(2002)研究了空间集聚方法对卫星遥感图像分类结果的影响。他们检验了基于随机规则的集聚方法对土地覆被类型的丰度和景观结构的影响,并与基于众数的集聚方法进行了对比。Narayanan 等(2002)根据图像分类精度,研究了空间分辨率对遥感图像信息内容的影响。他们根据目标和背景的对比度以及目标和像元大小之间的相对关系,提出了一个关于遥感图像信息内容的指数模型。对 TM 图像和 SIR-C 图像之间信息内容的对比显示,在像元较小时,TM 图像的信息内容多于 SIR-C 图像,而当像元较大时,SIR-C 图像的信息内容则多于 TM 图像,不同结果的转换尺度发生在图像像元大小为 720m 时。

Bian 和 Walsh(1993)检验了植被生物量与地形因子之间的关系随空间尺度变化的响应规律。他们通过回归分析探索变量之间的关系,用半方差和分形分析来描述空间尺度与空间依赖程度的有效范围。结果发现植被生物量与地形因子之间的关系随空间尺度的变化而变化,并且确定了一个特征尺度(characteristic scale)。当小于特征尺度时,变量是空间依赖的;而当大于特征尺度时,变量的空间依赖程度减小或变得独立。Walsh 等(1997)通过进一步的研究,检验了 NDVI、土地覆被类型和高程之间关系的尺度依赖性。他们发现随着尺度的变化,决定 NDVI 变化的主导因子也不同。在较高的分辨率上(30~210m),NDVI 的变化主要受坡角以及太阳辐射的影响,说明了局部尺度的地形走向对植被生产力的重要性;当分辨率变低时,高程成为描述 NDVI 和区域尺度植被生产力的主要因子。Friedl 等(1995)综合地面景的模型、大气模型和传感器模型模拟不同空间分辨率的图像,以检验叶面积指数、主动辐射光合作用吸收分量(fraction of absorbed photosynthetically active radiation,FPAR)和归一化植被指数之间关系的影响。结果显示 NDVI 是尺度不变的(scale invariant),LAI 和 FPAR 之间的关系随尺度呈非线性变化,而 LAI 和 NDVI 之间的关系呈近似线性。

除了遥感信息的尺度效应外,遥感信息模型的尺度效应也在不同的领域被研究。例如,McNulty 等(1997)在立地条件、生态系统和区域 3 个尺度上检验了空间尺度对森林过程模型的影响,发现模型对生态系统变量预测的精度随测量尺度而变化。Friedl(1997)研究了遥感数据的尺度效应以及尺度效应在以这些数据为输入的生物物理模型中的传播。其结果显示,尺度变化对模拟的地表通量带来显著偏差。

在各种物理定律的尺度效应研究方面，Albert、Strahler 和 Li(1990)探讨了 Beer 定律的尺度效应。Beer 定律认为光在均匀介质中的传播按负指数规律衰减。但在植被遥感中，当遥感分辨率与叶片之间空隙大小相当或更小时，光线要么穿过空隙，要么被叶子截获，这时必须用二项式分布或其他方法描述光的衰减。当分辨率大于植株大小，而植株间存在明显空隙时，Beer 定律必须进行向上的尺度纠正。Li 和 Wan(1999)探讨了 Helmholtz 互易原理的尺度效应。Helmholtz 互易原理要求"源处"一对相互垂直的极化平面及其交线与测量处一对相应的垂直的极化平面及其交线位置互换。Li 和 Wan(1999)证明即使像元内处处满足 Helmholtz 互易原理，若空间均匀的入射光线由于像元内的多次散射而形成空间不均一的反射时，则互易原理在像元尺度上失效。类似地，李小文等(1999)探讨了 Planck 定律的尺度效应问题，认为即使像元内处处为黑体表面，处处满足 Planck 定律，像元作为一个整体也可能不满足 Planck 定律。Hu 等(1997)致力于建立尺度不变的遥感算法。他们给出了一种分析和设计尺度不变遥感算法的框架，以检验遥感算法的集聚和分解特性，提供了一种参数化地表异质性的系统方法。

5.3.3 遥感应用中合适空间分辨率的选取

由于遥感信息普遍存在尺度效应，对于特定的应用目标，人们总是希望找到一个分辨率合适的遥感信息来反映特定尺度上研究目标的空间分布结构等特性。合适空间分辨率有时也被称为最优分辨率。最优分辨率被定义为对应于所研究的地理实体的尺度或集聚水平特征的空间采样单元。其实在地理学中研究 MAUP 问题时，就存在选取最优面元大小的问题，并将选取面元作为空间分析的组成部分之一。一般首先假设对给定模型或分析方法的期望结果，然后将面元逐渐集聚直到得到期望的结果。这种思路为遥感信息尺度问题中最优分辨率的选取奠定了理论基础。Marceau 等(1994)将类似的方法用于温带森林环境中针叶林类型判别时遥感数据最优分辨率的确定。其方法是首先定义所研究的地理实体，然后确定选取采样系统的优化标准。将数据从细的采样格网逐步进行空间集聚，用优化标准检验空间集聚的数据，选取最优的分辨率，最后根据研究目标，验证结果的合理性。在其研究中，以各森林类别的类内方差作为选取最优分辨率的标准。当类内方差最小时的空间分辨率被认为可以最好地反映各森林类别的本质特征，其结果显示，对每一森林类别，都存在一个最小的类内方差，即存在最优分辨率。

Woodcock 和 Strahler(1987)提出了一种用遥感图像平均局部方差(local variance)确定最优分辨率的方法。此方法首先计算不同分辨率图像的平均局部方差，然后比较平均局部方差随空间分辨率的变化，局部方差达到最大时的分辨率被认为是最优的空间分辨率。此方法的基本前提之一是假设遥感图像中的景是由离散的互不重叠的目标镶嵌而成的。当图像空间分辨率小于景的目标时，相邻像元属于同一个目标而具有空间依赖；当图像像元大小等于景的目标时，相邻像元属于不同的景的对象，因此它们之间空间依赖程度最弱，局部方差最大；当像元进一步增大时，像元内都含有不同的目标，相邻像元之间的空间依赖程度又开始增强，局部方差开始减小。局部方差方法的局限性之一是将图像从细分辨率逐步扩展到粗分辨率并计算各分辨率的平均局部方差时存在的边界效应影响计算的局部方差的值。

空间统计学，特别是地统计学(geostatistics)被逐步用于最优分辨率的选取问题。

Atkinson 等(1997)通过计算不同分辨率的图像的变异函数(variogram)来确定最优分辨率。该方法首先计算最小分辨率图像的实验变异(experimental variogram)函数,并用理论变异函数模型拟合,然后通过去正则化(de-regularization)处理过程,从一定大小像元上的实验变异函数得到点的变异函数(punctual variogram),再通过正则化(regularization)过程从点的变异函数得到任意尺度上的变异函数。然后以空间分辨率为横坐标,以不同分辨率情况下一个像元步长时的半方差为纵坐标画图,当半方差达到最大时对应的空间分辨率即为最优空间分辨率。

　　必须注意到,最优分辨率的选择是随所研究的问题而变化的。研究某一变量时最优的分辨率对另一个变量可能不是最优的。不同的变量可能具有不同的空间特征,因此在涉及多个变量的地理模型中,很难确定唯一的最优分辨率。但是,每一个地理实体都具有其固有的空间特性,通过确定最优分辨率可以确定一个观测或测量地理实体的合适的尺度范围。

5.3.4　遥感信息尺度转换方法

　　遥感信息尺度转换方法是遥感尺度问题研究中的难点。在遥感信息分析和应用中,常常需要将遥感信息在不同尺度之间转换。例如,在用多源遥感信息进行专题分类时,常常需要不同类型的遥感数据(如多光谱数据和合成孔径雷达数据)共同参与分类以提高分类精度。不同类型的遥感数据一般具有不同的空间分辨率,这时就需要将遥感数据转换为统一的分辨率。再如,在地学、气候学、水文学及生态学等学科中,许多模拟或预测模型需要遥感数据提供模型的输入信息。对于不同的研究范围,这些模型的输入和输出要求有不同的空间分辨率。这时就需要将遥感信息从原始分辨率转换到模型要求的分辨率。也有一些情况下需要比较从不同类型的遥感数据中提取的信息。不同类型的遥感数据具有不同的分辨率,要求将这些信息转换到相同的空间分辨率。还有一些情况下,为了验证从遥感数据中提取的信息,也需要在地面点的观测信息和遥感信息之间进行尺度转换。

　　遥感信息的尺度转换包括向上尺度转换和向下尺度转换。向上尺度转换是将高分辨率的遥感信息转换为低分辨率的过程;反之,向下尺度转换是将低分辨率的信息转换为高分辨率的过程。有时,也将向上尺度转换称为尺度扩展,而将向下尺度转换称为尺度收缩。在大部分情况下,都是将遥感数据进行向上尺度转换。理想的向上尺度转换方法应该是将高分辨率信息转换到低分辨率上时能够保持高分辨率数据中的内在信息。

　　遥感信息的尺度扩展方法有基于统计的方法和基于地学机理的方法。无论任何尺度转换方法,最大的挑战在于遥感信息所反映的地表特性的空间异质性(heterogeneity)。许多在小尺度上表现为均质的地理现象或过程在更大的尺度上可能表现出异质性。

　　常用的基于统计的遥感信息尺度扩展方法有局部平均法、中值采样法、中心采样法以及数字图像处理中常用的重采样方法(如最近邻法、双线性内插法、立方卷积内插法等)。局部平均法是将高分辨率的遥感信息中一定大小窗口内的像元值平均作为转换后对应的低分辨率遥感信息的像元值。中值采样法是取高分辨率的遥感信息中一定大小窗口内像元值的中值作为转换后对应的低分辨率遥感信息的像元值。中心采样法则是将高分辨率遥感信息一定大小窗口内中心像元的像元值作为转换后对应的低分辨率的遥感信息的像元值。L. Bian 等(1999)利用模拟图像,从图像信息均值的保持和标准差(代表图像结构信息)的保持两方面比较了局部平均法、中值采样法和中心采样法三种尺度转换方法。结果显示,局部平均法和中值采样法都能很好地保持原图像的均值，但标准差有很大变化；中心采样法的均值和标准差都有很大变化。在图像自相关范围内，局部平均法能够揭示不同尺度上潜在的图像空间结构；在一定范围内，中心采样法能够保持原图像的对比度和空间结构；当图像分辨率大于图像空间自相关范围时，平均法和中值法的图像变为均质图像，而中心采样法则引入严重的误差。

最近邻采样法、双线性内插法和立方卷积内插法是各种图像处理软件（包括遥感图像处理软件）中常用的方法。Hay 等(1997)的分析认为，最近邻采样、双线性内插法和立方卷积内插法不适合于将遥感图像从高分辨率转换到低分辨率，特别是在尺度转换因子大于 5 时。

基于地学机理的遥感信息因所研究的信息不同而不同。由于从遥感数据中提取的不同的地学变量受不同的地学过程控制，不同变量的尺度扩展需要不同的模型。例如，Wood (1995)结合植被、土壤特性和地形等因子，探讨了从 30m 分辨率的被动微波遥感数据中反演的土壤水分向更低分辨率进行尺度转换的方法。Hall 等(1992)比较了用从遥感数据中提取的地表辐射温度计算不同空间分辨率的地表通量的方法。

基于地学机理的尺度转换模型一般是通过建立多个变量的模型来预测低分辨率上某一地学变量的值，因此这种模型常常需要被转换变量以外的其他与该变量有物理联系的变量的信息。反过来，从遥感数据中提取的信息常常作为地学模型的输入以将各种点上的信息扩展到不同尺度的面上，或将基于点观测的地学模型扩展为不同空间尺度的空间模型。

5.4   遥感信息提取中不确定性和尺度的关系

不同领域的科学家对遥感信息的不确定性问题和尺度问题分别进行了大量深入的研究，但这并不意味着不确定性和尺度是两个独立存在的问题。实际上，在大部分情况下，遥感的不确定性和尺度问题是密切相关的。所有对遥感数据的处理过程以及各种遥感信息提取方法的研究，其最终目的是尽可能减小提取信息中的不确定性。尺度因子是影响遥感信息不确定性的一个重要因子。

多尺度的遥感数据提供了空前的关于地表特征的信息，但也提出了一个具体应用中遥感数据空间分辨率的选择问题。虽然一般情况下，不同空间分辨率的遥感数据都能提供地表某种特性的信息，但总希望从遥感数据中提取的该信息具有最小的不确定性。当然，遥感信息的不确定性与所用的遥感信息的光谱范围、光谱组合方式以及提取该信息的算法等有关。但在上述因子一定的条件下，遥感数据的尺度是决定所提取信息不确定性的主要因子。尺度因子对遥感信息不确定性的影响取决于遥感数据空间分辨率与遥感图像内目标物大小之间的相对关系。或者说，地表特性的空间异质性和空间自相关是遥感数据的尺度因子影响信息提取不确定性的主要原因。

就遥感数据专题分类来说，遥感分类精度主要受两个因子影响：一是分类结果中类别边缘的像元，即混合像元。当遥感分辨率变高时，处于地面类别边缘处的混合像元数量减少，分类精度就会提高。二是空间分辨率变高时，同一地物类别内部的光谱响应变异增大，从而导致分类精度降低。因此，遥感数据空间分辨率的变化一方面可以提高分类不确定性，另一方面却会降低分类不确定性。所以，希望找到一个分辨率，使地面类别间的差异最大而类别内的变异最小。Woodcock 和 Strahler(1987)的研究表明，当图像局部方差达到最大时,表明图像的空间分辨率相当于地面景的目标物的大小。这时类别之间的可分性最大,混合像元最少。但这只是理想情况。由于地物类别的大小、形状和集聚水平有很大差异,实际选用的图像分辨率应高于局部方差方法所确定的最优分辨率。Moody 和 Woodcock(1994)研究了遥感土地覆被类型面积估计误差与空间分辨率的关系,发现面积估计误差是空间分辨率、土地覆被类型的大小和土地覆被类别空间结构的函数。

　　同时,尺度也会通过各种遥感信息模型的尺度效应影响遥感信息模型计算最终结果的不确定性。例如各种以遥感信息作为输入变量的水文模型,当遥感信息的空间分辨率变化时,模型运行结果的不确定性有很大变化。

　　尺度与不确定性的另一方面的关系表现在用小尺度(高分辨率)的信息验证大尺度(低分辨率)的信息的精度。在许多情况下,从低分辨率遥感数据中获取的信息需要用高分辨率的信息,甚至是点位观测的信息去验证,以确定低分辨率遥感信息的精度。张仁华等(1999)探讨了用点位观测的信息与从遥感数据获取的信息比较可能带来的误差,指出以点代面的验证方法造成的误差是惊人的。柏延臣等(2001)在用 SSM/I 微波遥感数据反演青藏高原积雪深度分布时指出,在复杂地形条件下,不应该用气象站点观测的雪深直接和遥感数据反演的雪深比较来验证反演精度。柏延臣(1999)通过普通 Kriging 插值将气象站点的雪深观测数据扩展到和 SSM/I 遥感数据相同的分辨率,以验证雪深反演算法的精度。无独有偶,Atkinson 和 Kelly(1997)用类似的尺度扩展方法验证从 SSM/I 数据反演的英国的雪深。Thomlinson 等(1999)研究了将小尺度的土地覆被分类结果进行尺度扩展以验证大尺度的全球土地覆被产品的方法。

　　反过来,不确定性是检验尺度转换算法的指标之一。许多遥感信息经过尺度转换后,需要用间接或直接的不确定性指标来检验尺度转换的效果或比较不同尺度转换方法。例如,可以通过以 NDVI 为模型参数计算的 LAI 和 FPAR 的不确定性间接验证 NDVI 尺度转换的效果。Narayanan 等(2002)利用遥感分类精度检验遥感数据信息内容随尺度的变化。

　　总之,不确定性和尺度是遥感信息科学中两个密切相关的概念。当研究不确定性时,需要了解不同的尺度对信息提取的不确定性有何影响;需要知道遥感信息尺度的变化对各种以遥感数据为输入参数的模型结果的不确定性有何影响;需要用空间尺度转换方法将不同尺度的信息转换到相同尺度以验证提取的遥感信息的不确定性。而当研究尺度问题时,信息的不确定性是表达遥感信息尺度效应的最直观的指标;同时,常常需要用间接或直接的不确定性指标来验证尺度转换算法的有效性。

习题

5-1　解释精度、误差和不确定性三个术语的意义及其相互之间的关系。

5-2　试论述基于误差矩阵的精度评价方法。

5-3　讨论各种不确定性评价方法的优点和局限性。

5-4　讨论环境遥感应用中空间尺度的重要性。

5-5　讨论环境遥感应用中不确定性与尺度的关系。

CHAPTER 6

环境遥感的应用

遥感技术在很多领域都有广泛的应用,而环境遥感又是重要而又极其活跃的应用领域之一。本章重点针对环境遥感在水环境、大气环境、植被、土壤、土地覆被/土地利用、生物栖息地等方面的应用进行阐述。

6.1 水环境遥感

水环境遥感的任务是通过对遥感影像的分析,获得水体的分布、泥沙、叶绿素、有机质等的状况和水深、水温等要素信息,从而对一个地区的水资源和水环境等做出评价。

6.1.1 概述

1. 概述

水环境遥感的目的是试图从传感器接收的辐射中分离出水体后向反射部分,并据此提取水体的组分信息,因为水体中的多种组分直接影响水体的光学性质。如在确定大洋水的光学性质时,浮游植物和它们的碎屑产物(主要是颗粒状的,也有部分是溶解的)起到非常重要的作用。Morel 和 Prieur 将这类水体归为"第一类(case Ⅰ)水体"。相应地,其他水体就是"第二类(case Ⅱ)水体",如沿海水域或内陆水体,水体中的悬沙或黄色物质对水体光学性质有很大影响。

现有的文献一般将水体组分归纳为四种:纯水、叶绿素 a、悬浮泥沙和黄色物质。第一类水体的悬沙浓度低,叶绿素 a 对水体光学性质起决定性作用,故一般仅考虑对叶绿素 a 的反演,相对容易。第二类水体中的悬沙、叶绿素 a 和黄色物质对水体的后向散射都有相当的贡献,信息分离和组分反演十分困难。

2. 水环境遥感的发展

水环境遥感早期也被称为水色遥感,其发展大致可以分为 3 个阶段。

1) 第一阶段

这一阶段形成了水环境遥感的最基本概念和一般理论。在实验室或水面进行了大量的水体辐照度、辐射率的测量工作。

1951年Jerlov在瑞典深海的考察工作说明了大洋中水的光学性质是可变的,并在一定程度上证实了这种自然可变性存在一定规律。Preisendorfer定义了固有光学性质(inherent optical property,IOP)和表观光学性质(apparent optical property,AOP)。IOP和AOP以及相关物理量(特别是散射相函数)的严格定义推动了理论工作的开展。

随着研究的深入,水体光学性质与水体中物质的分布密切相关这一事实得到公认。Smith和Baker在连续刊载的两篇经典文献中提出了水体的"生物-光学状态"(bio-optical state)这一概念。

2)第二阶段

空间技术的发展使得航空水色遥感和航天水色遥感成为可能。传感器走出了实验室,而且也不仅仅限于在船只上使用。

Clarke、Ewing和Lorenzen于1969年进行了航空水色遥感的开创性工作。他们在大西洋和太平洋海水叶绿素浓度为$0.04\sim28.3\mathrm{mg/m^3}$的不同海域上进行了4次海洋水色航空遥感测量,同时采了大量水样,应用叶绿素浓度分光光度测定等方法进行了现场同步校正测量。结果证明应用遥感测定海洋水色是完全有效的,应用遥感技术测定海水叶绿素浓度是可行的。

航天水色遥感随着民用卫星的发射而逐渐发展。1972年7月23日美国发射了世界上第一颗地球资源技术卫星ERTS-1,后改名为Landsat-1,搭载多光谱扫描仪(multi-spectral scanner,MSS),4个波段,分辨率为80m。虽然它搭载的传感器是为陆地遥感设计的,但研究者也试图使用它来进行水色遥感。当然主要是进行定性的分析,而且水体组分也比较受限。

在这个阶段,航天水色遥感的一件大事是CZCS传感器的成功应用。1978年10月24日,美国发射"雨云-7"(Nimbus-7)卫星,搭载世界上第一台航天海岸带水色扫描仪(coastal zone color scanner,CZCS)。CZCS是一个试验性的水色传感器,即测试从空中测量水色的可能性。CZCS的地面分辨率为800m,有6个工作波段。利用CZCS数据的应用研究成果十分丰硕,它被证明成功地实现了对区域范围和全球范围的叶绿素、初级生产力的测量以及由此引申的大洋洋流、物理-生物模型的研究。研究者还将CZCS用于水体其他组分,如悬沙等的观测。

CZCS的运行掀起了水色航天遥感理论和应用的研究高潮,特别是关于大气校正的理论和方法研究,因为CZCS的大气校正工作比陆地卫星要突出得多。CZCS的波段窄,信噪比高,而且水体后向散射的辐射率只占传感器接收的辐射率的小部分。突出的例子是Gordon提出的"clear water"大气校正思路,该思路被运用在CZCS批量数据处理中。

3)第三阶段

这一阶段航空水色遥感得到进一步发展,机载传感器(airborne sensor)的波段数越来越多,波段宽度越来越细。第二代水色传感器的波段数越来越多,光谱灵敏度越来越高,收集全球范围信息的能力也越来越强。

航空水色遥感的关键是传感器。ATM、CASI、PMI/FLI得到了一定应用。但重要发展方向是高光谱的成像光谱仪,其波段数多,波段窄,信息量大。有代表性的高光谱传感器是AVIRIS(airborne visible/infrared imaging spectrometer)。

随着CZCS于1986年停止运行,新的适用数据源基本没有,航天水色遥感的应用研究陷入低潮。研究者开始总结以往的工作,提出适于第一类水体的、比较实用的水色模型,并注重辐射传输方程的数值解和新的水色传感器的大气校正等方面的工作。

1982年7月16日,美国发射第二代陆地卫星Landsat 4,搭载专题制图仪(TM),有7个波段,地面分辨率为30m。由于它具有较高的地面分辨率,在没有CZCS数据的情况下,TM数据被试图用来进行水色遥感。

到1997年,随着美国水色传感器(sea-viewing wide field-of-view sensor,SeaWiFS)发射并投入使用,水色遥感在海洋环境监测等方面的应用越来越广泛,也越来越深入。也有更多先进的水色遥感传感器被搭载在了卫星平台上,如美国的MODIS、欧空局的MERIS等。我国的首颗海洋水色卫星HY-1A于2002年成功发射,标志着我国海洋遥感的新纪元。2007年发射了HY-1A的接替星HY-1B。后又陆续发射了海洋动力环境(海洋二号,HY-2)卫星、海洋雷达(海洋三号,HY-3)卫星,进一步丰富了我国水色遥感的数据源。

然而相比于传统的海洋遥感,内陆湖泊、河流、河口等面积相对较小,时空动态变化大,传统的海洋水色遥感传感器虽然在光谱分辨率以及信噪比等方面具有极大的优势,但空间分辨率普遍不高,时间分辨率受到卫星重访周期以及天气因素的限制,故单纯的水色遥感传感器在近岸/内陆水体水环境监测中的实际应用仍较为有限。针对湖泊、河流和河口水环境遥感,陆地卫星多光谱遥感传感器也得到了应用,如Landsat TM/ETM+、SPOT HRV、ASTER等。这些卫星遥感传感器虽具有较高的空间分辨率(20~30m),但时间分辨率较低(4~30d),很难及时监测高动态水体的污染,对整个水质时空动态过程不能形成有效监测,实用性受到很大的限制。因此,选择具有高时间分辨率和高空间分辨率的光学传感器,实现多源卫星遥感数据的优势互补,将有效提高内陆水体水环境遥感监测的能力和水平。

6.1.2　水体的光谱特征

对水体来说,水的光谱特征主要是由水本身的物质组成决定的,同时又受到水状态的影响。太阳光照射到水面,少部分被水面反射回空中,大部分入射到水体。入射到水体的光,又大部分被水体吸收,部分被水中悬浮物(悬沙、藻类等)反射,少部分透射到水底,被水底吸收和反射。被悬浮物反射和被水底反射的辐射,部分返回水面,折回到空中(图6-1)。

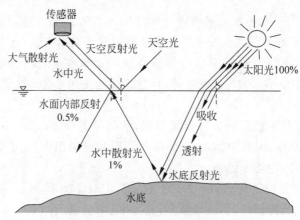

图6-1　电磁波与水体的相互关系示意图

因此,遥感传感器所接收到的辐射就包括水面反射光、悬浮物反射光、水底反射光和天空散射光。由于不同水体的水面性质、水体中悬浮物的性质和含量、水深和水底特性等不同,传感器上接收到的反射光谱特征存在差异,为遥感探测水环境状况提供了基础。

典型水体的光谱曲线如图 6-2 所示。水的吸收少,反射率较低,光大量透射。其中,水面反射率约 5%,并随着太阳高度角的变化呈 3%~10%不等的变化;水体可见光反射包含水表面反射、水体底部物质反射及水中悬浮物质(浮游生物或叶绿素、泥沙及其他物质)的反射三方面的贡献。对于清水,在蓝-绿光波段反射率为 4%~5%。0.6μm 以外的反射率降到 2%~3%,在近红外、短波红外部分几乎吸收全部的入射能量,因此水体在这两个波段的反射能量很小。这一特征与植被和土壤光谱形成十分明显的差异,因而在红外波段识别水体是较容易的。由于水在红外波段(NIR、SWIR)对光的强吸收,水体的光学特征集中表现在可见光在水体中的辐射传输过程。而这些过程及水体"最终"表现出的光谱特征又是由以下因素决定的:水面的入射辐射、水的光学性质、表面粗糙度、日照角度与观测角度、气-水界面的相对折射率以及在某些情况下涉及水底反射等。

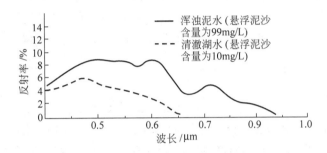

图 6-2   不同含沙量水体反射光谱曲线

图 6-1 反映了电磁波与水体相互作用的辐射传输过程。到达水面的入射光 L——包括太阳直射光和天空散射光(天空光),其中约 3.5%被水面直接反射返回大气,形成水面反射光 L_s。这种水面反射辐射带有少量水体本身的信息,它的强度与水面性质有关,如表面粗糙度、水面浮游生物、水面冰层、泡沫带等。其余的光经折射、透射进入水中,大部分被水分子吸收和散射,以及被水中悬浮物质、浮游生物等散射、反射、衍射而形成水中散射光,它的强度与水的浑浊度相关,即与悬浮粒子的浓度和大小有关(根据粒径相对于光辐射波长的大小关系,可以产生瑞利或米氏散射),水体浑浊度越大,水下散射光越强,两者呈正相关。衰减后的水中散射光部分到达水体底部(固体物质)形成底部反射光,它的强度与水深呈负相关,且随着水体浑浊度的增大而减小。水中散射光的向上部分及浅水体条件下的底部反射光共同组成水中光或称离水反射辐射。水中光 L_w、水面反射光 L_s、天空散射光 L_p 共同被空中探测器接收。

它们之间的关系满足下式:

$$L = L_s + L_w + L_p \tag{6-1}$$

其中 L_s、L_w 包含水的信息,因而可以通过高空遥感手段探测水中光和水面反射光,以获得水色、水温、水面形态等信息,并由此推测有关浮游生物、悬浮泥沙等水质以及水面风、浪等有关信息。

上述水体的散射与反射主要出现在一定深度的水体中,称为"体散射"。水体的光谱特性（即水色）主要表现为体散射而非表面反射。所以与陆地特征不同,水体的光谱性质主要是通过透射率而不仅是通过表面特征确定的,它包含了一定深度水体的信息,且这个深度及反映的光谱特性是随时空而变化的。水体的光谱特性主要取决于水体中的浮游生物含量（叶绿素浓度）、悬浮固体含量（浑浊度大小）、营养物含量（黄色物质、溶解有机物、盐度指标）以及其他污染物、水底形态、水深等因素。

离开水面的辐射部分（即水中光经折射出水面的部分）,除了水中散射光的向上部分外,还应包含在日光激励下水中叶绿素经光合作用所发出的荧光。

6.1.3　水体界线的确定

根据水体的光谱特征可知,在可见光范围内,水体的反射率总体上比较低,不超过10％,一般为4％～5％,并随着波长的增大逐渐降低,到 $0.6\mu m$ 处为2％～3％,过了 $0.75\mu m$,水体几乎成为全吸收体。因此,在近红外的遥感影像上,清澈的水体呈黑色。为区分水陆界线,确定地面上有无水体覆盖,应选择近红外波段的影像。必须指出,水体在微波 $1mm$～ $30cm$ 范围内的反射率较低,约为 0.4％。平坦的水面,其后向散射很弱,因此侧视雷达影像上水体呈黑色。故用雷达影像来确定洪水淹没的范围也是有效的手段。

6.1.4　水深的探测

水体的光谱特性是与水深相关的。图 6-3 显示出清澈水体随水深的增加其光谱特征的变化。在近水面光谱曲线形态近似于太阳辐射,但随着水深的增大,水体对光谱组成的影响增加。在水深 20m 处,由于水体对红外波段光的有效吸收,近红外波段的能量已几乎不存在,仅保留了蓝-绿波段能量。所以蓝-绿波段对研究水深和水底特征是有效的。

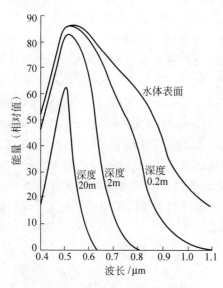

图 6-3　清水不同深度的光谱特征

光对水的穿深能力,除了受波长的影响外,还受到水体浑浊度的影响。随着水中悬浮物质含量（浑浊度）的增加,反射率明显增强,透射率明显下降,衰减系数增大,光对水的穿深能力减弱,最大透射波长（即最大穿透深度的波长）向长波方向移动。

水体在蓝-绿波段散射最弱,衰减系数最小,穿深能力（即透明度）最强,记录水体底部特征的可能性最大；在红光区,由于水的吸收作用较大,透射相应减小,仅能探测水体浅部特征；在近红外区,由于水的强吸收作用,仅能反映水陆差异。正因为不同波长的光对水体的透射作用和穿深能力不同,所以水体不同波段的光谱信息实际上反映了不同厚度水体的信息特征。比如,一般蓝-绿波段（如 MSS4 或 TM1、TM2）穿透深度 10～20m,则水体对应的像元可能反映了 10～20m 厚度水体的综合光谱特性（清水则可能穿深30m）；而红波段（如 MSS5 或 TM3）穿透深度约 2m,则可能反映了约 2m 厚度水体的综合光谱信息。

实际上,除了波长、水体浑浊度外,遥感入水深度还与水面太阳辐照度 $E(\lambda)$（是太阳天顶角 θ、太阳方位角 ϕ 的函数）、水体的衰减系数 $\alpha(\lambda)$、水体底质的反射率 $\rho(\lambda)$、海况、大气效应等有关。

Polcyn 和 Fabian 曾提出海面的离水反射辐射量 L_w 与水深 Z 的关系式:

$$L_w(\lambda) = \left(\frac{E(\lambda)}{\pi}\right)\left(\frac{\rho(\lambda)}{n^2}\right)\exp(-\alpha(\lambda)(\sec\phi + \sec\theta)Z) \tag{6-2}$$

式中,n——底质的折射系数。

其中衰减系数 $\alpha(\lambda)$ 是吸收系数与散射系数之和,它与水中的可溶性有机质及悬浮物有关,而水体中悬浮泥沙的垂直、水平分布,又受到地球重力场、风场、海流、潮汐等的影响。同一水区水体底质不同,其反射率 $\rho(\lambda)$ 不同,遥感器所接收到的信号大小及信噪比也不同。如试验表明,在 $\alpha = 0.05\,\mathrm{m}^{-1}$ 的清晰海水中,对于底质为沙质($\rho = 26\%$)和底质为泥质($\rho = 20\%$)的水体,利用相同的遥感图像数据进行试验,前者的最大入水深度明显大于后者。

但实验证明,遥感图像数据所能显示的水深信息要比理论推算的大,而且与水深实际测量值的相关程度往往随泥沙含量增加而增大。这说明水中泥沙虽减少了太阳光的入水深度,但同时又从水动力作用关系上,通过水下地形与悬浮泥沙的分布运动来传递部分水深信息。这在河口附近的浅海区尤为明显。

6.1.5　水体悬沙的反演

1. 水体悬沙浓度与水体光谱特征

由于自然因素和人类活动造成水土流失、河流侵蚀等,河流夹带大量泥沙入湖、入海,这是水中悬浮泥沙物质的主要来源。这些泥沙物质进入水体,引起水体的光谱特性的变化。含有泥沙的浑浊水体与清水比较,光谱反射特征存在以下差异(图 6-2)。

(1) 浑浊水体的反射波谱曲线整体高于清水,随着悬浮泥沙浓度的增加,差别加大;水色随浑浊度的增加由蓝色向绿色、黄色转变,当水中泥沙含量近于饱和时,水色也接近于泥沙本身的光谱。

(2) 随着悬浮泥沙浓度的加大,波谱反射峰值向长波方向移动("红移"),而且反射峰值本身形态变得更宽;并且当悬浮泥沙浓度达到某一定值时,红移停止,即红移存在一个极限波长。但对此极限波长,不同研究者有不同的结果。如图 6-4 所示为长春遥感试验对 7 种不同悬浮泥沙浓度的水库水体进行反射率测定,所得的水体反射光谱曲线与泥沙浓度的关系。随着水中悬浮泥沙浓度的增加和泥沙粒径的增大,水体的反射率增大,反射峰值向长波方向移动,但由于受到 $0.93\sim1.13\,\mu\mathrm{m}$ 红外强吸收的影响,反射峰值移到 $0.8\,\mu\mathrm{m}$ 时终止。

(3) 随着悬浮泥沙浓度的加大,可见光对水体的透射能力减弱,反射能力加强。有时,在近岸的浅水区,水体浑浊度与水深呈一定的对应关系,浅水区的波浪和水流对水底泥沙的扰动作用比较强烈,使水体浑浊,故遥感影像上色调较浅。而深水处扰动作用较弱,水体较清,遥感影像上色调较深。这种情况下,遥感影像的色调间接地反映了水体的相对深度。

当然,泥沙含量的多寡具有多谱段响应的特性。因而水中悬浮泥沙含量信息的提取,除用可见光红波段数据外还多用近红外波段数据,利用两波段的明显差异,选用不同组合可以

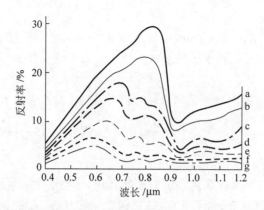

图 6-4　水库中不同悬沙浓度水体的反射率(摘自文献(赵英时等,2003))

更好地表现出水中悬浮泥沙分布的相对等级。

2. 悬沙的反演

对于如何运用遥感获取的水体光谱数据提取出悬浮泥沙的专题信息,许多国内外学者进行了长期的研究。例如:Williams 1973 年就对切萨比克湾(Chesapeake Bay)进行了悬浮泥沙的遥感定量工作,发现了悬浮泥沙含量与卫星遥感数据呈线性关系;1974 年 Klemas 等人将遥感资料应用于特拉华湾(Delaware Bay),发现悬浮泥沙含量与陆地卫星 MSS 亮度值呈对数关系;1979 年 Munday 和 Alfoldi 等研究了芬地湾(Bay of Fundy)的情况,认为对数定量模式要比线性定量模式好。国内有关学者在借鉴国外有关研究成果的基础上,也纷纷提出了建立于具体研究区域上的悬浮泥沙遥感定量模型。归结起来,所有这些已提出的模型可以归类为理论模型和经验模型。

1) 理论模型

所谓理论模型是以大气物理和水体光学的一些基本概念为依据,从理论上导出反射率随悬沙浓度变化的基本关系。根据辐射在水中传输的特征,建立反射率与吸收比、后向散射比等水体固有光学特性之间的定量关系;然后确定含沙量与吸收比、散射比等的关系。根据这两个关系,导出含沙量遥感信息模型。下面仅给出几个反演悬沙浓度的理论模型的结果,具体推导过程参见相关文献。

(1) Gordon 公式

Gordon 用 Mont Carlo 方法解辐射能传输方程,得到类似于幂级数的关系式,取其第一项,根据准单散射近似公式,推出得到如下 Gordon 公式:

$$\rho = C + \frac{S}{A + BS} \tag{6-3}$$

式中,ρ——水体反射率;

S——水体悬沙浓度;

A、B、C——待定参数。

(2) 负指数关系式

该式由李京提出。考虑到含沙水体光学性质的垂向变化,在推导该关系式时,不采用均匀模型,而是用平面分层模型,认为水体的光学性质随水深变化,是水深 Z 的函数。最终推导出的关系式如下：

$$\rho = A + B(1 - \mathrm{e}^{-DS}) \quad \text{或} \quad \ln(D - L) = A + BS \tag{6-4}$$

式中，ρ——反射率；

L——亮度值（可以是单波段值、多波段值或各波段的比值）；

S——悬浮泥沙含量；

A、B、D——系数。

该关系式在高浓度悬浮泥沙定量研究中得到了广泛应用。

（3）统一关系式

将 Gordon 关系式和负指数关系式综合起来，并简化得到下式：

$$L = \mathrm{Gordon}(S)\mathrm{Index}(S) = A + B[S/(G + S)] + C[S/(G + S)]\mathrm{e}^{-DS} \tag{6-5}$$

式中，A、B、C——相关式的待定系数，由遥感数据与实测数据经统计回归分析所得；

G、D——待定参数。

在具体应用中，往往先暂固定 D 值，寻找 G 值，使相关系数最高；然后固定 G 值，寻找 D 值，使相关系数最高；一旦确定了最佳 G、D 参数，则待定系数 A、B、C 也就同时被确定。实验证明，该模式效果最好。

2）经验模型

经验模型主要有线性关系式、对数关系式、多波段关系式等，其构造方法是类似的，即根据经验，用某种已知形式的函数对实测的 ρ 与 S 值进行相关分析，如相关系数高，就认为该函数近似于所要求的关系式，因此统称为经验关系式。

（1）线性关系式

线性关系式最早由 E. A. Weisblati 等提出，表达式为

$$\rho = A + BS \tag{6-6}$$

式中，ρ——水体在某波长处的光谱反射率；

S——悬沙浓度；

A、B——系数。

此式为有限线性区间内的近似表达式，即 ρ 随着 S 的增加而增加，其关系简单，误差较大。

（2）对数关系式

对数关系式最早由 V. Klemas 等提出，表达式为

$$\rho = A + B\ln S \tag{6-7}$$

符号含义同上。此式在悬浮泥沙浓度不高时，精度较高，而对高浓度水域误差较大。

（3）多波段关系式

多波段关系式建立了 S 与 n 个波段的反射率 ρ_i 或辐射亮度 L_i 的某种组合之间的关系，最早由 H. L. Yarger 等提出。以后很多研究者提出了自己的多波段关系式，其形式几乎都有所不同，可大致归纳为以下几种形式。

① 线性组合

$$S = A + \sum_{i=1}^{n} B_i \rho_i \tag{6-8}$$

② 多项式

$$S = A + \sum_{i=1}^{n}(B_i\rho_i + C_i\rho_i^2) \tag{6-9}$$

③ 比值

$$\begin{cases} S = A + B(L_1/L_2) \\ S = A + B(L_1 + L_2)/L_3 \\ \ln S = A + B(L_1/L_2) \\ \quad\vdots \end{cases} \tag{6-10}$$

④ 非线性组合

$$S = (L_1 - A)(B - L_2) \tag{6-11}$$

上述为一些基本的反演水体悬沙的模型,在此基础上,还有学者利用灰色系统理论、神经网络等方法和技术进行水体悬沙的遥感反演。

水体光谱特征复杂,多种水体组分相互作用,通常简单线性模型不足以体现水环境参数浓度与反射率之间的关系。人工神经网络(ANN)能够在缺乏先验知识和数据假设的情况下,从大量数据集中提取出潜在模式,揭示其中的规律,众多研究已将其应用到水环境参数反演中。Keiner 等(1998)利用 TM 数据,通过神经网络反演估算了水体中悬浮泥沙和叶绿素的浓度。王繁等(2009)基于 MODIS 卫星遥感数据,结合野外采样实验,使用人工神经网络(ANN)方法建立了杭州湾表层悬浮泥沙质量浓度遥感反演模型。丛丕福等(2005)以大连湾同步实验数据为基础,采用神经网络模型模拟悬浮泥沙浓度对 TM 的 485nm、560nm 和 660nm 波段辐射亮度值的作用机理,结果表明神经网络方法优于传统统计分析方法。

6.1.6 叶绿素的反演

1. 叶绿素浓度与水体光谱特征

水中叶绿素浓度是浮游生物分布的指标,是衡量水体初级生产力(水生植物的生物量)和富营养化作用的最基本的指标。它与水体光谱响应间关系的研究是十分重要的。当然,这种指示作用的有效性还与浮游植物光合作用的环境因素(如营养盐、温度、透明度等)以及叶绿素含量变化的制约条件有关。

一般来说,随着叶绿素含量的不同,在 $0.43 \sim 0.70\mu m$ 光谱段会选择性地出现较明显的差异。图 6-5 所示为不同叶绿素含量水体光谱曲线。在 $0.4 \sim 0.48\mu m$(蓝光)波段,反射辐射随叶绿素浓度加大而降低;在波长 $0.44\mu m$ 处有个吸收峰。在波长 $0.52\mu m$ 处出现"节点",即该处的辐射值不随叶绿素含量而变化。在波长 $0.55\mu m$ 处出现反射辐射峰,并随着叶绿素含量增加,反射辐射上升。在波长 $0.685\mu m$ 附近有明显的荧光峰(图 6-6),这是由于浮游植物分子吸收光后,再反射引起拉曼效应,它是进行水分子破裂和氧分子生成的光合作用,激发出的能量荧光化的结果。不过从图中可知,以上的波峰-波谷带宽较窄,为获取这些有指示意义的信息,需要选择的波段间隔不宜宽,最好是波段间隔小于或等于 5nm 的高光谱数据。

叶绿素在 $0.44\mu m$ 处的吸收特征在水体叶绿素遥感中非常重要。但是,水体在该波段的反射率也易受到水中溶解性有机物质(即所谓黄色物质)吸收作用的影响。而对于

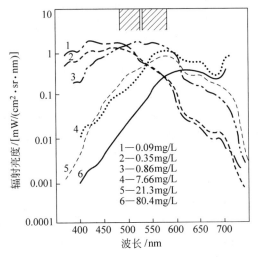

图 6-5　不同叶绿素含量水体光谱曲线

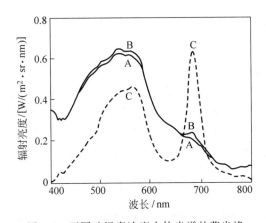

图 6-6　不同叶绿素浓度水体光谱的荧光峰

内陆水体,在很多情况下,溶解性有机物的浓度是比较高的,这对利用叶绿素的这一吸收特性进行叶绿素浓度遥感产生了影响。

进一步的研究表明,随着水体中悬浮物质浓度的增加,在 $0.52\mu m$ 附近的叶绿素光谱"节点"会向长波方向移动。国外有关研究认为,当海水中悬浮物质浓度为 $0.1mg/L$ 时,节点移至 $0.57\mu m$;当海水中悬浮物质浓度达 $0.5mg/L$ 时,节点可移到 $0.69\mu m$。因此,对于含较高悬浮物质的沿岸水,由于叶绿素光谱"节点"向长波方向漂移,随水中叶绿素浓度的增加,TM4($0.76\sim0.90\mu m$)的光谱值增高。可见,近红外波段(TM4)也可作为提取沿岸水流叶绿素浓度的重要信息源。

2. 叶绿素的反演

针对叶绿素的遥感反演,国内外学者进行了深入而广泛的研究,提出了很多方法。从 20 世纪 70 年代和 80 年代初开始,一些学者曾基于一定的理论假设建立了一系列预测叶绿素浓度的模型,由于理论基础尚不成熟,模型假设的简化使预测值还不能满足精度需要。还有些学者通过建立遥感测量值与地面监测的叶绿素值之间的统计关系来外推叶绿素值。但由于水质参数与遥感监测辐射值之间的真实相关性不能保证,因而结果可能不可靠。

还有学者利用叶绿素浓度与光谱响应间特征,采用不同波段比值法或比值回归法等,以扩大叶绿素吸收($0.44\mu m$附近蓝光波段)与叶绿素反射峰($0.55\mu m$附近的绿光波段)或荧光峰($0.685\mu m$附近的红光波段)间的差异,提取叶绿素浓度信息,以指示并监测水体(海洋)的初级生产力水平。以 Landsat TM 为例,选用 TM1($0.45\sim0.52\mu m$)、TM2($0.52\sim0.60\mu m$)、TM3($0.63\sim0.69\mu m$)波段数据,或采用直接比值法(TM3/TM1、TM2/TM1)计算,或通过建立如下所示的比值回归方程计算叶绿素浓度:

$$C = b(TM3/TM1) + a \tag{6-12}$$

式中,C——叶绿素 a(Chl-a)浓度;

　a、b——相关系数,可通过同步(准同步)观测求得。

比值法可以消除因太阳高度角、观测角不同而造成的误差,还可以部分抵消大气效应。但它更适于悬浮物质稀少的大洋水。

研究测试表明,水体叶绿素浓度与水面温度间线性相关:

$$C = a_0 + a_1 t \tag{6-13}$$

式中,C——叶绿素浓度,mg/m^3;

　t——水面温度,℃;

　a_0、a_1——回归系数。

虽然国内外学者建立了不少遥感数据与不同叶绿素浓度的水体光谱间的数学模型,但因水中叶绿素的光谱信号相对较弱,加上水中悬浮泥沙含量和黄色物质的影响,因而目前遥感估算水中叶绿素含量的精度不高,平均相对误差约 20%～30%。

为了有效地研究海洋的初级生产力,海洋遥感卫星携带了专门研究海洋水色的高光谱分辨率仪器——海岸带水色扫描仪(CZCS)。选取更为合适的中心波长,且波段间隔很窄(20nm 左右)。使用高光谱或荧光水色扫描仪($0.43\sim0.80\mu m$ 内共 288 个波段,波段间隔高达 2.5nm),可以获得单个像元近似连续的光谱曲线,使观测精度大大提高。

同时,对于阴雨天较多的地区,光学卫星遥感对水华的监测受到一定程度的限制,而合成孔径雷达遥感(SAR)不受云雨、雾霾等天气状况的影响,可全天候、全天时地对水华进行观测。依靠其发射的电磁波的回波成像,其回波强度与探测表面的粗糙度和介电特性相关。当水面聚集着一层藻类水华时,水华消减了水面的短表面波(毛细波及短重力波),使得水面变得较为平滑,从而降低了微波在水面的后向散射,导致 SAR 图像的灰度值降低,在水华区域形成暗影的特征。在合适的风速条件下,SAR 图像可以细致地反映水面水华形状特征。

6.1.7　水温的探测

水温是表征水环境的重要指标之一,是保证水生态健康的重要因素。遥感为大面积、动态进行水温探测提供了重要的手段。

水体的热容量大、热惯量大、昼夜温差小,在热红外波段有明显特征。在白天,水体将太阳辐射能大量地吸收储存,增温比陆地慢,在遥感影像上表现为热红外波段辐射低,呈暗色调。根据热红外传感器的温度定标,可在热红外影像上反演出水体的温度。

遥感器探测热红外辐射强度而得到的水体温度是水体的亮度温度(辐射温度),本应考虑水的比辐射率,方可得到水体的真实温度(物理温度)。但在实际观测中,由于水的比辐射率接近于1(近似黑体),在波长 6~14μm 段尤为如此,如图 6-7 所示,因此往往用所测的亮度温度表示水体温度。

另外,大气效应,特别是大气中水汽含量对水温测算精度影响较大,因此,遥感估算水温时,必须进行大气纠正。

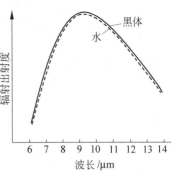

图 6-7　水体与黑体的辐射特征

6.1.8　海洋溢油监测

合成孔径雷达遥感(SAR)可以不受自然和人为等条件的限制,全天时、全天候、大范围地开展海面要素监测,并且具有目标轮廓清晰、对比度好、分辨率高、纹理清晰等特点,因此利用它进行海洋溢油探测是目前最有效的监测手段。油膜的存在引起海水表面张力的减小以及消减海水的短表面波对入射电磁波的 Bragg 散射作用,使海面粗糙度降低,进而使海水表面的散射特性发生改变。SAR 对海水表面粗糙度极为敏感,通常采用三分法定量地描述海面粗糙度:

$$H_s/\cos\theta \leqslant \lambda_e/25, \quad 平滑海面 \tag{6-14}$$

$$H_s/\cos\theta \geqslant \lambda_e/8, \quad 粗糙海面 \tag{6-15}$$

$$\lambda_e/25 < H_s/\cos\theta < \lambda_e/8, \quad 一般粗糙海面 \tag{6-16}$$

式中,H_s——海面起伏的垂直高度;

$\quad\theta$——入射角;

$\quad\lambda_e$——波长。

当电磁波到达平滑状态海面时产生镜面反射,几乎没有后向散射能量回到雷达,这一情况在 SAR 影像上表现为"暗斑"区域;当电磁波到达一般粗糙海面时,仅有少量后向散射回波信号会沿着发射信号方向的反方向回到雷达;当电磁波到达粗糙海面时,大量后向散射回波信号会沿着发射信号方向的反方向回到雷达,这一情况在 SAR 影像上表现为"高亮"区域。

油膜还可以通过衡量雷达后向散射系数识别,油膜区域对雷达脉冲波的后向散射系数明显比无油膜区小得多,这也可以解释油膜在 SAR 影像上呈现"暗斑"区域的现象。根据电磁散射的微扰模型,一阶后向散射系数为

$$\sigma^0(\theta)_{ij} = 4\pi k_e^4 \cos^4\theta \mid g_{ij}(\theta)\mid^2 W(2k_e\sin\theta,0) \tag{6-17}$$

式中,i、j——系统发射和接收的极化方式,它们可以是水平极化或垂直极化;

$\quad k_e$——电磁波波数;

$\quad\theta$——本地入射角;

$\quad W(2k_e\sin\theta,0)$——粗糙海面高度的二维频谱功率谱密度;

$\quad g_{ij}(\theta)$——反射系数,与入射角 θ 和海水的相对介电常数 ε_r 有关,由下式计算:

$$g_{hh}(\theta) = \frac{\varepsilon_r - 1}{[\cos\theta + (\varepsilon_r - \sin^2\theta)^{\frac{1}{2}}]^2}, 水平极化$$

$$g_{vv}(\theta) = \frac{(\varepsilon_r - 1)\left[\varepsilon_r(1 + \sin^2\theta) - \sin^2\theta\right]}{\left[\varepsilon_r\cos\theta + (\varepsilon_r - \sin^2\theta)^{\frac{1}{2}}\right]^2}, 垂直极化$$

邹亚荣等(2011)基于 SAR 数据,在后向散射系数计算的基础上从波段、极化方式及入射角等方面开展了海上溢油监测参数分析,结果表明 X 波段与 C 波段较 L 波段更适合监测海上溢油。

6.1.9 黑臭水体监测

城市黑臭水体分布广泛,传统依靠人力开展地面调查和实测水质的方法来监管黑臭水体的整治费时费力。而遥感监测提供了一种适用范围广、成本低、速度快的监管方式。随着高空间分辨率卫星数据的普及应用,城市黑臭水体的遥感识别与定量分级已经成为目前水环境遥感的研究前沿。

大多数黑臭水体遥感识别模型均是根据黑臭水体光谱特性进行波段线性组合构建的。李佳琦等(2019)从水体光谱特征与水体周边环境要素出发,利用我国高分一号卫星数据,构建了反映水体清洁程度的光谱指数(water clear index,WCI):

$$\text{WCI} = |(b_2 - b_1)/\Delta\lambda_{12}| / |(b_3 - b_2)/\Delta\lambda_{23}| \tag{6-18}$$

式中,$\Delta\lambda_{12} = \lambda_2 - \lambda_1$,$\Delta\lambda_{23} = \lambda_3 - \lambda_2$,$\lambda_1$、$\lambda_2$、$\lambda_3$——第1、2、3波段的中心波长;

b_1、b_2、b_3——高分一号卫星(GF-1 PMS)第1、2、3波段的反射率值。

温爽等(2018)根据黑臭水体遥感反射率和光谱斜率与其他正常水体之间的区别,利用高分二号(GF-2)影像分别构建了单波段阈值法、波段差值法和波段比值法。

1. 单波段阈值法

城市黑臭水体遥感反射率整体低于其他水体,在 550nm 附近即 GF-2 影像第二波段与其他水体的差异相对较高。因此利用这一波段遥感反射率值提取城市黑臭水体范围:

$$0 < R_{rs}(\text{Green}) < N \tag{6-19}$$

式中,$R_{rs}(\text{Green})$——GF-2 影像第二波段大气校正后遥感反射率值;

N——待定判断阈值(温爽等(2018)研究中取得阈值为 0.019sr^{-1})。

2. 波段差值法

由于城市黑臭水体遥感反射率值在 480~550nm 波段范围上升缓慢,在 550nm 附近出现的波峰较宽且值最低,因此可以利用蓝、绿波段的遥感反射率差值来判断是否是城市黑臭水体:

$$0 < R_{rs}(\text{Green}) - R_{rs}(\text{Blue}) < N \tag{6-20}$$

式中,$R_{rs}(\text{Blue})$ 和 $R_{rs}(\text{Green})$——GF-2 影像第一、二波段大气校正后遥感反射率值;

N——待定判断阈值(温爽等(2018)研究中取得阈值为 0.0036sr^{-1})。

3. 波段比值法

城市黑臭水体在 550~700nm 范围内光谱曲线变化最为平缓,斜率最低。GF-2 影像对应此光谱范围的绿、红波段,中心波长分别为 546nm 和 656nm,很好地体现出城市黑臭水体这一光谱特征。因此,选择这两个波段组合的遥感反射率差、和的比值来识别城市黑臭水体:

$$N_1 < \frac{R_{rs}(\text{Green}) - R_{rs}(\text{Red})}{R_{rs}(\text{Green}) + R_{rs}(\text{Red})} < N_2 \tag{6-21}$$

式中，$R_{rs}(\text{Green})$ 和 $R_{rs}(\text{Red})$——GF-2 影像第 2、3 波段大气校正后遥感反射率值；

N_1、N_2——待定判断阈值（温爽等（2018）研究中取得阈值分别为 0.06sr^{-1}、0.115sr^{-1}）。

6.1.10　水体其他综合水质指数的反演

目前，遥感应用于探测水体污染还不是十分有效。针对全球日益严重的有机污染、富营养化等水环境问题，科研人员对于水污染遥感进行了很多探索，除对上述悬沙、叶绿素、水温等水质参数的反演外，也对一些重要的综合性水质参数的反演进行了探索，包括 BOD、溶解有机碳（DOC）、COD、NH_3、TP、营养指数等。

美国学者 R. F. Arenz 等（1996）利用在科罗拉多 8 个水库的实测光谱资料和溶解有机碳浓度资料进行回归分析，建立了提取溶解有机碳浓度信息的回归关系式：

$$\text{DOC} = 0.55(R_{716}/R_{670})^{-9.6}(R_{706}/R_{670})^{12.94} \tag{6-22}$$

式中，R——反射率，下标代表波段中心波长（nm）。

陈楚群等（2001）利用在珠江口水域实测的水体浓度数据模拟水体光谱，建立了溶解有机碳（DOC）浓度的遥感反演模式：

$$\lg\text{DOC} = 1.2419\lg(R_{670}/R_{412}) - 0.2614 \tag{6-23}$$

进而应用海洋水色卫星传感器 SeaWiFS 资料估算珠江口及其邻近水域溶解有机碳浓度。

Wezernak 等（1976）利用机载多光谱扫描仪遥感数据，通过主成分分析等多变量统计技术建立了遥感数据与营养状态指数（TSI）间的统计关系式，发现 TSI 可表达为透明度的倒数、叶绿素 a、水生植物量等参数的线性组合。Lillesand 等（1983）在美国明尼苏达湖发现 Landsat 卫星 MSS 数据与 Carlson 营养状态指数（TSI）有良好的相关关系，并得出了可以通过遥感数据评价湖泊营养状态的结论。

王学军等（2000）在太湖水质状况的遥感监测与评价中，选用 SS（悬浮固体颗粒物）、SD（透明度）、DO（溶解氧）、BOD_5（五日生化需氧量）、COD_{Mn}（高锰酸盐指数）、TN（总氮）、TP（总磷）等 7 个水质参数，利用 TM 遥感信息和有限的实地监测数据建立了太湖水质参数预测模型，用于太湖水质污染的预测、分析和评价。王建平等（2003）利用人工神经网络技术，在同步实验的基础上构造了包含一个隐含层的 BP 神经网络模型，利用 TM 卫星影像反演悬浮物、COD_{Mn}、溶解氧、总磷、总氮和叶绿素浓度，反演精度较高，相对误差基本在 25% 以下。

但是人们对于这些水质参数遥感反演的机理还不清楚，因此上述研究主要还是基于统计关系的定量反演或定性地反映水污染状况。

6.2　大气环境遥感

大气环境污染是人们十分关注的问题，大气监测对于环境保护、污染控制和治理是十分必要的。传统的大气环境污染监测主要以湿法电化学技术和抽气取样后的实验室分析为基础,无法对大气环境污染进行实时、在线监测。近年来,采用光学和电子学技术的大气环境污染监测仪器已经逐渐成熟,如紫外荧光法 SO_2 监测仪、化学发光法 NO_x 监测仪、非分散红外法 CO_2 监测仪等,但这些仪器通常只限于单点测量。相比而言,光谱遥感监测技术的大范围连续实时监测方式则成为大气环境污染监测的理想工具之一。

卫星遥感可在瞬间获取大区域地表和大气信息,用于大气污染调查,可以避免大气污染时空易变性所产生的误差,并便于动态监测。由于在遥感信息中,大气污染信息是叠加于多变的地面信息之上的弱信息,常规的信息提取方法均不适用,因此多年来该方向的研究进展缓慢。目前采用的方法主要有两类:一类是根据污染地区地物反射率变化、边界模糊情况来对大气污染状况进行估计;另一类是间接的方法,如 F. Hisao 等根据树叶中 SO_2 等污染物含量与遥感数据中植被指数的关系估计大气污染的情况。这些方法只能给出定性或间接的结果,并在很大程度上具有不确定性。下面对环境遥感在气溶胶、臭氧、城市热岛、沙尘暴、酸沉降监测方面的应用和进展进行介绍。

6.2.1　气溶胶监测

大气气溶胶通常指悬浮于大气中直径小于 $10\mu m$ 的微粒,是由来自人为或自然污染源的大量不同化学组分形成的一种复杂而可变的大气污染物。大气气溶胶对全球气候、大气能见度以及人体健康都有重要的影响。

在表征大气气溶胶特征的参数中,光学厚度(aerosol optical depth,AOD)是其中最重要的物理量之一。它是推算气溶胶含量,表征大气浑浊度,评价大气环境污染程度,研究气溶胶辐射气候效应,以及校正空间遥感的大气效应的最关键的因子之一。

气溶胶光学厚度的测定可以采用地基监测方法,使用的仪器有太阳辐射计、粒子计数器、辐射总表等,也可以采用遥感方法。地基监测方法可以准确提供当地的气溶胶信息,其中利用太阳辐射计测定是理论发展最成熟、应用最广泛的一种方法;但是地基监测方法受到人力、物力的限制,监测范围较小,并且在广大的海洋、沙漠等无人区域难以进行,也不能获得大范围的气溶胶时空分布变化。而高分辨率的卫星遥感弥补了一般地面观测难以反映空间具体分布和变化趋向的不足,为人们全天候、实时了解大范围的气溶胶变化提供了可能,但由于遥感方法对于光学厚度反演过程中由地表反照率和气溶胶模型带来的误差难以估计,因此卫星遥感需要同时有地面太阳光度计观测进行对比和校正。

1. 概述

卫星遥感气溶胶的研究始于 20 世纪 70 年代中期,Griggs(1975)进行了辐射传输的模拟研究,他指出,对于无云的平面平行大气模型而言,大气顶的可见光和红外波段的向上辐射与气溶胶的光学厚度单调相关,这为气溶胶光学厚度卫星遥感提供了理论基础,并由此开始了卫星遥感气溶胶的研究。在气溶胶的卫星遥感研究初期,气溶胶遥感只能在海洋上空实现,算法为可见光单通道反射率方法,主要反演海洋上空由沙尘暴和森林火灾造成的厚气溶胶层的光学厚度(Griggs,1975;Fraser,1976)。

20 世纪 80 年代,由于陆地表面卫星图像大气校正的需要,陆地气溶胶遥感算法发展起来。这一时期发展了很多算法,如双-多通道反射率算法、结构函数法、热红外对比法、暗像元法和陆地海洋对比法等。其中,暗像元法最初是由 Kaufman 和 Sendra 在 1988 年建立的陆地上空气溶胶光学厚度遥感算法,此后经过不断改进,已成为目前陆地上空气溶胶遥感应用最为广泛的算法。在陆地亮地表上空,暗像元法不适用,用结构函数法替代暗像元法反演气溶胶光学厚度具有很好的前景。

从 20 世纪 90 年代开始,气溶胶对气候和环境的重要影响得到极大重视,气溶胶参数的卫星遥感研究也因此而蓬勃发展。不但卫星传感器设计上开始考虑气溶胶遥感的需要,而且反演气溶胶的算法也有了全新的发展,并开始致力于全球气溶胶遥感研究。ATSR-2(欧空局,1995)、AATSR(欧空局,2002)、MISR(美国,1999)等传感器的多角度反射率信息和POLDER(日本,1996)传感器的极化信息在气溶胶遥感上的应用产生了反射率角度分布法(Martonchik,Diner,1992;Veefkind,Durkee,1998)和极化法(Leroy et al.,1997),不仅使气溶胶光学厚度的反演算法得到极大发展,还实现了气溶胶粒子尺度谱分布信息的获取。MODIS(美国,1999)资料被用于全球气溶胶光学厚度反演(Kaufman et al.,1994;Tanre et al.,1999)。NASA 的 MODIS 全球气溶胶光学厚度业务产品(MODIS L2),提供了全球海洋上空和部分陆地上空的气溶胶光学厚度,空间分辨率为 10km(在星下点),它采用暗像元法获取陆地上空气溶胶光学厚度。

在几十年的发展过程中,可应用于气溶胶遥感的卫星传感器不断增加,其性能也不断提高,反演方法也随之拓展,反演的参数更加全面。至今,气溶胶遥感所用传感器主要有:AVHRR(搭载于 NOAA 系列极轨卫星上)、TOMS(首次搭载在 1978 年发射的 Nimbus-7卫星上)、ATSR-2(搭载在 ERS-2 卫星上,于 1995 年 4 月发射升空)、POLDER 和 OCTS(1996 年搭载于 ADEOS 1 卫星上,因卫星故障仅获取了 8 个月资料)、SeaWiFS(1997 年NASA 和 OrbImage 合作发射)、MODIS(搭载于 1999 年 EOS-Terra 卫星和 2002 年 EOS-Aqua 卫星上)、MISR(搭载于 1999 年 EOS-Terra 卫星上)、OMI(搭载于 2004 年 EOS-AURA 卫星上),此外,静止气象卫星(如 GOES、METEOSAT、GMS)数据也常常被用于气溶胶遥感。气溶胶遥感所用卫星资料主要为卫星探测的位于可见光蓝光谱段(0.4~0.5μm)和红光谱段(0.6~0.7μm)各窗区通道的反射率数据,也有位于近紫外谱段(0.3~0.4μm)通道的反射率数据和位于热红外谱段(10.5~12.5μm)窗区通道的亮温数据。

总结遥感反演方法,可将其分为单通道和多通道反射率、对比法、多角度反射率和偏振特性(或极化特性)遥感四大类。各类反演算法反算的内容主要是气溶胶光学厚度,应用角度和极化特性数据的算法还能反演气溶胶粒子尺度谱分布、单次散射反照率和粒子有效半径的信息。当前利用不同的卫星遥感数据反演气溶胶光学参数的研究方法已经非常丰富了。

2. 气溶胶光学厚度的遥感原理

假设卫星观测目标表面是均匀朗伯表面,大气垂直均匀变化,卫星测量值可用等效反射率,即表观反射率 ρ^* 表达:

$$\rho^* = \frac{\pi L}{\mu_s E_s} \tag{6-24}$$

式中,E_s——大气上界太阳辐射通量密度;

　　L——卫星接收到的辐射亮度;

　　μ_s——太阳天顶角 θ_s 的余弦,$\mu_s = \cos\theta_s$。

若不考虑气体吸收,卫星观测的表观反射率可表示为

$$\rho^*(\theta_s,\theta_v,\phi)=\rho_a(\theta_s,\theta_v,\phi)+\frac{T(\theta_s)T(\theta_v)\rho}{1-\rho S} \tag{6-25}$$

式中，θ_s、θ_v——入射光方向和卫星观测方向的天顶角；

ϕ——相对方位角，由太阳方位角 ϕ_s 和卫星的方位角 ϕ_v 确定；

$T(\theta_s)$、$T(\theta_v)$——向下和向上整层大气透过率（直射＋漫射）；

S——大气的球面反照率；

ρ——地表反射率。

$T(\theta_s)$、$T(\theta_v)$ 和 S 取决于单次散射反照率 ω_0、气溶胶光学厚度 τ 和气溶胶散射相函数 P。方程右端第一项 ρ_a 为大气中分子和气溶胶散射产生的反射率，第二项为地表和大气共同产生的反射率。

由上式可以看出，当地表反射率很小（$\rho<0.06$）时，卫星观测反射率主要取决于大气贡献项（第一项）；但地表反射率很大时，地面的贡献（第二项）将成为主导。

为了由表观反射率反演气溶胶光学厚度，需要合理假定气溶胶模型，以提供单次散射反照率 ω_0 和气溶胶相函数 P。暗像元法和结构函数法用于解决不同地表特征条件下的气溶胶光学厚度反演问题。

3. 暗像元法

陆地上的稠密植被、湿土壤及水体覆盖区在可见光波段反射率很低，在卫星图像上称为暗像元。模拟及观测研究表明，在晴空无云的暗像元上空，卫星观测反射率随大气气溶胶光学厚度单调增加，利用这种关系反演大气气溶胶光学厚度的算法称为暗像元方法。该方法是由 Kaufman 和 Sendra（1988）通过反演稠密植被上空气溶胶光学厚度建立的。暗像元方法利用大多数陆地表面在红（$0.60\sim0.68\mu m$）和蓝（$0.40\sim0.48\mu m$）波段反射率低的特性，根据植被指数（NDVI）或近红外通道（$2.1\mu m$）反射率进行暗像元判识，并依据一定的关系假定这些暗像元在可见光红或蓝通道的地表反射率，反演气溶胶光学厚度。暗像元算法基于表观反射率的大气贡献项，即利用卫星观测的路径辐射反演气溶胶光学厚度。它是目前陆地上空气溶胶遥感应用最为广泛的算法。

对一些地表的反射率观测表明，绿色植被在 $2.1\mu m$ 通道地表反射率与可见光红通道和蓝通道地表反射率存在线性关系；在陆地上有茂密植被覆盖的地区，$2.1\mu m$ 通道卫星观测表观反射率几乎不受气溶胶影响。因此，可以用 $2.1\mu m$ 通道表观反射率代替 $2.1\mu m$ 通道地表反射率确定可见光红通道和蓝通道地表反射率。

4. 结构函数法

大多数可见光通道的气溶胶遥感算法基于暗地表的反演理论。但是，对于中高纬度地区冬季或干季，大多数像元是亮地表，在暗地表上以路径辐射为主的反演算法用在亮地表上会产生很大的反演误差。因此，在陆地亮地表上，发展了对比法来替代暗像元法反演气溶胶光学厚度。结构函数法是对比法的发展。

对比法是早期研究陆地污染气溶胶采用的卫星遥感算法。它同样采用可见光红、蓝通道数据。该法依据下面的假定，即在同一地区，假定在一段时间内地表反射率不变。那么，利用"清洁日"大气作为参考，可以反演"污染日"大气的气溶胶光学厚度。Tanre（1988）和Holben（1992）在采用对比法时，假定在卫星观测时刻，对于相邻像元，大气是均一的，在气溶胶光学厚度反演过程引入结构函数概念,避免确定地表反射率的困难。这种采用了结构函数的对比法就简称为结构函数法。该算法主要以表观反射率的地表贡献项为主反演气溶胶光学厚度。结构函数的采用,解决了确定不变地表的困难。它为在暗像元算法不适用的干旱、半干旱地区和城市区域等亮地表上空的气溶胶光学厚度反演提供了一条途径。

结构函数算法在应用于反演过程时,须已知干洁的背景气溶胶信息。通过对一段时间内多日的卫星观测数据的分析,可将其中最为干洁的一天作为"清洁日"(指气溶胶光学厚度极小日),通过地面观测或其他途径来确定"清洁日"气溶胶光学厚度,作为背景的气溶胶信息。假定地表目标无变化,由透射函数的变化就能获取其他日的气溶胶光学厚度。用这一方法获取气溶胶光学厚度依赖于单次散射反照率和不对称因子,对散射相函数有较大的独立性(因为总透射函数对相函数细节不敏感)。

6.2.2　臭氧监测

1. 概述

臭氧是一种微量气体,是大气的重要组成成分,它也是一种相对不稳定的气体分子。臭氧大部分集中在 50km 以下的平流层,约占 90%,其余的 10% 活动在对流层。臭氧对 0.36μm 波段以下的太阳紫外辐射有强烈的吸收,在可见光、近红外和红外波段也有吸收带。

平流层的臭氧能有效阻止过多的太阳紫外辐射进入对流层进而到达地面,使人体和生态环境免遭其害。在对流层,臭氧则大量吸收地球红外辐射,产生温室效应;在靠近地球表面人类呼吸的空气中的臭氧,会造成对肺组织和植物的损害。同时,大气臭氧对氮、碳、氢等的循环也具有重要作用。

随着工业生产的发展和人为因素的影响,氟氯化碳(CFCs)、氟溴烃(HBFCs)等气体增加,导致对流层臭氧增加而平流层臭氧减少。这一多和一少使原本维持大气臭氧层相对稳定的状态受到破坏,造成地球表面太阳紫外线的增加和温室效应的加剧。由于臭氧的变化直接影响人类生存环境,因此世界各国对大气臭氧给予极大的关注,并加强了对臭氧变化的监测和研究工作。

对臭氧的观测有基于地面的地基观测和基于遥感的空基观测。基于地面的观测数据由于分布稀少,不能够提供全球大气臭氧浓度的整体图像。而基于遥感的空基观测则可以获取臭氧全球分布及其随时间的变化过程。不过空基遥感仍需定量的地基观测站对其进行资料校准和模式改进。

2. 臭氧的卫星测量原理

在臭氧卫星测量方面,除了专门用于臭氧探测的仪器 SBUV(太阳后向散射紫外分光仪)和 TOMS(星载臭氧总量成像光谱仪)外,NOAA 和 EOS 卫星的其他仪器中,也有臭氧总量探测光谱通道,例如 NOAA 卫星 TOVS/ATOVS 仪器包中的高分辨率大气红外探测器(HIRS/2)中有 9.6μm 臭氧吸收通道,星下点分辨率为 1km;EOS/MODIS 中的第 30 个通道(9.58～9.88μm)也为臭氧吸收通道,星下点分辨率为 1km。

其基本原理是:测量臭氧分子对这些热红外通道辐射测量值的吸收,在精确已知其他气体成分贡献的条件下,同步反演出其他大气参数并确定其吸收贡献,进而进行科学反演计算,就可以反演获得大气柱中臭氧总含量。

3. 臭氧的反演

大气臭氧探测理论始于 20 世纪 60 年代,Dave 和 Mateer(1967)对利用太阳紫外后向散射探测臭氧总含量的物理基础进行了深入研究,指出从哈特莱-赫金斯臭氧吸收带长波端选择一对波长,使这对波长吸收较弱,后向散射光子能够达到卫星,且被星载仪器感应,同时两个波长的反射率相等,吸收不等,则可依此两波长对紫外辐射信号因吸收带来的差异来估算大气臭氧的总量。Thomas 和 Holland(1977)、Klenk 等(1982)、Hudson 等(1995)又进一步发展和完善了反演算法。

在臭氧垂直廓线反演算法方面,Lowry 和 Gay (1970)总结出混合比法、臭氧增量法和气压增量法。

太阳光后向紫外散射与波长有着密切关系,在臭氧强烈吸收的波段,进行臭氧廓线计算时可仅考虑单次散射,而在吸收较弱时,光子可以进入大气对流层,辐射将受到多次散射,且又受到地表、气溶胶和云等诸多因素影响,因此计算方程将复杂得多(Bates,1984;Bass,Paur,1984)。

6.2.3　城市热岛监测

1. 概述

城市热岛是城市化气候效应的主要特征之一,是城市化对城市气候影响最典型的表现,其气温特征如图 6-8 所示,其中 ΔT_{u-r} 为城市与乡村气温的差值。

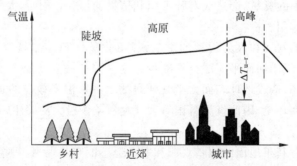

图 6-8　城市热岛剖面图

城市热岛的存在给人们的生产、生活带来了诸多不利影响。有研究表明,持续的高温,不仅会使体弱者中暑,而且使人心跳加快,造成情绪烦躁、精神萎靡、食欲不振、思维反应迟钝等。高温气候助长了多种病原体、病毒的繁殖和扩散,易引起疾病特别是肠道疾病、皮肤病的发生与蔓延。1980 年 7 月,美国圣路易斯市和堪萨斯市遭遇罕见热浪,城市中受"热岛"控制的商业区,其人口死亡率分别上升了 57% 和 64%,而未受"热岛"影响的城郊地区,其死亡率上升不到 10%。市区温度高,容易导致光化学烟雾等二次污染物的形成;而且,由于热岛的存在,城市中盛行上升气流,周围地区的冷空气向市区汇流,形成城市热岛环流,使得郊区工厂的烟尘和由市区扩散到郊区的污染物又聚集到市区上空,加重了城市污染。此外,为采取降温措施(如空调、电扇等的使用)而耗费的能量十分可观,而这些能量的消耗又间接加剧了城市热岛的形成。

影响城市热岛的因素及相互关系很复杂,要比较精确地描绘城市热岛特征有很大的困难。城市热岛研究的方法主要有四大类:第一类是通过城市和郊区的历年气象资料的分析来研究城市热岛的动态和现状。第二类是通过遥感数据,包括卫星遥感数据和航空遥感数据资料,通过计算机技术,解释热岛特征。第三类是通过建立数学模型,进行数学模拟。第四类是进行布点观测。

卫星遥感技术能有效、全面地探测到下垫面的温度特征,且能周期性、动态地监测城市热环境的变化趋势,是研究城市热岛效应的有效手段之一。

直接用于温度反演的电磁光波的波段为热红外区,波长在 $8\sim14\mu m$,因此利用该波段的遥感也称热红外遥感。热红外遥感所观测到的是地面目标的热辐射能量。

地面目标热辐射能量 $Q_{L\uparrow}$ 的大小和地表温度 T(以 K 计)之间存在对应关系:

$$Q_{L\uparrow} = \varepsilon\sigma T^4 \tag{6-26}$$

式中,$Q_{L\uparrow}$——地面目标热辐射能量;

ε——地物的辐射率;

σ——斯特藩-玻尔兹曼常数;

T——地表温度,K。

所以,通过对地表热辐射的观测,可以推测地面的温度状况,从而掌握地表的热存储状况,了解下垫面热岛的分布情况。城市下垫面储热量是城市气温热岛(通常所说的城市热岛就是指城市气温热岛)形成的能量基础,而城市下垫面热岛强度反映了城市下垫面储热量的大小,因此,城市下垫面热岛分布间接反映出了城市气温热岛的分布特征。基于上述原理,可以利用热红外遥感,通过观测某一时刻城市地表的热辐射状况,捕捉城市下垫面热岛强度的大小和分布,从而推测出城市气温热岛强度的大小和分布。

目前,卫星热红外遥感信息源主要有 NOAA 气象卫星的第 4 通道(波长 $10.5\sim11.3\mu m$)和第 5 通道(波长 $11.5\sim12.5\mu m$)的数据和 Landsat TM(或 ETM+)卫星的 TM6 波段(波长 $10.4\sim12.5\mu m$)的数据。虽然 TM6 波段的噪声等效温差(NETD,即温度分辨率)为 0.5K,较 NOAA 卫星热红外通道(其 NETD 为 $0.1\sim0.3$K)低,但其地面分辨率为 120m(Landsat-7 ETM+为 60m),远高于 NOAA 卫星的地面分辨率,更适宜研究城市热环境的细部特征。

利用遥感图像模拟城市温度的主要思路为:首先,建立亮温计算模式,将热红外图像的灰度值转变为亮温(辐射温度)数据;再通过一定的回归分析模式,将亮温转化为地面的气温。亮温是利用遥感手段获得的城市下垫面的辐射温度,由地物的真实温度(地温)和地物的比辐射率决定。

遥感技术在城市热岛研究领域的应用主要有两种方法,即理论方法和实验方法。

2. 理论方法

理论方法是指利用遥感图像和有关参数建立模型,进行实际地面温度的反演,从而对城市热岛分布做出评价。

传统的地面温度反演的方法为大气校正法。这一方法需要使用大气模型来模拟大气对地表热辐射的影响,包括估计大气对热辐射传导的吸收作用以及大气本身所放射的向上和向下热辐射强度。然后把这部分大气影响从卫星遥感器所观测到的热辐射总量(按灰度值计算)中减去,得到地表的热辐射强度。最后把这一热辐射强度转化成相对应的地表温度。

这一方法虽然可行,得实际应用起来却非常困难。除计算过程复杂之外,大气模拟还需要精确的实时(卫星飞过天空时)大气剖面数据,包括不同高度的气温、气压、水蒸气含量、气溶胶含量、CO_2 含量、O_3 含量等。这些实时大气剖面数据一般是没有的。因此,大气模拟通常使用标准大气剖面数据来代替实时数据,或者用非实时的大气空探数据来代替。由于大气剖面数据的非真实性或非实时性,根据大气模拟结果所得到的大气对地表热辐射的影响的估计通常存在较大的误差,从而使大气校正法的地表温度演算精度较差(一般大于3℃)。

针对 Landsat TM 数据,1996 年 Hurtado 等根据地表能量平衡方程和标准气候参数,提出了一种新的大气校正法,用以从 TM 数据中演算地表温度。

覃志豪(2001)提出用陆地卫星 TM6 数据计算地表温度的单窗算法。该方法将大气和地表影响直接计入演算公式中。利用地表辐射率、大气透射率和大气平均气温 3 个参数进行地面温度的反演。经检验,地面温度反演误差可以控制在 1℃左右。

对地温进行理论反演的难点主要在于消除卫星成像过程中的大气影响和正确地将地面辐射率考虑在计算之内。

3. 实验方法

实验方法是指在获取遥感影像的同时,对地面目标进行现场地温数据采样,利用采得的样点数据,划分温度等级的标准,并利用采样数据拟合得到影像灰度值与实际地面温度的经验函数。

这种方法不需要进行复杂的理论推导,分析用到的参数也不多。但是必须提前准备,在卫星获取数据的当天对预定的采样点进行地温数据采集,条件较为苛刻;而且由于采用经验公式对地温进行反演,误差较大,所以难以进行深入的定量研究。这种方法在反映城市热岛分布特征方面是十分有价值的。

何国金等(2000)通过该方法生成了 2000 年 8 月北京市热场特征和热岛现状遥感影像图,对北京市的城市热岛分布进行了定性描述。李加洪以 1998 年 10 月 14 日的 TM 遥感影像为主要数据,在地面实际调查的基础上,利用图像处理方法,对日本东京地区进行了土地覆盖类型和温度分布之间关系的探讨。

实验方法的关键在于为遥感数据采集真实的地温参考值,因此只要获得类似可信的参考值,就可以克服该方法不能进行回顾性研究的弱点。考虑到城市热岛与城市下垫面热岛的密切相关性,可以采用反映城市热岛的气温数据作参考来划分城市下垫面热岛等级。所以,对于无法进行同步现场采样的遥感数据,可以根据城市热岛与城市下垫面热岛的日变化规律,选择成像当天最能反映城市热岛分布的气温数据作为参考,一般来说,这个时间在20：00 到次日的 2：00 之间。在对城市下垫面热岛分布进行分析的过程中,如果遇到歧义点,也应该通过现场观测来做出决断。

6.2.4　沙尘暴监测

沙尘暴是由特殊的地理环境和气象条件所致的一种较为常见的自然现象,主要发生在沙漠及其邻近的干旱与半干旱地区。沙尘暴过程对生态系统的破坏力极强,它能够加速土地荒漠化,对大气环境造成严重的污染,使城市空气质量显著下降,对人类健康、城市交通、通信和供电产生负面影响。同时,沙尘气溶胶对气候、海洋生态系统和生物化学循环也有着重要影响。要实现对它的系统监测,现有地面监测网(气象台站、环境监测点)的地域分布和密度都不够或有一定困难。而利用卫星遥感技术对沙尘暴进行监测,就能较好地解决这些问题。

利用遥感监测沙尘暴的原理在于沙尘中含有大量的矿物质,它通过吸收和散射太阳辐射及地面和云层长波辐射来影响沙尘暴区域地物的辐射收支和能量平衡,同时影响着大气的浑浊度,因此表现出光谱特征的差异,为对沙尘暴的监测提供了可能。沙尘粒子的辐射特性主要体现在沙尘粒子的粒径大小、形状、质地上。根据不同光谱波段上沙尘粒子的散射和辐射特性,可以有效地将沙尘层、云、地面等遥感目标物和干扰因素加以区分。

目前气象卫星数据是沙尘暴遥感监测的主要数据源,包括 NOAA/AVHRR、TERRA/MODIS、GMS/VISSR 数据和 FY21C/MVISR 数据,其空间分辨率为 0.25～5km,光谱范围覆盖可见光、近红外和红外,其中 MODIS 数据的光谱分辨率有显著的提高,通道数增加到 36 个。由于 4 种卫星数据都实行全球免费接收的策略,同时它们的时间、空间分辨率和光谱分辨率不同,结合使用可以互相取长补短达到满意的效果。图 6-9 所示为国家卫星气象中心利用 NOAA-16 卫星监测的发生在 2004 年 12 月 6 日下午的华北地区沙尘信息。当天下午我国北方地区继续受冷锋后部西北大风影响,华北地区南部持续受沙尘天气影响。河北东南部、山东大部上空笼罩在土黄色的浮尘中,与北京北部的清晰的地表纹路形成鲜明对比。此外,内蒙古东部科尔沁沙地在偏北大风的作用下,也开始出现沙尘天气(图中丝缕状纹路),进而影响下游地区。

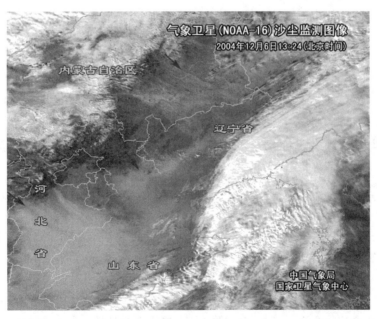

图 6-9　NOAA-16 卫星监测的华北地区沙尘暴(2004 年 12 月 6 日)

国外对沙尘暴的遥感监测方法进行了大量研究,提出了很多沙尘暴卫星遥感监测的技术方法。这些方法一般可分为单通道数据的监测方法和多通道数据组合的监测方法。

20 世纪 90 年代以前的沙尘暴研究工作仅局限于单通道信息的处理和分析。如 20 世纪 70 年代以来，T. N. Carlson(1979)利用卫星观测的亮度资料确定撒哈拉地区沙尘的爆发及其相应的大气扰动情况；W. E. Shenk 等(1974)利用可见光或红外通道数据研究了水面和路面上空沙尘暴的监测方法；C. Norton 等(1980)利用静止气象卫星可见光数据监测海洋上空沙尘的爆发，同时也估算了其光学厚度。但总的来说，由于在同一通道上，沙尘暴、地表和云的探测数值比较接近，使用单一通道数据判识这些信息有其局限性。

随着卫星探测器性能的不断改进，卫星光谱分辨率提高，通道数增加，为利用多通道遥感数据进行沙尘暴的研究创造了有利条件。郑新江等(2001)提出了利用气象卫星多通道信息资料相结合监测沙尘暴的方法。他们根据光谱波长对沙尘暴的反应特征，建立了 $0.63\mu m$ 和 $1.06\mu m$ 波长反射率 R 与 $3.75\mu m$ 和 $11.0\mu m$ 波长亮温 T 的统计关系。其中以 $1.06\mu m$ 波长的关系更好一些，形式如下：

$$R_{1.06} = f(T_{3.75}, T_{11}) = a(T_{3.75} / T_{11}) + b \qquad (6\text{-}27)$$

经检验，二者有显著的线性关系(0.001 水平)。利用 $f(T_{3.75}, T_{11})$ 也可以将高、低云，地面与沙尘暴很清楚地加以甄别，同时发现地面因素在沙尘暴监测识别中的干扰作用是不容忽视的。如果从遥感探测到的反射率中剔除地面反射部分，就可以得出沙尘层的反射率，可用于相应的沙尘暴遥感定量参数的确定。

方宗义等(2001)根据沙尘和大粒子气溶胶的散射和发射特性，利用气象卫星上的可见光、短波红外和红外窗区的辐射测值对沙尘暴的特征进行了研究。他们认为在 $3.7\mu m$ 的卫星遥感辐射测值中，既有沙尘粒子以本身温度发射的辐射部分，也有沙尘粒子对太阳辐射在这个波段范围内的后向散射部分。因此采用了 NOAA/AVHRR 通道 3 和通道 4 的差值来判识沙尘暴区，在实际应用中沙尘暴区域得到了增强，并突出了沙尘信息的纹理结构。他们的进一步研究结果表明，如果把差值辐射亮温图与红外通道联合使用，可以解决差值辐射亮温图难以将沙尘区与云区有效区别开的问题。

使用多通道组合信息监测沙尘暴，NOAA/AVHRR 数据常选用第 1、2、4 通道或第 1、2、3 通道，FY21C/MVISR 数据主要选用第 1、2、7 通道，GMS 数据主要选用第 1、3 或 4 通道。TERRA/MODIS 数据多达 36 个通道，除了可选用可见光第 1 通道($0.62\sim0.67\mu m$)和近红外第 2 通道($0.841\sim0.876\mu m$)外，其他通道如何选择才是最佳的，还有待进一步研究。

6.2.5　酸沉降监测

酸沉降是指酸性物质的大气沉降。酸性物质大部分由于人为污染引起。酸沉降使湖泊酸化，危害作物，破坏森林，毁坏建筑物。近几十年来，由于高硫煤的不合理开发利用和缺乏后续配套处理措施，酸沉降污染成为我国南方地区的一大自然灾害。

酸沉降的直接遥感监测较为困难。目前，通常利用遥感技术结合常规检测，通过监测植被受害状况，从而比较全面地了解酸沉降污染。主要内容包括：植被的常规监测、植被光谱测试、彩红外遥感等。一般来说，同类植物由于受污染毒害程度不同，近红外波段反射光谱特征差异较明显，在图像上主要表现为色调亮度、清晰度的差异，即受污染毒害相对较重的植物，影像色调较暗，影纹结构模糊，而受毒害相对较轻的植物影像，则呈相对鲜亮色调、影纹结构清晰的影像。

6.3　植被生态遥感

植被生态调查是遥感的重要应用领域。植被是环境的重要组成因子,也是反映区域生态环境的最好标志之一,同时也是土壤、水文等要素的解译标志。个别植物还是找矿的指示植物。

植被解译的目的是在遥感影像上有效地确定植被的分布、类型、长势等信息,以及对植被的生物量做出估算,因而,它可以为环境监测、生物多样性保护及农业、林业等有关部门提供信息服务。

6.3.1　植物的光谱特征

植物的光谱特征可使其在遥感影像上有效地与其他地物相区别。同时,不同的植物各有其自身的波谱特征,从而成为区分植被类型、长势及估算生物量的依据。

1. 植物的反射光谱

1) 健康植物的反射光谱曲线

健康植物的波谱曲线有明显的特点(图 6-10),在可见光的 $0.55\mu m$ 附近有一个反射率为 $10\%\sim20\%$ 的小反射峰,在 $0.33\sim0.45\mu m$ 和 $0.65\mu m$ 附近有两个明显的吸收谷。在 $0.7\sim0.8\mu m$ 出现一个陡坡,反射率急剧增高。在近红外波段 $0.8\sim1.3\mu m$ 形成一个高的、反射率可达 40% 或更大的反射峰,在 $1.45\mu m$、$1.95\mu m$ 和 $2.6\sim2.7\mu m$ 处有 3 个吸收谷。

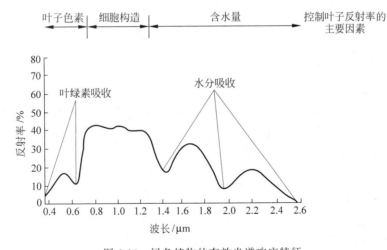

图 6-10　绿色植物的有效光谱响应特征

2) 红边位移

所谓"红边"是指红光区外叶绿素吸收减少部位(约小于 $0.7\mu m$)到近红外高反射率(大于 $0.7\mu m$)之间,健康植物的光谱响应陡然增加(亮度增加约 10 倍)的一个窄条带区。Collins 于 1978 年研究作物不同生长期的高光谱扫描数据时发现,作物快成熟时,其叶绿素吸收边(即红边)向长波方向移动,即"红移"。除了作物外,其他植物也有这种红移现象,且红移量随植物类型而变化。Collins 认为选择 $0.745\sim0.78\mu m$ 很窄的波段,可观察这一特定期的红移现象。Horler 等在 1983 年通过实验研究认为,红边(0.68～0.80μm)可以作为植物受压抑(胁迫状态)的光谱指示波段。

2. 影响植物光谱的因素

影响植物光谱的因素有植物本身的结构特征,也有外界的影响,但外界的影响总是通过植物本身生长发育的特点在有机体的结构特征中反映出来的。

从植物的典型波谱曲线来看,控制植物反射率的主要因素有植物叶子的颜色、叶子的细胞构造和植物的水分等。植物的生长发育、植物的种类,以及灌溉、施肥、气候、土壤、地形等因素都对植物的光谱特征产生影响,使其光谱曲线的形态发生变化。

1) 叶子的颜色

植物叶子中含有多种色素,如叶青素、叶红素、叶黄素、叶绿素等,在可见光范围内,其反射峰值落在相应的波长范围内(图 6-11)。

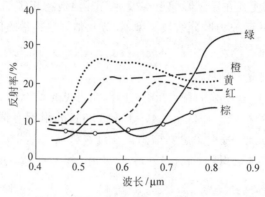

图 6-11　不同颜色叶子的反射光谱

2) 叶子的组织构造

绿色植物的叶子是由上表皮、叶绿素颗粒组成的栅栏组织和多孔薄壁细胞组织(海绵组织)构成的。叶绿素对紫外线和紫色光的吸收率极高,对蓝色光和红色光也强烈吸收,以进行光合作用。对绿色光部分则部分吸收,部分反射,所以叶子呈绿色,并在 $0.55\mu m$ 附近形成一个小反射峰,而在 $0.33\sim0.45\mu m$ 及 $0.65\mu m$ 附近有两个吸收谷。

叶子的多孔薄壁细胞组织(海绵组织)对 $0.8\sim1.3\mu m$ 的近红外光强烈地反射,形成光谱曲线上的最高峰区,其反射率可达 40%,甚至高达 60%,吸收率不到 15%。

3) 叶子的含水量

叶子在 $1.45\mu m$、$1.95\mu m$ 和 $2.6\sim2.7\mu m$ 处各有一个吸收谷,这主要是由于叶子的细胞液、细胞膜及水分对相应波长能量吸收而形成。

植物叶子含水量增加,将使整个光谱反射率降低(以玉米叶为例,见图 6-12),反射光谱曲线的波状形态变得更为明显,特别是在近红外波段,几个吸收谷更为突出。

4) 植物覆盖程度

植物覆盖程度也对植物的光谱曲线产生影响。当植物叶子的密度不大,不能形成对地面的全覆盖时,传感器接收的反射光不仅含有植物本身的光谱信息,而且还包含有部分下垫面反射光的信息,是两者的叠加。以不同生长阶段的棉花叶子的反射光谱为例(如图 6-13

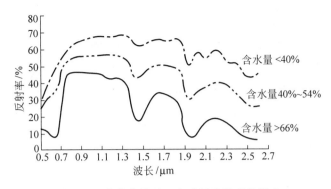

图 6-12　水分含量对玉米叶子反射率的影响

所示),棉花叶子的层次越多,即叶面积指数 LAI(单位地表面积上方植物叶子面积的总和)越大,光谱曲线特征形态受背景下垫面的影响越小。当叶面积指数大于 5 时,几乎不受下垫面的影响。

3. 不同植被类型的区分

不同植被类型,由于组织结构不同,季相不同,生态条件不同,因而具有不同的光谱特征、形态特征和环境特征,在遥感影像中可以表现出来。

1) 利用植物组织结构的不同

不同植物由于叶子的组织结构和所含色素不同,具有不同的光谱特征。如禾本科草本植物的叶片组织比较均一,没有栅状组织和海绵组织的区别,细胞壁多角质化并含有硅质,透光性较阔叶树差。茂密的草本植物反射率在可见光区低于阔叶树,而在近红外光区可高于阔叶树(图 6-14)。阔叶树叶片中的海绵组织使其在近红外光区的反射明显高于没有海绵组织的针叶树。图 6-14 还表明,在 $0.8 \sim 1.1 \mu m$ 的近红外光区影像上,可以有效地区分出针叶树、阔叶树和草本植物。

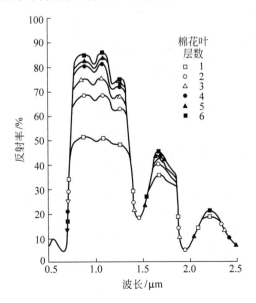

图 6-13　棉花叶子 1~6 层叠置的光谱曲线

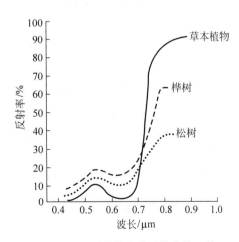

图 6-14　不同植物光谱反射曲线比较

2）利用植物物候期的差异

利用植物物候期的差异来区分植物，也是植被遥感的重要方法之一。最明显的是冬季时，落叶树的叶子已经凋谢，叶子的色素组织都发生变化，在遥感影像上显示不出植物的影像特征，在可见光区和近红外光区，总体的反射率都下降，蓝光的吸收谷和红光的吸收谷都不明显。而常绿的树木仍然保持植物反射光谱曲线特征，两者很容易辨别。同一种植物在不同季节的光谱特征有明显的变化；不同的植物生长期不同，光谱特征的变化也是不一样的。因此通过各种植物的物候特征、生长发育的季节变化，可以利用有利时机，识别植物的种类。

3）利用植物生态条件的区别

可根据植物生态条件区别植物类型。不同种类的植物有不同的适宜生态条件，如温度条件、水分条件、土壤条件、地貌条件等。这些条件在一个地区综合地影响着植被的分布，但其中的主导因素起着重要的作用。如在我国北方，那些要求温度变幅较小、湿度较大的林木多生长在山地的阴坡，而对温度和湿度要求较低的草地多分布在山地的阳坡。

受温度的限制，不同地理地带生长着不同的植物，在同一地理地带受海拔高度的影响，形成不同的温度-湿度组合和植被类型。如山西省太原市以北地区植物按照高程的分布如表 6-1 所示。

表 6-1　山西省太原市以北地区植物按照高程的分布

海拔/m	植物群落
2500 以上	山地草甸
2200～2500	云松、红桦
1600～2200	华北落叶松、云杉、白桦、杨
1200～1600	刺槐、蒙古栎、辽东栎、杨
700～1200	杨、栎

根据植物的分布规律，结合影像上反映的植物光谱特征和物候历可以判断出自然植被的类型和农作物的种类。

在高分辨率遥感影像上，不仅可以利用植物的光谱来区分植被类型，而且可以直接看到植物顶部和部分侧面的形状、阴影、群落结构等，可比较直接地确定乔木、灌木、草地等类型，还可以分出次一级的类型。

草本植物在高分辨遥感影像上表现为大片均匀的色调，由于草本植物比较低矮因而看不出阴影，这有别于灌木和乔木。

灌木的遥感影像呈不均匀的细颗粒结构，一般灌木植株高度不大，阴影不明显。

乔木形体比较高大，有明显的阴影，根据其落影可看到其侧面的轮廓。由乔木的树冠也可明显地识别出其阳面和阴面（本影）以及树冠的形状，并结合其纹理结构的粗细，明确地区分出针叶树和阔叶树，甚至具体的树种。

在此基础上，还可以区分出针阔叶混交林、常绿落叶阔叶混交林、森林草地、灌木草地等。

6.3.2　植被指数

1. 植被指数的概念

遥感图像上的植被信息主要通过植被的光谱特性及其差异反映出来。不同光谱通道所获得的植被信息与植被的不同要素或某种特征状态有各种不同的相关性。如在叶子的光谱特性中,可见光谱段主要受叶子叶绿素含量的控制,近红外谱段主要受叶内细胞结构的控制,短波红外谱段主要受叶细胞内水分含量的控制。

可见光中绿光波段 $0.52\sim0.59\mu m$ 对区分植物类别敏感,红光波段 $0.63\sim0.69\mu m$ 对植被覆盖度、植物生长状况敏感,等等。但是,对于复杂的植被遥感,仅用个别波段或多个单波段数据分析对比来提取植被信息是相当局限的。因而一些科学家选用多光谱遥感数据经分析运算(加、减、乘、除等线性或非线性组合方式),产生某些对植被长势、生物量等有一定指示意义的数值,即所谓的"植被指数"。植被指数形式简单而有效,它仅用光谱信号来实现对植物状态信息的表达,以定性和定量地评价植被覆盖、生长活力及生物量等。

为构建植被指数计算公式,通常选用的波段包括对绿色植物具有强吸收作用的可见光红波段($0.6\sim0.7\mu m$)和对绿色植物具有高反射和高透射作用的近红外波段($0.7\sim1.1\mu m$)。这两个波段不仅是植物光谱、光合作用中最重要的波段,而且它们对同一生物物理现象的光谱响应截然相反,形成明显的反差。因此,可以用比值、差分、线性组合等多种组合来增强或揭示隐含的植物信息。

2. 植被指数的种类

植被光谱受到植被本身、环境条件、大气状况等多种因素的影响,因此植被指数往往具有明显的地域性和时效性。20多年来,国内外学者已研究发展了几十种不同的植被指数模型,大致可归纳为以下几类。

1) 比值植被指数(ratio vegetation index,RVI)

由于可见光红波段(R)与近红外波段(NIR)对绿色植物的光谱响应具有很大不同,两者简单的数值比能充分表达两反射率之间的差异。比值植被指数可表达为

$$RVI = DN_{NIR}/DN_R \quad 或 \quad RVI = \rho_{NIR}/\rho_R \tag{6-28}$$

式中,DN_{NIR}——近红外、红波段的灰度值;

DN_R——红波段的灰度值;

ρ_{NIR}——近红外波段的地表反射率;

ρ_R——红波段的地表反射率。

对于绿色植物而言,由于叶绿素引起的红光吸收和叶肉组织引起的近红外强反射,RVI值高;而对于无植被的地面,包括裸土、人工特征物、水体以及枯死或受胁迫植被,因不显示这种特殊的光谱响应,则RVI值低。一般土壤有近于1的比值,而植被的比值则会高于2。因此,比值植被指数能增强植被与土壤背景之间的辐射差异,可提供植被反射的重要信息,是植被长势、丰度的量度方法之一。

RVI是绿色植物的一个灵敏的指示参数,被广泛用于估算和监测绿色植物生物量。在植被高密度覆盖情况下,它对植被十分敏感,与生物量的相关性最好。但当植被覆盖度小于50%时,它的分辨能力显著下降。此外,RVI对大气状况很敏感,大气效应大大地降低了它对植被检测的灵敏度,尤其是当RVI值高时。因此在计算RVI前,最好先对遥感数据进行大气纠正,或将两波段的灰度值(DN)转换成反射率(ρ)后再计算RVI,以消除大气对两波段不同非线性衰减的影响。

2) 归一化植被指数(normalized difference vegetation index,NDVI)

针对浓密植被的红光反射很小,其RVI值将无界增长这一状况,Deering(1978)提出将

比值植被指数 RVI 经非线性归一化处理得归一化差值植被指数（NDVI），使其比值限定在 $[-1,1)$ 范围内，即

$$\text{NDVI} = \frac{\text{DN}_{\text{NIR}} - \text{DN}_{\text{R}}}{\text{DN}_{\text{NIR}} + \text{DN}_{\text{R}}} \quad \text{或} \quad \text{NDVI} = \frac{\rho_{\text{NIR}} - \rho_{\text{R}}}{\rho_{\text{NIR}} + \rho_{\text{R}}} \tag{6-29}$$

在植被遥感中，NDVI 的应用最为广泛，它有如下特征：

（1）NDVI 是植被生长状态及植被覆盖度的最佳指示因子。许多研究表明，NDVI 与叶面积指数（LAI）、绿色生物量、植被覆盖度、光合作用等植被参数有关，还与叶冠阻抗、潜在水汽蒸发、碳固留等过程有关，甚至整个生长期的 NDVI 对半干旱区的降雨量、对大气 CO_2 浓度随季节和纬度变化均敏感。因此 NDVI 被认为是监测地区或全球植被和生态环境变化的有效指标。

（2）NDVI 经比值处理，可以部分消除与太阳高度角、卫星观测角、地形、云/阴影和大气条件有关的辐照度条件变化等的影响。同时 NDVI 的归一化处理，使因遥感器标定衰退（即仪器标定误差）对单波段的影响从 $10\% \sim 30\%$ 降到对 NDVI 的 $0 \sim 6\%$，并使由地表二向反射和大气效应造成的角度影响减小。因此 NDVI 增强了对植被的响应能力。

（3）对于陆地表面主要覆盖物而言，云、水、雪在可见光波段比近红外波段有较高的反射作用，因而其 NDVI 值为负值；岩石、裸土在两波段有相似的反射作用，因而其 NDVI 值近于 0；而在有植被覆盖的情况下，NDVI 为正值，且随植被覆盖度的增大而增大。几种典型的地面覆盖类型在大尺度 NDVI 图像上区分鲜明，植被得到有效的突出。因此，它特别适用于全球或各大陆等大尺度的植被动态监测。此外，研究表明，对于 MSS、TM、NOAA/AVHRR、SPOT 这四种遥感器，NDVI 的变动远小于 RVI。

（4）NDVI 增强了近红外与红色通道反射率的对比度，它是近红外和红色比值的非线性拉伸，其结果是增强了低值部分，抑制了高值部分。结果导致对高植被区较低的敏感性。

（5）NDVI 对土壤背景的变化较为敏感。实验证明，当植被覆盖度小于 15% 时，植被的 NDVI 值高于裸土的 NDVI 值，植被可以被检测出来，但因植被覆盖度很低，如干旱、半干旱地区，其 NDVI 很难指示区域的植物生物量；当植被覆盖度在 $25\% \sim 80\%$ 范围增加时，其 NDVI 值随植物量的增加呈线性迅速增加；当植被覆盖度大于 80% 时，其 NDVI 值增加延缓而呈饱和状态，对植被检测灵敏度下降。实验表明，作物生长初期利用 NDVI 将过高估计植被覆盖度，而在作物生长的后期 NDVI 值偏低。因此，NDVI 更适用于植被发育中期或中等覆盖度（低等至中等叶面积指数）的植被检测。

3）调整土壤亮度的植被指数（SAVI、TSAVI、MSAVI）

为了修正 NDVI 对土壤背景的敏感性，Huete 等（1988）提出了土壤调整植被指数（soil-adjusted vegetation index，SAVI），其表达式为

$$\text{SAVI} = \left(\frac{\text{DN}_{\text{NIR}} - \text{DN}_{\text{R}}}{\text{DN}_{\text{NIR}} + \text{DN}_{\text{R}} + L} \right)(1 + L)$$

$$\text{或} \quad \text{SAVI} = \left(\frac{\rho_{\text{NIR}} - \rho_{\text{R}}}{\rho_{\text{NIR}} + \rho_{\text{R}} + L} \right)(1 + L) \tag{6-30}$$

式中，L——土壤调节系数。

L 由实际区域条件决定，用来减小植被指数对不同土壤反射变化的敏感性。当 L 为 0 时，SAVI 就是 NDVI。对于中等植被盖度区，L 一般接近于 0.5。乘法因子 $1+L$ 主要用来

保证 SAVI 值与 NDVI 值一样介于 -1 和 $+1$ 之间。

大量试验证明,SAVI 降低了土壤背景的影响,改善了植被指数与叶面积指数 LAI 的线性关系,但可能丢失部分植被信号,使植被指数偏低。

Baret 和 Guyot(1989)提出植被指数应该依特殊的土壤特征来校正,以避免其在低 LAI 值时出现错误。为此他们又提出了转换型土壤调整指数(TSAVI):

$$\text{TSAVI} = [a(\text{NIR} - a R - b)]/(a\,\text{NIR} + R - ab) \tag{6-31}$$

式中,a、b——描述土壤背景值的参数;

R、NIR——红波段和近红外波段地物反射率。

为了减少 SAVI 中裸土影响,又发展了修改型土壤调整植被指数(MSAVI),可表示为

$$\text{MSAVI} = (2\text{NIR} + 1) - \sqrt{(2\text{NIR} + 1)^2 - 8(\text{NIR} - R)}/2 \tag{6-32}$$

SAVI 和 TSAVI 在描述植被覆盖和土壤背景方面有较大的优势。由于考虑了(裸土)土壤背景的有关参数,TSAVI 比 NDVI 对低植被覆盖度有更好的指示意义,适用于半干旱地区的土地利用制图。

4) 差值植被指数(difference vegetation index,DVI)

差值植被指数(DVI)被定义为近红外波段与可见光红波段反射率之差,即

$$\text{DVI} = \text{DN}_{\text{NIR}} - \text{DN}_{\text{NR}} \tag{6-33}$$

差值植被指数的应用远不如 RVI、NDVI 广泛。它对土壤背景的变化极为敏感,有利于对植被生态环境的监测,因此又称环境植被指数(EVI)。另外,当植被覆盖浓密($\geqslant 80\%$)时,它对植被的灵敏度下降,适用于植被发育早-中期,或低-中覆盖度的植被检测。

5) 穗帽变换中的绿度植被指数(green vegetation index,GVI)

为了排除或减弱土壤背景值对植物光谱或植被指数的影响,除了前述的一些调整、修正土壤亮度的植被指数(如 SAVI、TSAVI、MSAVI 等)外,还广泛采用了光谱数值的穗帽变换技术(tasseled cap,TC)。有关该技术细节参见第 3 章中的光谱增强部分。

6) 垂直植被指数(perpendicular vegetation index,PVI)

PVI 是在 R、NIR 二维数据中对 GVI 的模拟,两者物理意义相似。在 R、NIR 的二维坐标系内,土壤的光谱响应表现为一条斜线,即土壤亮度线(图 6-15)。随着土壤特性的变化,其亮度值沿土壤线上下移动。而植被一般在红波段光谱响应低,而在近红外波段光谱响应高。因此在这二维坐标系内植被多位于土壤线的左上方,不同植被与土壤亮度线的距离不同。

Richardson(1977)把植物像元到土壤亮度线的垂直距离定义为垂直植被指数,表示为

$$\text{PVI} = \sqrt{(S_{\text{R}} - V_{\text{R}})^2 - (S_{\text{NIR}} - V_{\text{NIR}})^2} \tag{6-34}$$

式中,S——土壤反射率,下标 R 表示红光波段,NIR 表示近红外波段;

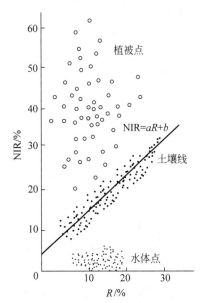

图 6-15　NIR-R 二维空间中的土壤线

V——植被反射率。

PVI 表征在土壤背景上存在的植被的生物量，数值越大，生物量越大。也可将 PVI 定量表达为

$$PVI = (DN_{NIR} - b)\cos\theta - DN_R\sin\theta \tag{6-35}$$

式中，DN_{NIR}——像元在近红外（NIR）波段的反射辐射亮度值；

　　　DN_R——像元在红波段的反射辐射亮度值；

　　　b——土壤线与 NIR 反射率纵轴的截距；

　　　θ——土壤线与反射率横轴的夹角。

PVI 较好地滤除了土壤背景的影响，且对大气效应的敏感程度也小于其他植被指数。正因为它减弱或消除了大气、土壤的干扰，所以被广泛应用于大面积作物估产。

6.3.3　植被生态遥感的应用

植被遥感解译有极为广泛的用途，资源卫星都把植被的探测作为重要的目标，无论是传感器波段的选择还是重访周期（时相分辨率）的选择都充分考虑植被的生长规律。

1. 植物生态健康状况解译

健康的绿色植物具有典型的光谱特征。当植物生长状况发生变化时，其波谱曲线的形态也会随之改变。如植物因受到病虫害，或农作物因缺乏营养和水分而生长不良时，海绵组织受到破坏，叶子的色素比例也发生变化，使得可见光区的两个吸收谷不明显，$0.55\mu m$ 处的反射峰按植物叶子被损伤的程度而变低、变平。近红外光区的变化更为明显，峰值被削低，甚至消失，整个反射光谱曲线的波状特征被拉平（图 6-16）。因此，根据受损植物与健康植物光谱曲线的比较，可以确定植物受伤害的程度。

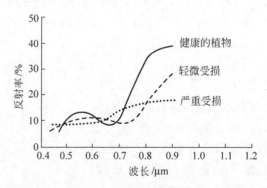

图 6-16　遭受不同程度损害的植物的反射光谱曲线

2. 植被及其动态变化制图

应用遥感影像进行植被的分类制图，尤其是大范围的植被制图，是一种非常有效而且节约大量人力物力的工作，已被广泛采用。在我国内蒙古草场资源遥感调查、"三北"防护林遥感调查、水土流失遥感调查、洪湖水生植被调查、洞庭湖芦苇资源调查、天山博斯腾湖水生植物调查、新疆塔里木河流域胡杨林调查、华东地区植被类型制图、南方山地综合调查等许多研究中，都充分利用了遥感影像，其制图精度超过了传统方法。此外，在湖北的神农架地区

以及湖北、四川部分地区的大熊猫栖息地的调查中,利用遥感影像把大熊猫的主要食用植物箭竹与其他植物区别开来,从而为圈定大熊猫的栖息地起到了重要的作用。

随着全球生态环境的变化,植被生态遥感从主要了解局地植物状况和类型,发展到围绕全球生态环境而进行大尺度(全球、洲际、国家)植被的动态监测及植被与气候环境关系的研究上。

3. 城市绿化调查

改善城市的生态环境,提高城市绿化水平,是城市生态建设的重要问题。近20年来,我国应用高分辨率遥感影像进行城市绿化调查已取得了显著的成效。我国的几个主要特大城市都进行过这方面的工作,如北京市的8301工程,上海市的三轮遥感综合调查,又如广州市、天津市、桂林市都应用航空遥感影像,制作了城市绿地分布、绿地类型等图件,进行定量研究。上海市在第二轮航空遥感综合调查中,通过遥感影像解译与野外实测相结合找出遥感影像特征与植株高度、胸径的关系,提出"三维绿化指数"或"绿量"指标,以代替原先的"绿化覆盖率"指标,来评价城市绿化水平。研究指出,相同面积的草地、灌木和乔木具有相同的"绿化覆盖率",但具有不同的"绿量",其中,乔木具有最高的"绿量",而草地的绿量最小,同样面积的乔木制氧和净化空气的效率为草地的4~5倍。要提高城市绿化水平,不仅要提高绿化覆盖率,更重要的是要提高"三维绿化指数",也就是说要提高绿化的质量,这对改善城市生态建设和管理的理论与实践都有重要指导意义。

4. 草场资源调查

草场上牧草的长势好坏与牧草的产量直接相关,而产草量是载畜量的决定因素。我国在内蒙古草场遥感综合调查、天山北坡草场调查、湖北西南山区草场调查、西藏北部草场调查中,在应用遥感技术确定草场类型,进行草场质量评价的基础上,在内蒙古草场资源遥感中,结合地面样点光谱测量数据,得出比值植被指数 $RVI=NIR/R$ 与产草量 W 有良好的关系:

$$W=-86.9+162.65RVI \quad (相关系数\ r=0.966)$$

根据这一方程计算出全自治区草场的总产草量。为保证草场的更新和持续利用,可供牲畜食用的草量仅为总产草量的50%左右,按此比例得出全自治区可食产草量为91 286 657.02t。以每头绵羊平均日食鲜草3.5kg计算,求出全自治区的适宜载畜量为7066.3万头绵羊单位(其他大牲畜1头相当1.5头绵羊单位)。将这一指标与实际载畜量进行比较,可以确定哪些草场还有潜力,哪些草场属于超载,从而为畜牧业的发展提供科学的依据。在具体工作中还可以划分出不同草场类型、不同产草量等级,分别确定合理的载畜量。

5. 林业资源调查

林业部门是我国采用遥感技术进行资源调查最早的部门之一,在我国的各大林区都应用过遥感影像制作森林分布图、宜林地分布图等,并对林地的面积变化进行动态监测。尤其是1987—1990年全面开展的"三北"防护林遥感综合调查的重点科技攻关项目,对横贯我国东北、华北和西北已建的防护林网的分布、面积、保存率和有效性进行评估。在调查研究中采用陆地卫星TM影像、国土卫星影像和试点区的航空遥感影像进行解译,制作了林地分布、立地条件、土地利用、土地类型等多种专题图,对典型地区建立了资源与环境信息系统。

结果表明,我国"三北"防护林建设取得了重大成就,"三北"地区森林覆盖率由 1997 年的 6.31％增加到 8.43％,农田生态环境得到部分改善。通过调查,还对防护树种结构等问题提出了改进建议。这项调查的成果,为我国"三北"防护林建设的科学决策提供了依据,有效地促进了遥感的实用化。

6.4　土壤遥感

土壤是覆盖地球表面的具有农业生产力的资源,它与很多环境问题相关,比如流域非点源污染、沙尘暴等。地球的岩石圈、水圈、大气圈和生物圈与土壤相互影响、相互作用。

土壤遥感的任务是通过遥感影像的解译,识别和划分出土壤类型,制作土壤图,分析土壤的分布规律。

土壤是在地形、母质、气候、时间、植被等自然因子及人为因素综合影响下发生、发展和演化的。土壤特征反映了各种因素共同作用的结果。在遥感影像上,不同类型土壤的特征不像水体、植被的差别那么大,同时,由于土壤性状主要表现在剖面上,而不是表现在土壤的表面,因此仅靠土壤表面电磁波谱的辐射特性来判别土壤类型并不直接。但是由于土壤与上述成土因子关系密切,特别是受主导因素的影响较大,因此仍有规可循。通过遥感影像综合分析,可以取得较好的判别效果。依靠间接的解译标志进行综合分析,对于土壤解译显得特别重要。

6.4.1　土壤的光谱特征

在地面植被稀少的情况下,土壤的反射曲线与其机械组成和颜色密切相关(图 6-17)。颜色浅的土壤具有较高的反射率,颜色较深的土壤反射率较低,如图 6-17 中的黑土反射率远低于浅色的黄壤。在干燥条件下同样物质组成的细颗粒的土壤,表面比较平滑,具有较高的反射率,而较粗的颗粒具有相对较低的反射率。有机质含量高,也使反射率降低。随着土壤水的含量增加,反射率曲线下移,并有两个明显的水分吸收谷(图 6-18),但当土壤水超过最大毛管持水量时,土壤的反射光谱不再降低,而当土壤水处于饱和状态或过饱和状态时,土壤表面会形成一层薄薄的水膜。在地表平坦时,接近于镜面反射,其反射率反而增高。

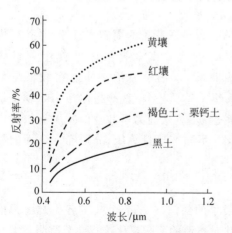

图 6-17　不同颜色土壤的反射光谱

在雷达遥感中,不同含水量的土壤介电特性不同,其回波信号也不同,据此可建立后向散射系数和土壤水分含量的函数关系,后向散射系数可由雷达获取,因此通过此函数关系即可反演出土壤湿度。目前,大多数研究是利用统计方法,通过数据间的相关分析,建立土壤含水量(一般在 10cm 以内)与后向散射系数之间的经验函数公式,而以线性关系应用最普遍,但雷达后向散射与土壤水分并不是线性相关。目前,土壤湿度雷达监测的算法主要包括半经验法、土

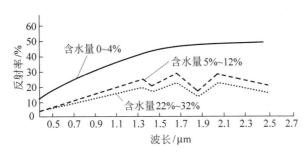

图 6-18　不同含水量组的"切尔西"砂的光谱反射曲线

壤湿度变化探测法、数据融合法和后向散射模型法等。也有的利用理论模型积分方程模型（IEM）或改进的 AIEM 方法计算。

当土壤表面有植被覆盖时,如覆盖度小于 15%,其光谱反射特征仍与裸土相近。植被覆盖度在 15%～70% 时,表现为土壤和植被的混合光谱,光谱反射值是两者的加权平均。植被覆盖度大于 70% 时,基本上表现为植被的光谱特征。

此外,土壤的光谱特征还受到地貌、耕作特点等影响。

6.4.2　土壤类型的确定

判别土壤类型首先需要确定土类,它是根据一个地区的生物气候条件确定的。因此,在进行土壤遥感解译时,首先要确定研究区的水平地理地带作为基带。例如在内蒙古草场遥感土壤解译、制图时,研究了内蒙古地区的水平地带及特点,由于纬度地带性和海陆地带性的共同作用,从东南向西北形成了弧形的水平分带,依次为温带森林草原、草甸草原、干草原、半荒漠和荒漠带,相应发生的土类为温带森林草原黑土、草甸草原黑钙土、干草原黑钙土、半荒漠棕钙土、灰钙土和漠土。明确了所在地区的地带,即可作为解译的"基带"。在此基础上,再进一步考虑垂直带性和非带性因素对土壤类型的影响。

其次是确定亚类。土壤的亚类是在成土过程中受局部条件的影响,如不同的植被、地貌、水热条件等,土类发生变化而形成的次一级类型。如山东省的棕壤地区,在河谷坡地上为潮棕壤亚类,在陡坡及植被稀疏坡地上为棕壤性土亚类,在缓岗上形成褐土化潮土亚类。在这种情况下,可以将容易解译的地貌部位和植被特征结合,间接地在棕壤为基带的地区内确定上述土壤亚类。

土属的划分主要以地区性条件为依据,如地貌、母质等,在亚类的基础上再分出土属,如残积坡积棕壤性土、黄土状褐土化潮土、河湖积潮棕壤等。

土种主要根据土壤剖面特征来划分,遥感影像较难发现,但可根据地形部位、母质等特征推断土层厚薄,作为土壤分类的参考。

综合分析和间接解译时要注意,土壤的发育变化速度落后于气候、水文的变化及植被的更替。有些地区森林退缩,林地消失,被草地代替,而土壤仍保持森林土特性（如灰化土、棕壤等）。此时,仅依靠植被确定为草原植被下有关土壤类型（如栗钙土、黑钙土等）就会发生误判。要解决这一问题,一是在解译过程中必须注重历史变化,二是对两种类型的过渡和边缘地区进行适当的现场验证,以提高解译的精度。

确定土壤类型还可以根据土地利用特点进行。如在南方许多低平的河谷平原地区,按自然土壤分类可能被划入草甸类型,但经人工开发耕种而成为水稻土及其次一级类型。而水稻田因有特殊的光谱特征、区位特征及形状特征,较容易识别,尤其是在高分辨率的遥感影像上,水稻田有明显的光谱特征。

在确定基带的基础上,由于地形的变化产生地形地带的垂直分异,尤其是海拔高度的变化,引起了水热条件的重新组合,成土因子随着变化,土壤也发生垂直方向更替。可以把遥感影像、地形图的判断及少量野外调查得出的自然规律与遥感影像特征结合起来,确定土壤的类型。

我国云南腾冲地区处于热带或亚热带南部,在高温湿润环境下,土壤基本属于砖红壤、红壤等。由于海拔高差大,垂直分布明显,在具体解译过程中通过影像特征及景观生态规律综合分析,制作出土壤图。

在新疆南部的土壤遥感解译中,根据影像划分出山地、山前洪积扇、冲积平原、荒漠平原、片状绿洲、线状绿洲等地理单元,并进一步划分了沿河、湖滨等地区,在此基础上进行土壤解译、制图。

不同分辨率、不同波段的遥感影像在土壤类型的解译中有不同的作用。分辨率较低的遥感影像对土类和亚类的划分和识别可以起到较大的作用。由于其视野较广,有利于区域的宏观综合分析,适合于进行小比例尺的制图。高分辨率的遥感影像对地面的细节显示得比较清楚,有利于确定土壤形成的具体地貌条件、植被类型等,能帮助进行土属和土种的确定,适合于中、大比例尺的土壤制图。

具有较大的波段覆盖范围和较多波段数的传感器可以显示土壤的特征光谱。波段覆盖范围较窄、波段数少的传感器,不利于土壤的遥感探测。

6.5 土地覆被/土地利用遥感

土地覆被/土地利用是人类生存和发展的基础,也是流域(区域)生态环境评价和规划的基础。同时,土地覆被/土地利用变化(LUCC)是目前全球变化研究的重要部分,是全球环境变化的重要研究方向和核心主题。进入20世纪90年代以来,国际上加强了对LUCC在全球环境变化中的研究工作,使之成为目前全球变化研究的前沿和热点课题。监测和测量土地覆被/土地利用变化过程是进一步分析土地覆被/土地利用变化机制并模拟和评价其不同生态环境影响的基础。

6.5.1 土地覆被/土地利用

1. 土地覆被/土地利用的概念

土地覆被(land cover)是随着遥感技术的发展而出现的一个新概念,它的含义与土地利用相近,只是研究的角度有所不同。它是地球表面自然和社会经济(土地利用)的重要的外在表现,在空间上通过其表象和形态结构的属性来彼此区别,并且能指示景观内的活动和变化强度。土地覆被侧重于土地的自然属性。而土地利用(land use)侧重于土地的社会属性。如对林地的划分,从林地的利用出发,将林地分为用材林地、经济林地、薪炭林地、防护林地等;根据林地生态环境的不同,将林地分为针叶林地、阔叶林地、针阔混交林地等。因此,区分土地利用和土地覆被这两个概念也很重要。

土地利用与土地覆被之间有着一定的关系,土地利用影响着土地覆被的变化,同样,土地覆被变化不仅改变着生态系统的生物多样性,而且将对局地、区域土地利用及全球气候产生深远的影响。土地覆被变化包括生物多样性、现实和潜在的生产力、土壤质量以及径流和沉积速度等种种变化。随着社会与科学技术的发展,人类开发利用资源、改造环境的能力不断增强,人类的各种活动在加速着这种变化。目前,引起土地覆被/土地利用变化的主要原因有:①自然过程,例如气候和大气的变化、自然及人为火情和病害虫的蔓延等;②人类活动的直接影响,如砍伐森林、修筑道路;③人类活动的间接影响,如河流分道与筑坝引起水位降低等。

2. 土地覆被/土地利用的基本特点

1) 土地覆被/土地利用的自然特征

土地覆被/土地利用包含了地球陆地表面的所有自然和人类建筑对象,是一个复杂的综合体,这就决定了土地覆被/土地利用信息也是这一复杂空间对象的反映,其信息的自然特征就是这些对象自然属性的反映。土地覆被/土地利用信息的自然特征体现在两个方面,即其空间特征和时间特征。

土地覆被/土地利用信息的空间特征主要表现为:信息主要反映土地覆被/土地利用本身的空间分布,包括类型、面积、状态、空间位置和区域间的差异等几个方面。

土地覆被/土地利用信息的时间特征主要表现为:土地覆被/土地利用信息在时间上的即时属性,即土地覆被/土地利用信息仅仅反映当时瞬间的土地覆被/土地利用特征,因而信息具有时间上的有效性问题。土地覆被/土地利用是一个随时变化的动态过程,其信息也表现为相应的变化特征。

2) 土地覆被/土地利用的社会属性

土地覆被/土地利用的社会属性主要是人们通过对土地覆被/土地利用信息的获取和处理,从而研究土地覆被/土地利用的基本特征以及动态变化特征,进而掌握其规律性,以实现为人类服务特别是实现可持续利用的目的。

土地覆被/土地利用是一种综合的概念,是由不同的利用类型和覆盖类型形成的,不同的利用类型和不同的覆盖类型具有不同的表现特征,从而决定了其信息的可分离性和可获取性。由于土地覆被/土地利用信息在空间上和时间上具有连续性,因此在信息获取时选择在空间和时间上具有代表意义的区域或时间段,对土地覆被/土地利用信息获取具有重要的意义。同时,由于土地覆被/土地利用信息的时间有效性,因而在一定社会目的下,对信息获取和信息处理就具有一定的时间周期要求,即不同时间范围内获取的信息具有不同的使用价值。

3. 土地覆被/土地利用研究国际背景

"国际地圈与生物圈计划"(IGBP)和"全球环境变化人文计划"(HDP)在广泛征集各国科学家意见的基础上,于 1995 年提出了一个详细的 LUCC 研究计划,确定了三个研究重点,包括:

(1) 土地利用动态。该研究重点是实例比较研究,目的在于了解土地利用变化的自然和人文驱动力,从而有助于建立复杂的区域和全球模型。

（2）土地覆被动态。通过直接观测（如卫星图像和野外调查）和建立模型对土地覆被进行区域评价。

（3）区域和全球模型。研究的目的是改进现有模型和建造新的模型，用于预测各种动因下的土地利用变化，同时还将建立一个能够将不同方法综合起来的模型结构。

在三个重点之中还贯穿有两项综合活动：

（1）数据和土地覆被/土地利用分类。这包括分析数据来源和质量，设计一个能够满足三个重点研究需要的土地覆被/土地利用分类结构。

（2）尺度动态。由于认识到 LUCC 过程可以出现在不同尺度上，以及随 LUCC 分析时的尺度不同会影响全面地认识 LUCC，这项活动将确定指导 LUCC 研究的主要原则。

该计划的制定为世界各国的 LUCC 研究确立了方向，也为开展国际合作提供了基础。

国际上有关土地利用变化的研究正式始于 1992 年联合国制定的《21 世纪议程》。而各国根据自己的情况开展的与土地利用变化有关的研究活动比较早。19 世纪中期，G. P. Narsh 就人类活动对地表的改变进行了讨论。V. L. Vernadsky 就人类活动对地球上主要的生物-物理-化学循环进行了分析研究。瑞典从 1972 年起在撒哈拉进行荒漠化和植被动态检测至今，对该地区土地利用和覆被变化进行了长期的研究。美国生态学会于 1988 年确定了 20 世纪最后 10 年的生态学优先研究领域，提出了创建可持续生物圈的规划（sustainable biosphere initiative，SBI），致力于研究生态学在地球资源管理和地球生命支持系统保护中的作用。自 1990 年起，隶属于国际科学联合会（ICSU）的 IGBP 和隶属于国际社会科学联合会（ISSC）的 HDP 积极筹划全球性综合研究计划，于 1995 年共同拟定并发表了《土地覆被/土地利用变化科学研究计划》，将其列为核心研究计划。国际系统应用研究所于 1995 年启动了为期三年的"欧洲和北亚土地覆被/土地利用变化模拟"项目，旨在分析 1900—1990 年该区域的土地覆被/土地利用变化的空间特征、时间动态和环境效应，并预测该区域未来 50 年土地覆被/土地利用变化的趋势，为制定相关对策服务。

6.5.2　土地覆被/土地利用分类系统

土地利用的分类和土地的分类是不同的，主要是因为土地利用分类是根据土地利用的不同目的和类型进行分类。

首先，根据利用程度上的差别和加强利用的可能性分为：已利用、可利用而目前尚未利用（如沼泽地、滩涂、重盐碱地等）、根据当前技术经济条件难以利用（如沙漠、戈壁、冰川、永久雪地、高寒荒漠、石山等）三大类。

其次，在已利用土地中，按主要用途分为：①耕地；②园地；③林地；④牧草地；⑤工矿用地；⑥城镇用地；⑦交通用地；⑧特殊用地（自然保护区、旅游用地、国防用地等）；⑨水域和湿地。

对每种用地还可根据利用条件、方式和方向，再加以细分。例如，耕地可根据水利条件分为：①水田；②水浇地；③旱地。也可根据地形条件分为：①平地；②梯地；③坡地。林地可根据利用方式分为：①用材林；②经济林；③防护林；④薪炭林。如此由大到小，由粗到细，体现一定层次等级的系统性和逻辑性。

在我国，为了进行土地利用详查，根据我国土地利用的现状和特点，由全国农业区划委员会于 1984 年制定了《土地利用现状调查技术规程》，其中土地利用现状按两级进行分类，统一编码排列：8个一级类型，包括耕地、园地、林地、牧草地、居民点及工矿用地、交通用地、水域和未利用地；二级类型按利用方式、经营特点及覆盖特征划分为46类。其地类按照下面准则进行编码：一级类型以一位阿拉伯数字1~8表示；二级类型用两位阿拉伯数字表示，前一位表示隶属的一级类型，后一位表示二级类型在该一级类型内的编码，如编码14，前一位"1"代表耕地，后一位"4"代表旱地。

2001年，国土资源部颁布了《全国土地分类(试行)》，其采用三级分类体系：一级类3个；二级类15个；三级类71个。

随着卫星遥感资料在土地覆被/土地利用调查和动态监测中的广泛应用，特别是陆地卫星TM图像的使用，针对以卫星遥感数据为主要信息源的土地利用分类系统，刘纪远(1996)等在中国资源环境遥感宏观调查与动态研究中，提出了一套完整的分类系统，该分类体系主要遵循以下四项原则：

(1)土地的资源和利用的双重属性。不管其利用与否，按土地资源的性质、特点及其利用的方式划分类型，以反映土地资源和利用状况。

(2)考虑利用遥感技术开展土地资源分类调查及可能达到的精度。

(3)监测土地资源动态变化的连续性。将反映土地资源动态变化的要素作为某些土地资源类型的主要标志进行定性、定量划分，如草地覆盖度与土地沙化以及水土流失关系很大，因此在草地分类中以覆盖度大小来划分二级类型。

(4)国家宏观决策的需要。在分类上，一方面尽可能与国家决策部门的要求相吻合；另一方面适应全国范围土地资源快速调查的需要。

根据上述四点原则，提出6大类25小类的全国土地资源分类系统。其中大类主要根据土地的资源和利用属性进行划分，包括耕地、林地、草地、水域、城乡工矿居民用地、未利用土地6大类；下一级主要根据土地资源经营特点、利用方式和覆盖特征进一步细分为25小类。

要注意的是，分类系统的详细程度与分类精度的问题也是必须要考虑的。分类系统越详细，则在土地利用分类时错判数就越大。因此，在建立土地覆被/土地利用分类系统时，不能一味追求详尽庞杂的分类系统，而忽略了分类的精度。

6.5.3 土地覆被/土地利用遥感信息源的选取

土地覆被/土地利用信息是一种复杂的综合信息，而遥感数据作为一种综合的空间信息，其中的各种类型土地覆被/土地利用信息也是互相混杂在一起的。

土地覆被/土地利用类型中任何一种类型均不是一个纯粹的单一对象，而是由复杂空间对象构成。同时，由于土地覆被/土地利用信息的使用者要求遥感数据的时间序列和空间区域的完整性、数据类型的完整性以及数据的现势性等，利用遥感信息进行土地覆被/土地利用信息的获取，首先必须充分考虑遥感信息的信息获取能力。不同的土地覆被/土地利用类型具有不同的空间尺度，如以土地覆被/土地利用分类中最常见的分类系统所确定的类型为例，单一对象或混合对象在空间分布中的面积大小以及获取对象信息所要求的详细程度，成为选择遥感信息源的主要依据。

在我国区域环境单元中，其单一个体的大小差别较大。总体来说，南方的耕地地块面积小于北方的。同时，受到生活习惯等的影响，我国南方的农村居民地相对规模较小，分布较为零星。根据采用陆地卫星 TM 影像对小于 6×6 个像元大小的土地覆被/土地利用类型进行系统条带采样的分析结果可以看出,我国土地覆被/土地利用类型在平原地区和北方地区相对规模较大,而南方特别是丘陵地区土地覆被/土地利用类型的破碎程度较高。

在调查中,遥感数据本身的特征决定了其在调查中的作用,通常在土地覆被/土地利用信息获取中主要使用空间分辨率为 10m～1km 的可见光及近红外波段遥感数据。对应于这一分辨率的主要遥感信息源包括 Landsat/TM/MSS、SPOT 以及 NOAA/AVHRR,其中,SPOT 5/HRG 全色波段的空间分辨率为 5m,对应于这一分辨率的最大制图比例尺为 1∶10 000,而 Landsat/TM 的空间分辨率为 30m,对应于这一分辨率的最大制图比例尺为 1∶100 000,对应于 Landsat/MSS 的最大制图比例尺为 1∶250 000,对应于 NOAA/AVHRR 的最大制图比例尺约为 1∶2 500 000。

由于土地覆被/土地利用信息获取中使用的主要为可见光、近红外波段,受天气影响较大,同时植被信息在土地覆被/土地利用信息获取中起着十分重要的作用,遥感信息的季相特性亦显得十分重要。综上所述,在土地覆被/土地利用信息获取中选择遥感信息源应遵循如下原则:

(1) 适当的空间分辨率。保证选择的遥感信息具有充足的空间分辨率,以满足信息获取中对制图比例尺以及对土地区别能力的要求。

(2) 适当的波谱分辨率。选择适当的波段组合,以满足最大限度区别不同土地覆被/土地利用类型的要求。

(3) 适当时相选择。选择适当时相的遥感信息源,是保证最大限度地获取土地覆被/土地利用信息的重要依据,选择适当时相的主要依据在于区域内植被的物候特征,并根据地物的光谱特征进行确定。

(4) 经济适用性。经济适用性是保证信息获取能进行的重要原则,即在满足其他条件的情况下,选择尽可能廉价的遥感信息源以及尽可能少的附加信息处理工作量,达到最大的经济效益。

6.5.4　土地覆被/土地利用信息的遥感提取方法

土地覆被/土地利用信息作为一种综合的信息是经常相互混淆的,尤其是在遥感图像这种空间化的统计信息中。土地覆被/土地利用信息提取即是将综合性的土地覆被/土地利用信息按照分类系统确定的主要类型分离出来,并进行综合制图的过程。

近年来,遥感信息提取的理论方法得到了飞速的发展,如自适应模糊规则分类法、特征变异增强方法、灰色相关像元分解方法、分层提取方法、遥感图像特定目标自动识别法、光谱混合分析法、重复传播网络方法、土地利用变化信息自动发现方法、土地利用变化信息的综合提取方法、土地覆被多源遥感数据的识别方法等。所有这些方法,大致可分为以下三类:

(1) 基于像元光谱特征的自动分类方法,如非监督分类和监督分类;

(2) 基于地学知识系统改进的自动分类方法;

(3) 遥感与 GIS 一体化的遥感信息提取方法。

有关这些方法的细节在此不再赘述,可参见相关章节或相关文献。

6.6　生境遥感

6.6.1　生境的概念

人们对生境的定义也经历了一个发展过程。Baker(1978)提到,生境是指能够为动物个体所占用的任何空间单位,不管时间多么短暂。也有人将生境描述为一个支持一种特有植被的区域。Morrison等(1992)对生境的概念进行了较全面的描述:与某个物种甚至某个种群(植物或动物)有关的一个区域,该区域具有能够促进该物种或种群的个体占领该区域并生存繁衍的资源(如食物、隐蔽场所、水等)和环境条件(如温度、降雨、捕食者与竞争者的存在与否等)。

划分生境类型的方法多样,划分的生境可以是比较宏观的空间单位,也可以是非常小的空间单位。Cooperrider等(1986)分析了主要的8类宏观意义上的生境:森林、草地、沙漠、冻源(tundra)、河岸、沼泽、河溪、湖泊;而Sutherland和Hill(1995)采用了与人类管理非常紧密相关的10类宏观意义上的生境:海岸、河流-运河-沟渠、大面积水体、芦苇地-沼泽-酸性泥沼、草地、农田、低地欧石楠(lowland heath land)、高地荒野和欧石楠(heath land)、开阔林地和灌木地、城区。当生境表现为小的空间单位时,生态位(niche)就是很好的表述,比如大熊猫和小熊猫生活在相同的宏观生境:森林和竹子构成的环境,且地理分布区域相同,但各自拥有独特的小生境,即生态位(魏辅文等,1999)。又比如,多种鸟可以生活在同一片林子林冠层的不同高度上,占据各自的生态位。

目前,人口急剧增长,经济飞速发展,大多数野生动物资源正以很快的速率减少,在很大程度上,这是人类直接活动(如狩猎、偷猎)或间接影响(如生境改变、退化)导致的结果,而又以因人口急剧增长而引起的对土地的不断需求,进而导致野生动物生境的丧失为最主要原因。故生境的调查监测、各种尺度上的评价及其合理利用与有效管理是"生境学"的主要内容。

6.6.2　生境调查和监测

生境调查和监测是进行生境评价的基础。Cooperrider等(1986)认为对野生动物生境的调查和监测即是对一系列生境特征的测定,这些特征可以用于预测野生动物物种存在与否及其丰度。这些生境变量包括植被结构、植物种类组成、一些自然要素的存在及其他因子。根据这些变量的测定结果得出的预测值需要通过对所感兴趣物种的存在及其相对丰度的实际观测或测定来检验;在某些情况下,这些测定需要与相关的生境变量测定同时进行。

野生动物生境调查指的是在一块土地上对选定的生境变量进行测定,以推导出野生动物物种的存在和丰度情况,其目的是确定调查区域当前支持野生动物生活的资源情况。野生动物生境监测指的是重复测定生境和种群变量,以推导土地对野生动物承载力的变化,其目的常常是问题导向的。比如,确定一些人为活动(如采矿、畜牧、娱乐活动)是怎样影响野生动物生境,并最终影响野生动物种群数量的。监测也被用于确定生境管理实施(如播种、火烧、水利发展)的有效性。尽管生境监测被设计用来检测因人为活动而引起的生境变化,但也可能被用来检测因气候条件或其他因子等不为人控制的因子的变化而导致的生境变化。因此，监测的目的不仅是测定生境变化，而且是确定导致生境变化的原因。

6.6.3   生境评价与制图

系统性的生境评价可追溯到 20 世纪 70 年代美国渔业与野生动物部的工作，尽管当时很多评价都是定性的，而如今它们已经成为世界生物多样性研究的一部分。生境评价有时被理解为单纯对某一种野生动物所进行的土地适宜性评价，但如果从广义方面来看，应包括下面几个主要方面：①生境可得性；②生境空间格局；③生境利用；④生境适宜性评估；⑤潜在生境的分布；⑥生境破碎化；⑦生境变化检测。

野生动物生境制图是野生动物研究中很重要的一个方面，包括前面提到的内容都是生境评价的重要内容，并都与生境制图直接相关。绘制野生动物不同生境类型图能够为调查和分析野生动物生境提供数据，为野生动物生境管理者进行监测提供信息。在野生动物生境管理中，绘制生境图的目的有（Cooperrider et al. ,1986）：①显示野生动物生境类型的地理位置和关系；②显示种群内部的种间关系；③量化野生动物的生境类型；④叠加野生动物的生境类型和其他资源的调查数据；⑤提供地理位置以记录动物出现和利用的特殊地点。

野生动物生境制图与土地覆被制图类似。例如，Thompson 等（1980）通过区分常见的植被类型来绘制麋鹿的生境图；Ferguson(1991)绘制了麝牛（muskoxen）的最重要的夏季采食生境图，包括湿莎草草甸、禾草冻源及禾草矮灌木冻源等土地覆被。

绘制生态系统分类图有两套方法：一套是由上至下的方法，主要针对大陆或区域尺度上的分类；另一套是由下至上的方法，主要针对各种成分的综合分类。前者是针对大空间范围的分类，如 Clements (1928) 在早期试图用占优势的自然地带性植被来划分并定位区域生态系统；近期 Brown 等（1977）以 1∶1 000 000 的比例尺，利用自然地带性植被绘制地理植被图。这种由上至下制图的缺陷在于大范围小尺度绘制出来的图很难为野外生物工作者所使用，而且制图的基础是地带性植被并非真实植被，从而导致制图的精度在野外应用中受到了限制。后者是为具体地区而绘制的图，综合了较全面的生境成分；这种在小范围内基于野外调查而进行的分类，利用多生境成分进行制图，都属于综合分类。由于综合分类图能够真实反映实际地理位置上的生态系统，故对野生动物生境制图是最合适的，因为野生动物在活动区域内与所有生境成分有关系。

Cooperrider 等(1986)强调，要调查野生动物生境，构建一张生境图来量化和具体定位生境是必须完成的工作，如果不能完成一张相对精确的生境图，野生动物生境调查就不算完成。同样，启动的监测研究也必须要有生境图。

6.6.4   生境评价遥感

为了相对快速和经济地采集野生动物的生境信息，人们开始使用卫星数据，而且，在地理信息系统支持下进行或更新野外调查，处理数据并表述相对复杂的生境的空间关系。遥感和地理信息系统已经被应用在大熊猫生境研究方面。并且遥感和地理信息系统集成的重要性已被许多野生动物生境评价科学家所认识。遥感技术在野生动物生境制图上的应用是一个正在发展的领域。

生境图的应用广泛,包括确定调查区域,支持管理规划,绘制生境适宜性图,进行生境保护评价,以及建立野生动物分布及丰度模型等。

利用遥感影像提取野生动物生境图已有许多年的历史。利用遥感影像绘制生境图,进而建立野生动物生境适宜性模型、分布模型和丰度模型的研究,大多遵循一个共同的步骤:

(1)利用光谱分类绘制生境图,产生一些有生态意义的生境类型,这个分类通常独立于野生动物数据,虽然分类过程中用的训练样本可能参考了生境的野外调查数据。这样做的内涵假设是:产生的生境图与所研究的野生动物有生态相关性。

(2)生境图应用于生境适宜性模型、分布模型和丰度模型。

生境图还可以根据记录野生动物丰度的空间单位进行重新调整,如 $1km^2$、$2km^2$ 或更大的斑块等,这样就可以使生境图和野生动物数据库具有相同的格式,用于标准统计模型的建立,并可以进行一系列统计分析,如逐步多次回归、逻辑回归、判别函数分析及典型对应分析。

绘制生境图的另一种方法是利用野生动物调查数据来进行遥感影像分类,野生动物调查所得到的粗尺度数据与高程模型 DEM 一起被用于 TM 影像分类。这样做的优势在于当野生动物普查范围只覆盖研究区域的 10% 时,利用遥感数据却能够对整个研究区域进行制图。

利用遥感影像进行分类,通常采用的方法是最大似然法,分类计算中依靠的是光谱反射信息,但在自然界中决定反射光谱值的因子多种多样,经常存在同物异谱或同谱异物的现象,从而导致分类和制图的精度不高。如今,人们开始利用专家知识系统以及神经网络系统来进行地物分类判别,不仅仅利用光谱反射信息,而且利用地形地势及其他辅助信息来加强地物分类判别的准确性,这对野生动物生境评价和制图尤为有利。

6.7   生态环境状况遥感

6.7.1   生态环境状况

生态环境状况是指生态环境的优劣程度,它以生态学理论为基础,在特定的时间和空间范围内,从生态系统层次上,反映生态环境对人类生存及社会经济持续发展的适宜程度。客观认识生态环境质量状况及其变化对区域生态环境保护具有重要意义。只有全面客观掌握区域生态环境质量的变化情况,并对未来的发展趋势做出合理判断,才能有效地制定与生态环境状况相符合的政策措施,维护可持续发展和生态平衡。近年来,生态环境质量评价技术及方法开始从单个生态环境要素转向多元要素综合评价。

6.7.2   基于遥感技术的生态环境状况评价

2015 年,环境保护部以行业标准的形式颁发了《生态环境状况评价技术规范》(HJ 192—2015),推出了主要基于遥感技术的生态环境状况指数 EI,旨在对我国县级以上生态环境提供一种年度综合评价标准。《生态环境状况评价技术规范》一共选择了 6 个评价指

数,即生物丰度、植被覆盖、水网密度、土地胁迫、污染负荷和环境限制,并通过加权求和构成了 EI,即

$$EI = 0.35 \times 生物丰度指数 + 0.25 \times 植被覆盖指数 + 0.15 \times 水网密度指数 +$$

$$0.15 \times (1 - 土地胁迫指数) + 0.10 \times (1 - 污染负荷指数) +$$

$$环境限制指数 \tag{6-36}$$

前 3 个指数可以通过遥感数据获得;土地胁迫指数可以通过遥感数据和地面监测数据获得,但其依据的土壤侵蚀模数计算复杂;而污染负荷指数和环境限制指数则必须通过其他途径获得,使得 EI 的使用明显受到限制。

徐涵秋(2013)基于 Landsat 遥感信息提出一个遥感生态指数(remote sensing environmental indicator,RSEI),以快速监测与评价区域生态质量。该指数耦合了植被指数、湿度指数、地表温度和土壤指数 4 个评价指标,分别代表绿度、湿度、热度和干度 4 大生态要素。RESI 可以及时、快速地监测城市发展扩张所引起的生态环境变化,也可实现对区域生态环境的可视化、时空分析及变化预测。

RESI 可以用含有 4 个分量指标的函数表示:

$$RESI = f(NDVI, Wet, LST, NDSI) \tag{6-37}$$

式中,NDVI、Wet、LST、NDSI——归一化植被指数、湿度指数、地表温度与土壤指数,分别代表了绿度、湿度、热度和干度。

其中:

1)湿度指数(Wet)

对于 Landsat 5 TM 影像,公式为

$$Wet = 0.0315\rho_1 + 0.2021\rho_2 + 0.3102\rho_3 + 0.1594\rho_4 -$$

$$0.6806\rho_5 - 0.6109\rho_7 \tag{6-38}$$

对于 Landsat 8 OLI 影像,公式为

$$Wet = 0.1511\rho_2 + 0.1973\rho_3 + 0.3283\rho_4 + 0.3407\rho_5 - 0.7117\rho_6 - 0.4559\rho_7 \tag{6-39}$$

式中,$\rho_i (i = 1, 2, \cdots, 7)$——影像各对应波段的反射率。

2)归一化植被指数(NDVI)

归一化植被指数 NDVI 是应用最广泛的植被指数,它与植物生物量、叶面积指数以及植被覆盖度都密切相关。计算公式为

$$NDVI = (\rho_{nir} - \rho_{red}) / (\rho_{nir} + \rho_{red}) \tag{6-40}$$

式中,ρ_{nir} 和 ρ_{red}——Landsat 影像当中的近红外与红色波段的反射率。

3)地表温度(LST)

地表温度来代表热度指标,它采用 Landsat 用户手册的模型和 Chander 等最新修订的参数来计算:

$$L_6 = gain \times DN + bias \tag{6-41}$$

$$T = K_2 / \ln(K_1/L_6 + 1) \tag{6-42}$$

$$LST = T / [1 + (\lambda T/\rho)\ln\varepsilon] \tag{6-43}$$

式中,L_6——TM 热红外 6 波段在传感器处的辐射值;

T——传感器处温度值;

DN——灰度值;

gain 和 bias——6 波段的增益与偏置值；

K_1 和 K_2——定标参数；

λ——TM6 波段的中心波长($11.5\mu m$)；

$\rho = 1.438 \times 10^{-2}$ m·K；

ε——比辐射率。

4）土壤指数（NDSI）

干度指标由裸土指数 SI 和建筑指数 IBI 合成：

$$NDSI = (SI + IBI)/2 \tag{6-44}$$

其中

$$SI = [(\rho_5 + \rho_3) - (\rho_4 + \rho_1)]/[(\rho_5 + \rho_3) + (\rho_4 + \rho_1)] \tag{6-45}$$

$$IBI = \{2\rho_5/(\rho_5 + \rho_4) - [\rho_4/(\rho_4 + \rho_3) + \rho_2/(\rho_2 + \rho_5)]\}/$$

$$\{2\rho_5/(\rho_5 + \rho_4) + [\rho_4/(\rho_4 + \rho_3) + \rho_2/(\rho_2 + \rho_5)]\} \tag{6-46}$$

习题

6-1　简述水体的光谱特征。

6-2　举例说明水体悬沙反演的主要模式及其适用性。

6-3　试论述水体叶绿素反演的主要模式及其适用性。

6-4　试论述大气环境遥感的应用范围及进展。

6-5　简述气溶胶、臭氧的反演方法。

6-6　论述基于遥感的城市热岛研究方法。

6-7　简述植被的光谱特征。

6-8　常用的植被指数有几类？说明 NDVI 的含义及其特征。

6-9　简述土壤的光谱特征。

6-10　简述遥感在生境调查中的作用和地位。

CHAPTER 7

城市热岛遥感分析案例

7.1 研究区域概况

佛山市位于广东省中南部、珠江三角洲腹地,东倚广州,西接肇庆,南连珠海,北通清远,毗邻港澳,地理位置十分优越。现为地级市,辖禅城、南海、顺德、三水、高明等五个区,总面积 3797.72km^2。

佛山市位于北回归线南面,属南亚热带和亚热带季风气候区,冬季盛行偏北风,夏季盛行偏南风。春、秋季短,夏季长。自然条件优越,光热充足,雨量充沛,具有明显的南亚热带季风气候和自然景象;地貌类型以平原为主,兼有低山、丘陵;水系发达,河网稠密,土地生产潜力大。

改革开放以来,珠三角在全国的先发优势使佛山得到发展良机,佛山经济和社会发生了巨大变化,经济总量迅速增长。佛山目前已成为全国城市综合实力 20 强之一,已跨进我国经济起飞城市的前列。

佛山市的经济迅速发展的同时,环境问题也日益凸显。城市化高速发展在城市气候上的一种表现特征为城市热岛效应的急剧增强。城市热岛效应增强会对城市气候、城市居民的生产生活和身体健康产生不利的影响。2002 年佛山市进行了行政区划调整,迎来了进一步发展的契机。为了促进城市的可持续发展,清华大学在为佛山市进行城市生态环境规划中,利用遥感对佛山市城市热岛的特征分布和发展演变做出了分析评价。

7.2 研究技术路线

以遥感为主要技术手段,并辅以地理信息数据对佛山的城市热岛分布及演变规律进行综合分析研究,采用两个不同时相(1999 年和 2003 年)的遥感数据作为主要信息源。

7.2.1 研究方法

如第 6 章所述,遥感技术在城市热岛研究领域的应用主要有两种方法：理论方法和实验方法。

　　采用实验方法对佛山市的城市热岛分布进行分析。由于没有收集到成像日的气温数据，为了划分下垫面热岛级别，设计了地面亮温的相对标准来对不同时期的遥感影像进行分析评价。

7.2.2　技术路线

　　主要技术路线如图 7-1 所示。

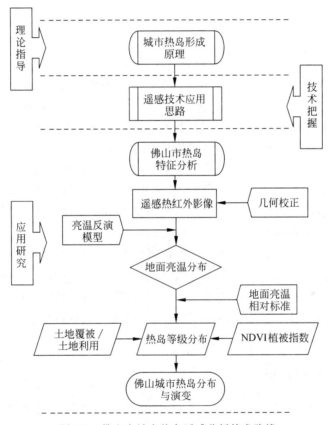

图 7-1　佛山市城市热岛遥感分析技术路线

7.3　遥感影像预处理

7.3.1　遥感数据源及相关资料

　　选用 Landsat TM 和 Landsat ETM＋遥感影像作为数据源，分别获取了 1999 年 8 月 19 日（Landsat 5 TM）和 2003 年 1 月 10 日（Landsat 7 ETM＋）两个时相覆盖佛山市大部分区域的遥感影像数据。在进行热岛遥感研究中，基础分析数据是 TM6 波段影像。Landsat 7 将传统的 TM6 波段发展为 TM61（低增益）波段和 TM62（高增益）波段（增益设置指传感器对自身信号处理部分所作的参数设定，它的变化将影响到传感器输出信号的强度，在图像上将表现为像元亮度的变化),两波段的波长范围一致,皆为 $10.4 \sim 12.5 \mu m$。研究中使用了成像效果更加理想的 TM62 作为分析依据。

除了获取两个时相的遥感数据外,还获取了一些相关的地理信息数据,主要包括:

(1) 佛山市 1:50 000 电子地图;

(2) 佛山市 1:250 000 电子地图;

(3) 佛山市 DEM 高程信息图;

(4) 2000 年佛山市土地利用类型图。

主要采用 ERDAS 遥感影像处理软件进行分析研究,配合 ArcGis 软件进行一些矢量数据处理。

7.3.2   数据准备

分别将 1999 年和 2003 年的第 6 波段数据以二进制格式导入,转变为 *.img 文件,作为热岛分析的基础文件。同时利用 ArcGis 中的 Arc 工具,将矢量(vector)数据转变为网格(grid)数据,再利用 ERDAS 的数据格式转换功能,将网格(grid)数据转换为栅格(raster)数据。这样就建立了在 ERDAS 下统一格式的基础图像数据库。

从矢量数据导入的 *.img 文件,虽然都拥有完整的地理坐标定义,但其中部分数据不具备投影信息,无法进行图像链接、叠加等后续处理。因此,使用 ArcGis 中的 Arctools 工具,对缺少投影信息的图像进行投影定义,将所有的地理信息图像统一到 Geography(Lan\Lon)\Kosversky 投影方式中,以便于进行图像间的关联操作。

由于地理信息分别以多个图形文件的方式存储,而且在几何校正中只有道路、河流等具有较好分辨特征的数据能够利用,所以利用 ERDAS 建模功能中的 STACKLAYS 命令,将多个可利用图形文件合并成一个图形文件,原始的单个图形文件转变为新图形文件的一个图层,通过切换图层可以方便地调用。至此,用于几何校正的参考地理信息数据准备完毕,可以开始几何校正步骤。

7.3.3   图像几何校正

采用三次多项式变换的几何精校正模型,利用最邻近点法对产品图像进行灰度重采样,以保证图像光谱信息不变。对佛山市两个时相遥感影像的校正工作主要包括影像到地理信息空间的校正和影像到影像的配准两个方面。第一步是将 1999 年 TM 原始影像校正到佛山市 1:50 000 电子地图上;然后将已校正过的 1999 年 TM 影像作为基准图像,将 2003 年的 ETM+原始影像配准到 1999 年的 TM 影像空间上。

1999 年和 2003 年两幅影像在校正过程中都采集了 43 个控制点,几何配准误差 RMS 分别为 45m 和 30m,符合分析要求。

经过几何校正后的影像还必须考虑是否进行地形和大气方面的误差校正。将佛山市的行政边界图与佛山市 DEM 高程图进行叠加,发现佛山市绝大部分区域位于地势平缓地带,受地形起伏的影响很小,所以可以不考虑地形阴影带来的分析误差。此外,通过 5(红)、4(绿)、3(蓝)的假彩色显示,对 1999 年和 2003 年两幅图像进行观察,发现两个时相的天气都很晴朗,只有 1999 年影像受到一些云团的影响,而且这些云团基本位于佛山市域以外,所以对大气影响也不予考虑。

7.3.4　空间建模

ERDAS 软件除了具备丰富的图像处理功能外,还提供了空间建模工具。空间建模工具实际上就是一个面向目标的模型语言环境,在这个环境中,用户可以根据需要利用直观的图形语言在视图上绘制运行流程,并分别定义输入数据、操作函数、运算规则和输出数据,通过空间建模组件构成的一组指令集,完成有关地理信息和图像处理的操作功能。本研究中涉及研究区域切割、图像合并与分离、通过灰度值反演地面亮温、图像等级划分等功能,这些功能都通过空间建模操作来实现。

7.4　地表辐射温度的反演

7.4.1　地表辐射温度的反演方法

地表辐射温度又称地面亮温,是遥感器在卫星高度所观测到的热辐射强度相对应的温度。这一温度包含大气和地表对热辐射传导的影响,它反映出与观测物体具有相等辐射能量的黑体温度,即该观测物体的亮度温度,它不是真正意义上的地表温度。在对地面比辐射率和大气影响进行校正的基础上,可以从地面亮温反演出地面的真实温度,用于城市热岛的定量化研究。

由于研究目的是反映出佛山地区地面温度的相对分布情况,从而对佛山地区的城市热岛特征状况进行描述和分析评价,因此能否反演出地面的真实温度不是决定性因素。地面亮温虽然与地面真实温度有一定差距,但两者有很好的相关性,它是反演地面真实温度的数据基础,所以地面亮温也能很好地反映出地面的热分布状况,从而我们可以推断出地面的热存储状况,为分析城市热岛提供依据。

研究用到的遥感影像基本上是在无云状态下拍摄的。在这种情况下,大气影响程度在空间上可以认为是一致的,不影响地面温度的空间相对分布。加之,大气校正是非常复杂的模拟演算过程,需要引入许多实测的辅助参数,所以,没有对图像进行大气校正。地面的比辐射率(又叫发射率),是指观测物体的辐射能量与和观测物体同温的黑体的辐射能量之比。比辐射率受到物质的介电常数、表面粗糙度、温度、波长、观测方向等条件的影响,介于 0 和1 之间。即使是同一地物,在不同时间、不同区域,其比辐射率也是不同的,甚至差异很大,一般要进行实地监测,或是根据遥感信息和有关气象参数进行推算。在本研究中设比辐射率为 1,进行相关计算。这样得到的地面温度是地面亮温或等效黑体辐射温度,虽然不能精确反映出地面的真实温度状况,但能够反映出地面温度的相对分布状况,满足分析要求。

一般情况下,与 TM 影像的像元所对应的数据是以灰度值(DN 值)来表示的,DN 值在0~255,数值越大,亮度越大。对于 TM6,亮度越大,表示地表热辐射强度越大,温度越高,反之亦然。从 TM6 数据中求算亮度温度的过程包括把 DN 值转化为相应的热辐射强度值,然后根据热辐射强度推算所对应的亮度温度。

　　陆地卫星遥感器 TM 在成像过程中，将获取的热辐射强度以一定法则换算成 DN 值，并进行数字化输出。因此，对于 TM 数据，各像元所接收到的辐射强度与其 DN 值有如下关系：

$$L_{(\lambda)} = L_{\min(\lambda)} + (L_{\max(\lambda)} - L_{\min(\lambda)}) \frac{Q_{DN}}{Q_{\max}} \tag{7-1}$$

式中，$L_{(\lambda)}$——TM 遥感器所接收到的辐射强度；

　　$Q_{\max}$——最大 DN 值，即 $Q_{\max} = 255$；

　　Q_{DN}——TM 数据的像元灰度值；

　　$L_{\max(\lambda)}$、$L_{\min(\lambda)}$——TM 遥感器所接收到的最大和最小辐射强度，即相应于 $Q_{DN} = 255$ 和 $Q_{DN} = 0$ 时的最大和最小辐射强度。

　　上式可简化为

$$L_{(\lambda)} = \text{Gain} Q_{DN} + \text{Bias} \tag{7-2}$$

式中，$\text{Gain} = \dfrac{L_{\max(\lambda)} - L_{\min(\lambda)}}{255}$——增益值；

　　$\text{Bias} = L_{\min(\lambda)}$——偏置。

　　在对 Landsat 7 ETM＋数据的有关处理和计算中，将式(7-1)修正为

$$L_{(\lambda)} = L_{\min(\lambda)} + (L_{\max(\lambda)} - L_{\min(\lambda)}) \frac{Q_{DN} - Q_{\min}}{Q_{\max} - Q_{\min}} \tag{7-3}$$

式中，$Q_{\min}$——最小 DN 值，对 LPGS（EOS Data Gateway）公司产品取 1，对 NLAPS（EarthExplorer）公司产品取 0。

　　式(7-3)中 $Q_{\min}$ 的取值变化，会造成简化式(7-2)中的计算参数 Gain 与 Bias 发生相应的变化。

　　对于美国陆地卫星（Landsat）系列来说，Gain 与 Bias 都是卫星预设的参数，在卫星运行周期中有阶段性的调整。每幅 TM 图像的 Gain 值与 Bias 值都可以在图像头文件中查到。最后的参数取值情况见表 7-1（注意单位有所差别）。

表 7-1　1999 年与 2003 年遥感影像的增益与偏置值

参数	1999 年 Landsat 5 TM 影像	2003 年 Landsat 7 ETM＋影像
Gain	0.005 632 156 mW/(cm² · sr · μm)	0.037 204 722 719 868 W/(m² · sr · μm)
Bias	0.1238 mW/(cm² · sr · μm)	3.162 795 324 963 847 W/(m² · sr · μm)

　　将热辐射强度转换为像元亮度温度的公式为

$$T = \frac{K_2}{\ln\left(\dfrac{K_1}{L_{(\lambda)}} + 1\right)} \tag{7-4}$$

式中，T——像元亮度温度，K；

　　K_1、K_2——卫星发射前预设的常数（对于 Landsat 5 与 Landsat 7 有所不同，见表 7-2）。

表 7-2   Landsat 5 与 Landsat 7 的亮温反演常数 K_1、K_2

常数	Landsat 5	Landsat 7
K_1	$60.776\mathrm{mW}/(\mathrm{cm}^2 \cdot \mathrm{sr} \cdot \mu\mathrm{m})$	$666.09\mathrm{W}/(\mathrm{m}^2 \cdot \mathrm{sr} \cdot \mu\mathrm{m})$
K_2	1260.56K	1282.71K

7.4.2 地表辐射温度的反演结果

经过上述定量计算过程,将 1999 年和 2003 年佛山市热红外影像的灰度值反演为地面亮温,1999 年影像的地面亮温分布范围是 13.6~38.2℃,2003 年影像的地面亮温分布范围是−5.8~48.7℃。将亮温分布图分别以连续假彩色显示、立体显示方式表达,得到彩图 7-2、彩图 7-3。

7.4.3 地表辐射温度、NDVI 与土地覆被类型的关系

土地覆盖变化会对 NDVI 与地表辐射温度(T_s)产生深远的影响。在使用遥感数据对一个地区的土地覆盖变化进行观测的过程中,Price(1990)发现,植被覆盖稀疏地区地表辐射温度的变化幅度比植被浓密地区要大,这种变化与地表下数厘米土壤的含水率有关。NDVI 值的高低反映了植被覆盖的浓密程度,植被覆盖状况是决定土地覆盖类型的主要因素,而土地覆盖类型又与土地利用和城市化发展密切相关。所以由于城市化发展而产生的城市热岛效应,可以很好地与表征植被覆盖度的 NDVI 指数关联起来。

植被对地表辐射温度的影响主要来自于下垫面储热结构的改变和蒸发蒸腾作用。缺乏植被覆盖(NDVI 值低)的城市地表,由于其构成材料具有无蒸发蒸腾作用的干燥性质,而且城市下垫面的导热率大、热容量高,因此地表辐射温度常常处于较高的水平。森林地区的地表辐射温度变化很有限,原因是森林具有浓密的植被覆盖(NDVI 值高),很少有土壤裸露,热流通状况良好,而且作为影响地表辐射温度的主要因素,植被的蒸发蒸腾特性具有调节地表温度使其保持与气温处于同一水平的能力。农业用地既有矮小的植被覆盖,又有裸露土壤,处于城市与森林两种极端的土地覆盖情况之间。NDVI 值的变化可以体现出地面亮温的不同。许多前人对这方面的关系进行了量化研究,发现植被覆盖(用 NDVI 表示)、地表湿度和地面温度(此处以地表辐射温度代替)具有近似三角形的关系结构,植被覆盖、湿度共同对地面温度产生影响。前已述及,湿度是植被覆盖对地面温度发生影响的一个传递因子,而植被覆盖变化的外在表现就是土地覆盖类型的变化。

为了检验土地覆盖与地表能量之间的响应关系(用 NDVI 与地表辐射温度表示),结合佛山市的土地利用类型图和佛山市的地表辐射温度分布图、佛山市 NDVI 图,对不同土地覆盖类型的地表辐射温度与 NDVI 值进行提取,提取数据见表 7-3,分布情况见图 7-4。

表 7-3　不同类型地物的地表辐射温度与 NDVI 采样表

类别	序号	T_s	NDVI	$T_s/(NDVI+1)$	类别	序号	T_s	NDVI	$T_s/(NDVI+1)$
城市	1	31.075	−0.062	33.13	农田	20	27.710	0.161	23.87
	2	29.824	−0.004	29.94		21	27.284	0.001	27.26
	3	32.316	−0.154	38.20		22	30.242	0.089	27.77
	4	30.659	−0.114	34.60		23	29.404	−0.042	30.69
	5	31.903	−0.124	36.42	森林	24	25.995	0.355	19.18
	6	31.490	0.006	31.30		25	26.855	0.607	16.71
	7	31.075	−0.058	32.99		26	26.426	0.422	18.58
	8	31.903	−0.031	32.92		27	26.426	0.589	16.63
	9	31.903	−0.071	34.34		28	26.426	0.361	19.42
	10	33.545	−0.065	35.88		29	28.560	0.419	20.13
	11	33.545	−0.131	38.60		30	26.426	0.485	17.80
农田	12	26.855	0.295	20.74		31	25.562	0.520	16.82
	13	26.426	0.274	20.74		32	25.128	0.589	15.81
	14	27.284	0.118	24.40		33	25.995	0.494	17.40
	15	28.136	0.059	26.57		34	25.995	0.414	18.38
	16	29.404	0.083	27.15		35	26.855	0.548	17.35
	17	28.560	0.176	24.29		36	27.284	0.552	17.58
	18	26.426	−0.056	27.99		37	27.284	0.433	19.04
	19	28.560	0.243	22.98		38	26.426	0.532	17.25

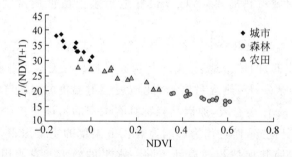

图 7-4　不同土地覆盖类型的 $T_s/(NDVI+1)$ 与 NDVI 关系图

图 7-4 所示为 1999 年不同土地覆盖类型地物的 $T_s/(NDVI+1)$ 与 NDVI 散点关系图,上面标注了城市、农田和森林土地类型的位置。由于采集的 NDVI 样本中有负值,且 NDVI 的分布范围是 −1~1,所以纵轴采用 $T_s/(NDVI+1)$,以消除负值影响并突出 T_s 对 NDVI 值的响应。其中土地利用分类采用的是 1999 年的数据,地表辐射温度值与 NDVI 值来自 1999 年 8 月 19 日的 Landsat 5 TM 数据。

从图中可以看出城市、农田、森林三种不同土地覆盖类型地物在温度与 NDVI 对应关系上表现出明显的差异,郊区、农村由于多农田和森林,可以用农田的分布特征来解释。从三种土地覆盖类型在图中所处的区域也可以识别出它们各自的植被覆盖特点:城市的植被覆盖度最低,农田介于城市和森林之间,具有中等的植被覆盖度。

7.5 城市热岛等级空间分布

7.5.1 地表辐射温度的相对标准

热岛强度是城市热岛状况的量度指标,它指城市最高温度与郊区平均温度之间的差距。这个标准只是对城市热岛在数量上的一种概括描述,并不涉及具体的空间分布特征,因而无法在分析局部的热岛形势方面发挥作用。本研究通过遥感影像反演出的地面温度并非地表真实温度,而是地面亮温,因此源自地面亮温的热岛强度对城市热岛状况的描述缺乏实用性,所以需要建立一种新的分析指标,来对城市热岛,特别是遥感研究下的城市热岛进行量化描述。而且这种指标必须在时间和空间上具有兼容性,既能反映同一区域在不同阶段的热岛演变状况,又能比较不同区域的热岛强弱与分布特征,体现出遥感研究在时间和空间上的应用优势。

根据孙飒梅(2002)引入生态监测指标用于城市热岛遥感研究的思想,类似地,引入地面亮温相对标准来表示城市热岛效应的强弱。这个标准以研究区域的空间范围为计算基准,将热岛强度看作是与区域气候特征紧密联系的变量,体现出热岛状态研究的针对性和时效性。该标准包含两个衡量指标:一是研究区域的平均亮温;二是研究区域的相对亮温。相对亮温的表达式为

$$T_R = \frac{\Delta T}{T_a} = \frac{T_i - T_a}{T_a} \tag{7-5}$$

式中,T_R——相对亮温;

T_i——城市第 i 点亮温;

T_a——研究区域的平均亮温。

热岛强度是一个相对概念,它反映了城市与周围郊区的温度差异,相对亮温指标从本质上体现了这种特点,而且由于以特定的研究区域为计算基准,所以更具有针对性。用相对亮温指标,能表明该研究区域在城市热岛强度分布上的特点,但对前后变化比较和研究区域间的强度比较都缺乏效力。因此,地面亮温相对标准中还引入平均亮温指标,对研究区域在时间和空间上的绝对差异进行衡量。一个地区的相对亮温值较大,只能说明该区域内部存在很强的热岛分布,无法得出热岛的实际影响。同样,一个地区的平均亮温值较大,但是如果相对亮温值很低,说明该区域基本不存在城市热岛,只是气候比较炎热而已。所以,综合了平均亮温与相对亮温指标的地面亮温相对标准,能够比较全面地反映出研究区域的热岛特征。

由于各种条件的限制,这次收集的 1999 年和 2003 年两幅遥感影像拍摄的季节不同(1999 年在夏季,2003 年在冬季),不过考虑到地面亮温的空间分布特征主要与下垫面的性质和城市格局变化有关,仍可通过比较 1999 年和 2003 年相对亮温的空间分布特征的不同,来反映城市下垫面性质和结构布局的变化。由于获取条件的限制,2003 年影像在左下角区域比 1999 年影像少了一块。经过切割计算,发现 1999 年影像在多处区域内的平均亮温与整幅影像的平均亮温值相差很小(<0.05℃),所以基本不影响以后的计算分析。

1999 年影像获取时间为 8 月 19 日,处于夏季高温天气,太阳辐射非常强烈,在这种情

况下，城市热源对城市热岛的影响相对较弱。1999 年的相对亮温基本上呈连续分布，这反映出下垫面结构与性质对地面亮温分布的影响是主导性因素。2003 年影像相对亮温在达到 1.0 以后明显开始出现间断分布，而且持续到很高水平。由于 2003 年影像获取的时间是 1 月 10 日，处于冬季低温天气，个别高强度热源点对局部城市热岛的影响明显大于城市下垫面的作用，产生局部热岛强峰，掩盖了下垫面对城市热岛空间分布的影响。因此，在进行城市下垫面热岛空间分布比较时，将显著的热源影响因素排除在外。通过对两幅图像的比较分析，划分出佛山市城市相对亮温分布等级，见表 7-4。

表 7-4　相对亮温等级划分

相对亮温	热岛等级
<0	绿岛
0~0.1	弱热岛
0.1~0.2	中等热岛
0.2~0.4	强热岛
>0.4	极强热岛

7.5.2　城市热岛等级空间分布结果

利用上述热岛等级标准，对 1999 年和 2003 年的地面亮温图分别进行热岛等级划分，得到如彩图 7-5 所示的结果。

7.6　城市热岛分布解析

7.6.1　城市热岛分布与演变

从彩图 7-5 中可以看出，佛山市城市热岛的空间分布与延展基本与城市建成区的轮廓相一致。这体现了城市化带来的土地覆盖类型的改变对城市热岛分布的决定性作用。城市热岛基本上集中在人口密集、工商业发达的地区，以这些地区为中心形成一些面状的辐射带，这些地带主要由旱地等一些具有一定植被覆盖，但植被覆盖率不高的地物组成。森林、水田等介质植被覆盖浓密，其下垫面结构提供了良好的热流通性能，一般处于热岛范围以外的绿岛区域。水体具有最低的热辐射值，佛山市的河流以及顺德等地大范围的鱼塘表现出很强的绿岛效应。在城市下垫面状况不发生改变的情况下，季节变化对下垫面热岛的相对温差分布影响较小，所以可以直接对 1999 年夏季和 2003 年冬季佛山市的热岛分布作对比分析（事实上，冬季农田植被覆盖的变化很大，造成了下垫面性质的改变，这会影响到城市热岛的分布解析，由于缺乏准确的耕地数据和现场调查验证，所以本研究的成果是在不考虑这种影响下得出的）。

随着近年来城市规模的扩展和工商业的快速进步，佛山市城市热岛在强度和范围上都有较大的发展，如表 7-5 和图 7-6 所示。

表 7-5　1999 年与 2003 年佛山市热岛面积变化统计

热岛等级	相对亮温	1999 年热岛面积/hm²	2003 年热岛面积/hm²	增加值/hm²
绿岛	<0	252 728.6	210 120	-42 608.6
弱热岛	0~0.1	106 320.7	118 234.1	11 913.4

续表

热岛等级	相对亮温	1999 年热岛面积/hm²	2003 年热岛面积/hm²	增加值/hm²
中等热岛	0.1~0.2	23 253.93	45 254.88	22 000.95
强热岛	0.2~0.4	2209.41	9439.20	7229.79
极强热岛	>0.4	0	1464.48	1464.48

注：绿岛面积由佛山市总面积（没有考虑 1999 年和 2003 年两幅遥感图像中高明区部分的缺失）减去热岛面积得到，所以比实际值要大。

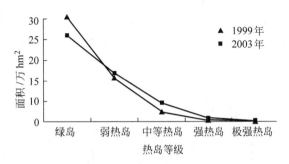

图 7-6　1999 年与 2003 年佛山市热岛面积变化图

可以看出，在 1999—2003 年，佛山市的绿岛面积出现下滑，取而代之的是各种强度热岛面积的上升。其中上升最快的是中等强度热岛，达到 20 000hm²。城市热岛不仅发生了面积上扩张的现象，由弱到强热岛面积的逐级扩张也反映出热岛强度上升的趋势。和 1999 年相比，2003 年佛山市的热岛分布中出现了超过以往的高强度热岛，面积达到上千公顷。

将不同热岛类型土地面积换算为占佛山市总面积的百分比，结果如表 7-6 所示。

表 7-6　1999 年与 2003 年佛山市热岛占地比例变化统计

热岛等级	相对亮温	1999 年	2003 年	增　加
绿岛	<0	65.73%	54.65%	−11.08%
弱热岛	0~0.1	27.65%	30.75%	3.10%
中等热岛	0.1~0.2	6.05%	11.77%	5.72%
强热岛	0.2~0.4	0.57%	2.45%	1.88%
极强热岛	>0.4	0.00%	0.38%	0.38%

2003 年佛山市高温区的分布面积明显比 1999 年大，占全市面积的 2.45%，比 1999 年多了 3 倍；中温区的分布面积也大幅度增加，将近为 1999 年的 2 倍；弱热岛区的发展较为缓和，但也达到了全市面积的 3.10%。2003 年还出现了更强的热岛分布，这部分区域大多出现在以往的高温区。从中等以上强度热岛的发展趋势看，呈现出金字塔式的发展特征，一方面是热岛金字塔底座扩大、体积扩张，另一方面是热岛金字塔的塔尖在不断向上延伸。这种发展特征表现出一种稳定性。但是分布面积更为广泛的弱热岛区的发展则相对缓慢，这部分区域主要由农田和稀疏林地组成，说明佛山市的城市化发展速度较快，积压了这部分空间，呈现一种侵蚀的特点。

7.6.2 热岛等级分布与演变

以下根据不同类型热岛的分布与演变来分析佛山市的热岛特征。

从图 7-7～图 7-11 中可以看出，城市绿岛的变化规律正好和城市热岛相反，因为在总面积相等的前提下，绿岛与热岛是此消彼长的。佛山市绿岛面积占本区面积比例最大的是三水区和高明区，但在 1999—2003 年，绿岛面积减幅最大的也是三水区和高明区；禅城区和顺德区绿岛面积略有增加。弱热岛和中等热岛增幅最大的是三水区和高明区，其他各区有增有减；在弱热岛环节，禅城区变化最小；在中等热岛环节，顺德区变化最小。在强热岛和极强热岛环节，各区都表现出增加的趋势，其中增幅最大的是禅城区，增幅最小的是三水区，其他各区增幅水平相当。

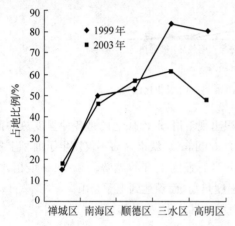

图 7-7 1999 年与 2003 年佛山绿岛占地变化

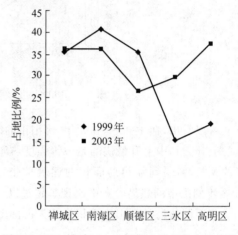

图 7-8 1999 年与 2003 年佛山弱热岛占地变化

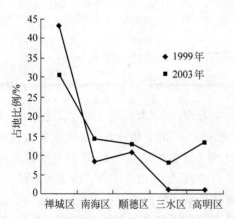

图 7-9 1999 年与 2003 年佛山中等热岛占地变化

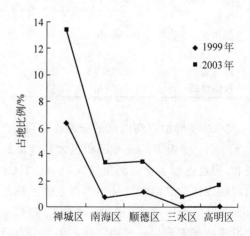

图 7-10 1999 年与 2003 年佛山强热岛占地变化

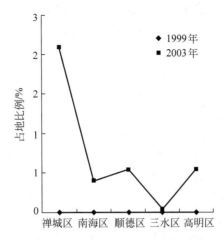

图 7-11　1999 年与 2003 年佛山极强热岛占地变化

7.6.3　城市热岛增长潜力

城市热岛的分布和演变与城市土地利用类型密切相关,结合城市土地利用目前的分布状况,可以对城市热岛今后的增长潜力做出分析和预测。

根据 2000 年调查结果,可得出以下基本判断:

- 禅城区的建设用地已趋于饱和,城市化水平将保持稳定,城市热岛状况也会维持在现有水平,通过改善城市生态环境,禅城区的热岛状况将会有所改善。
- 顺德区的未利用土地极少,如果城市规模继续扩大,其他类型用地(例如水域、耕地)将会受到侵占,由此带来的是城市热岛水平在强度和广度上的增加。
- 南海区、三水区、高明区都拥有一定比例的未利用土地分布,在未来的城市发展过程中,城市热岛面积的扩展不可避免。高明区的林地占很高比例,在不出现大面积森林砍伐的情况下,热岛面积将维持在一定水平。
- 1999—2003 年,三水区和高明区城市热岛水平急剧上升,这是自然生态景观占优势的区域在城市化过程中所表现出的特点。

7.7　热岛因素分析与缓解措施

7.7.1　热岛效应影响因素分析

城市热岛形成与分布的主要影响因素有以下几个方面。

(1) 城市下垫面是城市热岛的能量基础。

城市下垫面(包括地面、屋顶等)一般由砖石、沥青、水泥和混凝土等组成,具有良好的导热性和高热容量,热传导深度大,对太阳辐射的吸收和存储能力强。城市下垫面的反射率低于郊区,在同等辐射条件下,城市对太阳辐射的吸收更好。加之城市具有参差不齐的建筑群结构,高楼林立一方面减少了地面的天穹可见度,使城市地面长波辐射的空间范围缩小,热辐射的散失减少;另一方面,城市建筑物增加了地面粗糙度,减小了地面风速,造成城市内部热流通不畅,热量难以快速有效地向郊区扩散;再者,城市建筑物的墙壁与墙壁、墙壁与地面能进行多次反射与吸收,构成了对太阳辐射的立体吸收,增加了对太阳辐射的吸收。佛山市城市下垫面的结构与性质,为佛山市城市热岛的形成奠定了能量基础。

(2)城市地表不透水面积大,绿地面积较少。

绿色植被的根系结合土壤能有效地保持水分,使水分通过持续蒸发的形式将地面存储的热量以潜热方式输送到大气,减少地面储热对气温增高的贡献;此外,植被叶面的蒸腾作用也是地-气潜热交换的有效途径。佛山市城市地表多以不透水的水泥地为主,降雨过后,雨水很快从排水系统流失,地面蒸发量少,加上缺少植被,消耗于植物蒸腾的热量少,所以城市下垫面存储的热量大部分用于使地表和大气增温。这就使得城市下垫面热岛分布能很好地反映出城市气温热岛的分布状况,为热红外遥感运用于城市热岛研究提供了理论基础。

(3)较大面积的水体和绿地对城市下垫面的温度具有边缘效应。

前面分析提到,围绕禅城区的几座公园和几块水体,形成了禅城区的绿岛中心,而且周围的一些城市用地由于受其边缘效应的影响,也都呈现出较低的温度。水体和植被的这种降温效应,对分割和控制城市热岛分布具有重要的实际意义。

(4)城市空气污染起到了温室作用。

佛山市建成区内工业众多,造成城市边界层内的温室气体增多。温室气体吸收地面长波辐射,再以大气逆辐射的方式将热量反馈给地面,起到保温作用。此外,空气污染物能改变大气的热力性能,影响地-气显热交换和地-气潜热交换,间接影响城市气温。

(5)城市热源是城市热岛形成的激励因素。

城市热源以显热排放的方式,直接对城市局地气温增高做出贡献。特别在冬季,人为热源排放对城市热岛形成起到明显的促进作用。在夏季无风天气下,城市下垫面固有的高温大大削弱了城市热源的热力效果。佛山市的工厂等城市热源主要集中在建成区,这从另一方面促进了城市热岛的形成。

上述影响因素归纳起来主要有三点:城市下垫面结构与性质,城市空气污染,城市人为热源。三个要素之间通过空间上的物质纽带相互影响和制约,达到均衡,体现了城市化对自然生态格局的改变效果,是佛山市城市热岛形成的主要因素。

7.7.2　城市热岛生态评价

城市热岛作为城市气候特征的一种综合表现,会直接或间接对城市其他气候要素和生态环境产生诸多影响,并对城市居民的生活和健康带来影响。

(1)城市热岛效应会引发城市热岛环流。

在天气晴朗无云、大范围内气压梯度极小的形势下,由于城市热岛的存在,城市中形成低气压中心,并出现上升气流,由此引发郊区近地面的空气从四周流入城市,风向向热岛中心聚合。城市热岛中心的上升气流运动到一定高度,向郊区下沉,以补充郊区流失的空气。这样就形成一个由郊区到城市再到郊区的城市热岛环流(又称城市风系)(图7-12)。大量观测表明,热岛环流在发生城市热岛效应的区域普遍存在。佛山市的禅城区、三水区和高明区在建成区中都有大量的工厂分布,热岛环流会使得建成区周围工厂产生的大气污染物向城市中心转移,城市中的工厂排放的大气污染物得不到扩散,对佛山市居民的生活和健康造成危害,降低佛山市的城市生态环境质量。

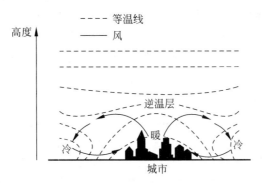

图 7-12　城市热岛环流示意图

（2）城市热岛效应使热岛中心气温直减率增大,城市的相对湿度减小。

城市下垫面不透水面积比例高,对降水的保持能力弱,蒸发蒸腾量少,加上城市气温比郊区高,气温直减率大,通过湍流向上输送散失的水汽量大,因而城市的相对湿度比郊区更小,形成城市干岛现象。此外,由于城市热岛效应,市区的气温直减率增大,城市大气层结构变得不稳定,有利于产生热力对流,形成对流云和对流性降水,再加上城市下垫面对气流的机械阻碍、触发湍流和抬升作用,以及市区空气污染较重导致的凝结核较多等原因,都使得城市中的降雨量和暴雨等对流性天气比郊区多。佛山市由于地处沿海,受海洋季风性气候影响较大,从海上输送过来的水汽较多,因此尽管存在城市干岛,但城市空气中的湿度水平仍然较高。

（3）城市热岛效应带来的气温分布改变影响居民的生活质量。

在夏季,城市热岛加强了佛山市城市高温的酷热程度,使人们感到不适,影响身体状态,降低工作效率,严重时会引起中暑和心血管功能失调等疾病。空调降温会消耗大量的能量,同时还会向室外排放大量热气,更助长了城市热岛的发展。此外,城市热岛效应导致的佛山市气温升高,为臭氧、光化学烟雾等大气污染的形成创造了条件,从而对佛山市城市生态环境和居民健康造成更大的危害。

7.7.3　城市热岛缓解措施分析

城市热岛形成的物质基础是城市特殊的下垫面性质与结构,因此,从改变城市下垫面性质结构着手,对城市热岛的空间格局进行分割,是化解城市热岛的有效措施。

由于城市热岛强度与建筑物密度呈正相关,与风速呈负相关,因此在佛山市的旧城改造和新城规划中,必须对城市建筑物的高度和密度做出合理的划分,同时注意安排建筑物间合理的距离,保证热流通的顺畅。美国学者 Stone 和 Rodgers（2001）对美国国家航空航天局在亚特兰大大都市区一带收集到的高精度热工数据等客观数据资料进行了详细的分析研究,结果表明低密度的外延式开发比相对中高密度的紧凑型开发更易于促进热岛效应的形成。这一研究成果对制定和评价城市规划、城市设计方案时的价值判断是十分有意义的。

绿色植被和水域是城市生态景观中不可或缺的一部分,也是城市绿岛的发源地。为了改善城市热岛效应,佛山市必须在今后的发展中加强绿地空间布局建设。具体可以从四方面入手：第一，着眼于对三水区和高明区现有林地资源的保护，建成大型的生态保护区。从2003年佛山市的热岛分布图中可以看到，该两区的热岛面积和1999年相比有大幅度增加，城市热岛已延伸至重要的绿色板块，必须着手加以保护。第二，结合佛山市水域丰富的特点，沿市域主要的水系及干线公路两侧，设置不同宽度的滨水防护林带和公路绿化隔离带，构成纵横交错的绿色廊道网络体系。第三，通过建设大型绿地，形成生态缓冲区，在城市与城市之间进行生态隔离，防止城市热岛的连片发展。第四，在城市内部加强对现有绿地的维护，结合公园建设、居民区绿地规划、城市道路绿化等渠道大力拓展绿地面积，缓解城市热岛的紧张状况。

　　人为热的排放对城市热岛具有双重影响，一方面它通过释放热量直接加强热岛强度，另一方面又通过排放的大气污染物对太阳辐射吸收的增强间接提高热岛强度。因此，佛山市必须通过控制人口和对工业生产的生态性改造等措施，减少污染与能耗，提高能效，以削减人为热的排放。

CHAPTER 8

流域非点源负荷识别案例

该部分内容取自由原国家环保总局、江西省环保局联合资助的"赣江流域环境遥感与数字化环境管理研究"成果,该研究由清华大学与江西省环境信息中心联合完成。

8.1 概述

赣江是江西省境内第一大河,自南向北纵贯全省,最终进入鄱阳湖,从源头到河口全长 766km。在本研究中,将南昌市八一桥设为赣江流域出口,流域面积达 $8.41 \times 10^4 km^2$。赣江流域绝大部分位于江西省境内。流域内降雨充沛,多山地丘陵,大部分地区植被覆盖度较高,但中上游部分地区原有植被破坏较为严重,以次生林为主。绝大部分耕地类型为水田,主要分布在平原与河流周边。

8.1.1 研究内容

赣江流域的环境遥感与非点源研究内容主要包括:

(1)通过大范围的流域调查和典型区现场试验,并结合其他监测统计资料,掌握流域的非点源污染概况,并为后续的模型参数选择、模型验证等提供数据基础。

(2)构建非点源污染信息数据库。利用 GPS 进行空间定位,遥感与 GIS 技术结合进行非点源信息的识别,包括土地利用类型识别、流域范围提取、水文参数等信息的识别。并建立基于 GIS 的土地利用类型、地形、土壤、管理措施、农村居民点数据库。

(3)非点源定量估算与时间分布规律识别。结合非点源污染信息数据库与非点源试验结果,利用非点源模型 SWAT,进行非点源污染负荷的估算及其时间与空间演变规律的探讨,以辨识研究区主要的非点污染源(物)、非点源污染的风险区域,为非点源污染的调控管理对策提供科学依据。

本项目中有关非点源试验和非点源模型的内容与本教材主题关系不大，但从案例的完整性考虑，也进行简要的描述，具体细节可参见相关文献。在此仅对为非点源研究服务的环境遥感部分进行详细描述。

8.1.2　遥感解译技术路线

环境遥感的主要应用范围为陆地环境遥感，识别内容主要包括土地利用类型及植被覆盖度信息等，解译成果为非点源识别等专题提供相应的数据支持。

研究的技术路线见图 8-1。根据国内外研究成果与经验，主要采用野外勘查与室内解译相结合、计算机解译与目视判别相结合的方法。依据野外勘查选择合适的土地利用类型样点，建立相应的模板，综合运用辅助信息源和多种分类方法对 TM 影像进行计算机识别；审查计算机解译成果，并根据目视判读对解译有误的部分进行纠正。其中，土地利用类型模板的建立是关键的一步。

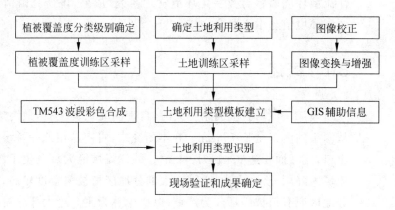

图 8-1　赣江流域环境遥感技术路线

8.1.3　数据源

主要遥感数据源为 Landsat TM 数据。覆盖赣江流域的影像共计 8 景，各景的成像日期见表 8-1。遥感数据质量较好，除 122-40 外，成像范围内基本无云彩影响。

表 8-1　赣江流域卫星影像成像日期

TM 影像	121-40	121-41	121-42	121-43	122-40	122-41	122-42	122-43
成像日期	1998-04-03	1999-04-06	1999-04-06	1999-04-06	1997-11-17	1998-10-03	1998-10-03	1998-10-03

用于计算机分类的辅助数据源包括 1∶250 000 高程图、河流 GIS 图等。以上数据经几何校正、投影转换、切割、叠加、特征提取等预处理后，用于后续的计算机解译与目视判读。

对 8 景影像分景解译，镶嵌分类结果，根据流域边界进行切割，得到最终的赣江流域遥感解译成果图。采用的图像处理软件为 ERDAS 8.4。ERDAS 是当时最流行的遥感数据处理软件之一，包含了绝大部分图像处理的功能，如几何校正、图像增强、图像分类等；支持对栅格数据、矢量数据的叠加分析，提供了多种数据格式的相互转换功能，与地理信息系统软件 ARC/INFO 具有良好的接口；并带有简单实用的编程模块，能够完成用户要求的特殊功能。

8.1.4 遥感解译研究内容

遥感解译内容如下。

1. 土地利用类型识别

综合考虑非点源研究的需要、影像土地利用类型的可识别性与全国土地利用类型分类规范，土地利用类型的识别以一级分类为主，部分达二级分类。具体内容见表 8-2。部分定义（如草地）与国家土地利用分类规范略有不同。

2. 植被覆盖度划分

根据植被指数对草地和林地划分覆盖度等级。草地分为稀疏、中等、密三级；林地分为极稀疏、稀疏、中等、较密、极密五级。

表 8-2　土地利用类型

一级类别	二级类别	说　明
耕地	水田	有水源保证和灌溉设施，在一般年景能正常灌溉，用以种植水稻、莲藕等水生农作物的耕地
	旱地	无灌溉水源及设施，靠天然降水生长作物的耕地；有水源和灌溉设施，在一般年景下能正常灌溉的旱地作物耕地；以蔬菜种植为主的耕地；正常轮作的休闲地和轮歇地
林地		生长乔木、灌木、竹类及沿海红树林等林业用地
草地		以生长草本植物为主，覆盖度在 5% 以上的各类草地，包括以牧为主的灌丛草地和郁闭度在 10% 以下的疏林草地
水域	河流、湖泊、池塘	天然形成或人工开挖的河流及主干渠，积水区常年水位以下的土地
	滩地	河、湖水域平水期水位与洪水期水位之间的土地
城乡工矿居民用地		城乡居民点及其以外的工矿、交通等用地

8.2　流域土地利用环境遥感

8.2.1　流域野外勘查

遥感野外勘查的主要目的是收集遥感图像，解译所需的土地利用类型样本及植被覆盖度样本。本次研究主要的流域野外勘查作业在 2000 年 7—8 月完成，并于 2002 年 1 月对局部区域（芦溪）进行了补充调查，采集的样本点主要包括水田、旱地、草地、城镇、乡村、不同覆盖度的林地等。

8.2.2　遥感影像预处理

所用的影像成像质量较好,影像预处理较为简单,主要包括几何校正与图像特征提取等作业。

1. 几何校正与投影转换

利用选取地面控制点方法进行几何校正。地面控制点主要依据其在遥感影像上的可识别性进行选择,一般选择在桥头、路口、河流交汇点等处。一部分校正点为野外勘查的 GPS 定位点,大部分在 1∶250 000 的 GIS 图上选取。

纠正变换方法采用三次多项式纠正法,重采样方法采用最邻近单元抽样法。上述方法能够获得满意的结果。各景的几何校正误差均控制在 1.5 个像素以内。

2. 图像特征提取

为了有效地进行图像判读及分析处理,需要从图像数据中求出有益于分析的判读标志及统计量等各种参数,把图像所具有的性质进行定量化的处理,这一过程即为图像特征提取。常用的光谱特征提取,就是对原始的多光谱进行一定的转化,形成一组能够更好地描述地物光谱特性的模式。

根据赣江流域环境遥感的研究目标,本次研究中的特征提取包括:①NDVI 植被指数,用于识别生物量与植被覆盖度;②比值变换,用于植被监督分类。

3. 辅助数据导入

根据等高线图生成与遥感影像相匹配的 DEM 图,并进一步提取坡度图,用于后续处理。根据河流的 GIS 图层生成相应的栅格图像,辅助识别水体信息。

4. 图像切割

由于遥感影像的覆盖范围大于研究区域,为减少后续处理的计算量与计算时间,对部分影像进行了图像切割。

8.2.3　室内计算机解译

1. 分类方法确定

利用 TM 影像光谱信息提取土地利用类型,主要方法如下:

1) 利用原始波段进行分类

三波段的原始光谱组合在土地利用分类中应用较多,如 TM 的 3、4、5 波段组合和 TM 的 2、3、4 波段组合。TM 的 2、4、7 波段组合则适用于城市分类。有部分学者认为四波段的组合分类效果更佳,TM 的 1、4、5、7 波段组合适用于农业用地分类,TM 的 2、4、5、7 波段组合适用于森林分类。

2) 利用变换后的特征进行分类

主要方法包括主成分分析、缨帽变换、比值变换和生物量提取等,在林地提取中,生物量提取和比值变换得到了广泛的应用。

利用光谱信息进行分类,其结果的准确度在很大程度上取决于所选取的波段组合和特征提取方法。不同地物类型在不同波段上的可分离性不同,识别不同地物的最佳波段组合和特征提取方法不一致,这直接导致了使用相同的训练区,不同的波段组合获得的结果不尽相同,甚至可能产生较大的差异的现象。

利用多种波段组合对 TM 图像进行了试分类,结果发现,用一种方法一次将有效信息提取出来是非常困难的。以赣江流域内的芦溪地区为例,表 8-3 示出对芦溪地区试分类的训练区混淆矩阵。

表 8-3 最大似然度分类混淆矩阵

样　本	居民点	水　体	耕　地	裸　地	林地 1	林地 2	林地 3
居民点	99.50%	0	0	0	0	0	0
水体	0.50%	100.00%	0	0	30.25%	0	0
耕地	0	0	99.13%	0	0	0	0
裸地	0	0	0	100.00%	0	0	0
林地 1	0	0	0	0	54.53%	0	0
林地 2	0	0	0.87%	0	15.22%	99.07%	2.07%
林地 3	0	0	0	0	0	0.93%	97.93%

表中对角线数据是训练区内像元正确分类的百分比。由表 8-3 可知,在对林地 1 的划分中出现了较大的误差,有相当一部分被误分为水体。

据国内外研究的成果,采用逐级分层分类提取。逐级分类的优点在于可以充分利用光谱信息,把复杂的问题划分为相对简单的问题,针对不同的分类目标选择最佳的波段组合,避免一次划分多种类别在选择波段或特征参数时遇到的困难。该方法常在研究区域土地利用类型较为复杂、光谱信息(遥感数据源)较丰富的情况下使用。由于影像的成像时间、成像条件不同,同类地物表现出的特征存在着一定的差异,必须具体情况具体分析,其内容包括遥感影像不同波段的统计数据分析、各波段数据的相关性分析、不同地物在不同波段和不同波段组合的可分离性分析。

2. 分类步骤

土地利用类型逐级分类步骤如图 8-2 所示,主要过程包括:植被与非植被的分离、植被部分的进一步分类、非植被部分的进一步分类、分类成果的综合。在此过程中,利用 ERDAS 自带的编程器 model maker(图 8-3)建立各景影像不同土地利用类型与植被的分类模板。主要分类步骤简述如下:

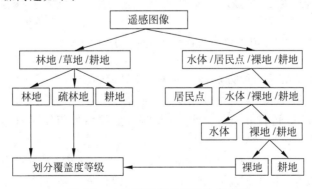

图 8-2 土地利用类型逐级分类步骤

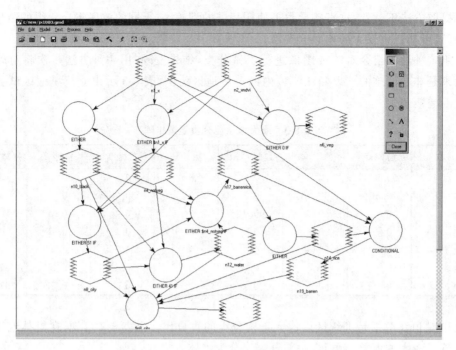

图 8-3　ERDAS 编程器

1）植被与非植被的分离

利用归一化植被指数（NDVI）可以有效地分离植被与非植被，图 8-4 展示了归一化植被指数图像与原始图像的差异与对应关系。

原始图像　　　　　　　　　　　NDVI图像

图 8-4　研究区域原始图像与 NDVI 图像

在本次研究中，尝试了两种方法。一是利用阈值法，根据 NDVI 值直接划分植被与非植被，选取的阈值为 0.14，这是已经收割的耕地在图像上的 NDVI 值；二是利用 NDVI、TM4/TM3、TM5/TM3 进行非监督分类，将非监督分类结果与原图进行比较，将遥感图像分为 10 类。提取结果见图 8-5。

分离结果 1 中黑色为非植被，白色为植被；分离结果 2 中，黑～白分别代表 1～10 类。经对比发现，第 1 类为非植被，其他皆为植被。以上两种方法划分的结果基本一致。第二种方法对道路等线性信息的提取优于前者。由于在本次研究中对道路的提取要求很低，因此

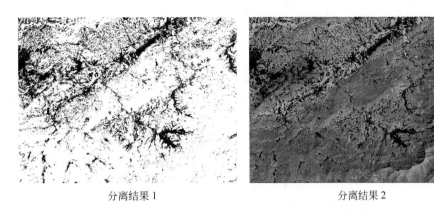

分离结果1　　　　　　　　　　　　　分离结果2

图 8-5　不同方法的分离结果

可认为这两种方法等价。

必须注意的是,由于研究区域多山地丘陵,部分地区阴影的影响难以仅仅根据 NDVI 去除。在分类时,必须注意对阴影部分的处理。根据阴影部分总体灰度低的特点,成功地提取了阴影部分,对阴影部分的提取并不生成某一土地利用类型,而是留待后续处理。由于阴影部分的信息往往存在着较大的失真,在没有类似训练区的情况下,需要根据周围地物和其他信息(如高程、坡度)综合判断,以目视判读为主。

2)非植被部分的进一步分离

非植被部分主要包括居民点、水体和裸地等。以 122-41 景 TM 影像为例,非植被部分主要地物光谱如图 8-6 所示。由图可以看出,三类地物光谱特征存在着较为明显的差异。裸地几乎每一波段的灰度值都大于其他地物,居民点居中,水体最低。

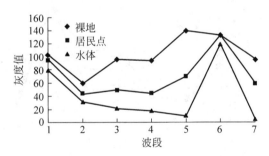

图 8-6　非植被部分主要地物光谱

(1)居民地提取

对于 TM 图像来说,除密集城镇外,居民地大多为混合像元,实际上是各类建筑物及周围的道路、耕地、水体和林地等物的综合表现。根据相关研究,利用居民地具有 TM2、TM4、TM7 非常接近的谱间关系特征,可以用最简单的阈值法提取居民点信息,构建表达式如下:

$$TM2 - TM4 < T_1$$
$$TM4 - TM7 < T_2$$
$$TM7 - TM2 < T_3$$

在少数地区,部分极稀疏林地、草地也符合这一条件,需要添加限制条件:

$$NDVI < T_4$$

其中 T_1、T_2、T_3、T_4 均为由用户指定的数值。

（2）水体提取

根据水体 TM1~TM5 波段灰度值普遍低于其他地物的特征，利用阈值法可以直接提取水体，包括河流、湖泊、池塘等。部分滩地在 GIS 的辅助下识别，水体与陆地的交界部分易被划分为居民地，可以根据专家知识编程去除。

（3）裸地与耕地分离

扣除居民点及水体后的非植被部分主要包括两类：①覆盖度极低的耕地，如未种植的水田和作物稀疏的旱地；②植被覆盖度极低的裸露地，一般为复杂的混合像元，往往包括道路、未利用地、建筑、极疏林地等多种地物。

植被覆盖度极低的耕地与裸地无法在单一时相的遥感影像中分离。在本次研究中，根据当地地势平坦地区基本已开耕的实际情况，引入 DEM 数据辅助分类。从光谱特征来说，旱地的总灰度值略高于植被覆盖度极低的裸地，有积水的水田的灰度值在 TM5 波段较低，在部分影像中也可以根据这一特点直接分离。

在上述分类过程中，阈值的选取是一个反复尝试的过程，由于不同影像的成像条件不同，阈值可能存在着较大的差异。这也是在本次研究中即使是同一日期成像的影像也必须分别解译的主要原因。

3）植被部分的进一步划分

植被之间的光谱差异较非植被小，以 122-41 景 TM 影像为例，其光谱差异主要集中在 3、4、5 波段（图 8-7）。

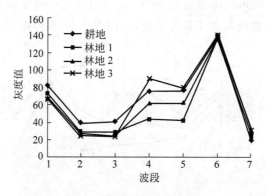

图 8-7　植被部分地物光谱

同时由于日照与阴影的影响，山地与平原的植被存在着较为显著的同物异谱现象。在本次研究中采用了比值变换后分类的方法。利用 TM3/TM2、TM4/TM3、TM5/TM4、TM7/TM5 进行最大似然度监督分类，分离耕地、有林地、疏林地及其他林地。芦溪试验区分类的混淆矩阵如表 8-4 所示，与表 8-3 相比，分类精度明显改善。

表 8-4　比值变换混淆矩阵

样　本	耕　地	林地 1	林地 2	林地 3
耕地	99.51%	0	0	0
林地 1	0.24%	94.56%	0.19%	0

续表

样　　本	耕　　地	林地 1	林地 2	林地 3
林地 2	0.25%	0.53%	99.61%	2.18%
林地 3	0	4.91%	0.20%	97.82%

4）覆盖度划分

植被指数与覆盖度之间存在着很强的相关性，可以根据植被指数来划分覆盖度等级。

植被指数 NDVI 的计算公式如下：

$$NDVI = (TM4 - TM3)/(TM4 + TM3) \tag{8-1}$$

常见的植被指数除 NDVI 外，还有土壤修正植被指数（SAVI），其表达式如下：

$$SAVI = (TM4 - TM3)(1 + L_{SAVI})/(TM4 + TM3 + L_{SAVI}) \tag{8-2}$$

其中，L_{SAVI} 为土壤调节参数，建议值为 0.5。根据相关研究，NDVI 在图像大部分区域覆盖度较低时提取效果最佳；当图像大部分区域为高覆盖度植被且变化范围较小时，采用 L_{SAVI} 为 0.5 的 SAVI 可以获得满意的效果；对于上述两类情况以外的大多数 TM 图像，采用 L_{SAVI} 为 5 的 SAVI 可以满足要求。

从上述分类结果中提取出裸地、疏林地、林地的信息，在相应的 SAVI（$L_{SAVI}=5$）上进行非监督分类。对比遥感图像，确定每一类所对应的覆盖度等级。对应的植被指数范围列于表 8-5。

表 8-5　植被覆盖度对应的植被指数

覆盖度类型	裸露地	极稀疏植被	稀疏植被	中密植被	密植被
SAVI	−0.40～0.80	0.80～1.30	1.30～1.80	1.80～2.40	2.40～3.70
NDVI	−0.04～0.15	0.13～0.26	0.25～0.35	0.33～0.44	0.42～0.61

5）分类结果叠加

将各级分层提取的信息进行叠加，并根据相关知识判断阴影部分的土地利用类型，就可以得到最后的分类结果图。

8.2.4　目视解译与纠错

为了弥补计算机解译在识别精度上的不足，根据目视解译对计算机解译中的误判部分进行了纠正。目视解译中土地利用类型的影像特征见表 8-6。

表 8-6　土地利用类型的影像特征（TM543 合成）

土地利用类型	影　像　特　征
水田	在不同时相上呈现出淡绿色、粉红色、茄紫色，呈条带状分布，色调较为均匀，多位于平原、盆地、河流周边
旱地	在不同时相上呈现出黄绿色、粉红色，呈块状、条带状分布，色调较为均匀，多位于平原、盆地、河流周边、山坡地等
林地	墨绿色、青色、绿色、黄绿色、深褐色等，多呈片状分布，纹理略为粗糙，位于山地、丘陵地带

续表

土地利用类型	影　像　特　征
草地	淡黄色、黄绿色、淡绿色，色调较为均匀，多位于山地、丘陵
水域	蓝色，色调均匀，湖泊形状不规则，河流呈线状
城乡工矿居民用地	深茄紫色，呈斑点状，多分布于公路、河流两侧，或零星分布于耕地间

经目视纠错后，对各景遥感影像的解译成果进行镶嵌，并叠加赣江流域边界图进行切割，获得的解译成果以栅格数据 GRID 格式保存。

8.2.5　解译成果与精度评价

遥感数据解译成果的精度评价主要包括位置精度、类型精度和数量精度。位置精度主要代表分类单元与实际对应单元在空间坐标上的位置差异；类型精度是像元分类类型与实际类型相比较的正确程度；数量精度则是指某一区域内各类型的数量与实际数量的接近程度。

1. 位置精度

位置精度主要由几何校正的精度决定，数据分类并不产生位置误差。在本次研究中，各景图像的校正误差小于 1.5 个像元，绝大部分区域的位置误差可以控制在 50m 以内。

2. 类型精度

类型精度评价是评价分类图精度的重要标志，是一个相当复杂的过程。一般来说，需要选择足够数量的、在环境要素等方面具有代表性的典型抽样，由典型抽样的解译类型和实际类型推算遥感解译成果的整体精度。一般来说，类型精度分析以像元为检验对象，评价结果以分类精度矩阵的形式表达。

由于客观条件的限制，未能够根据实地抽样进行成果精度评价。表 8-3、表 8-4 表明，即使采用传统的最大似然度分类，训练区的分类仍相当准确，而采用逐级分类之后，精度有所提高。

本次分类的主要缺陷在于旱地的识别效果较差。旱地面积极可能被低估，这与研究区域内大多数区域旱地斑块零碎、作物类型复杂有较大的关系，相当比例的旱地可能被误分为其他类型，如水田、极稀疏林地等。

3. 数量精度

数量精度与类型精度密切相关，一般来说，类型精度越高，数量精度也越高。当方法学上不存在错误时，数量精度也可以在一定程度上代表类型精度。在本次研究中，选取可得的县统计数据与遥感解译成果进行了对照分析，对数量精度进行了评价。

为了评价流域内的总体精度，引入准类型精度的概念。准类型精度的提出原先是为了解决混合像元分解的分类精度评价问题，即大部分像元或评价单元包括多种土地利用类型。公式如下：

$$V = 1 - \sum_{j=1}^{n} | RS_{ij} - SS_{ij} | / SS_i \qquad (8\text{-}3)$$

式中，RS_{ij}——遥感解译的区域 j 中类型 i 的面积；

　　　SS_{ij}——统计（实测）区域 j 中类型 i 的面积；

SS_i——统计(实测)类型 i 的总面积;

V——准类型精度;

n——检验单元数。

参照以上公式,以县为检验单元,计算所得的耕地、水田、旱地的准类型精度依次为 88.1%、85.4%、66.5%。其中耕地和水田的精度较为接近,而旱地的较差。大多数区域的旱地面积被低估,部分区域的水田面积被高估,如樟树市。这与卫星影像的成像质量与成像时相有关,部分区域被云彩覆盖,只能够依据专业知识粗略区别,而且在 11 月的图像上较难划分未耕种的耕地与植被凋落后的极稀疏林地。

8.3 流域土地利用现状分析

基于上面描述的遥感解译方法,得到了赣江流域的土地利用情况,以下对其进行简单分析,作为非点源的研究的基础。

8.3.1 流域覆盖范围

由于赣江流域的边界与江西省各县的行政边界不完全吻合,因而出现了有些县只有部分面积处于赣江流域内的情况。将各个县的实际面积与遥感影像上识别出的赣江流域内的该县面积对照分析,可以发现,在江西省的 89 个县中,有 54 个县完全位于或部分位于赣江流域内,其余 35 个县则完全处于赣江流域之外。在这 54 个县中,有 32 个县完全位于赣江流域内(相对误差在 $-0.001 \sim 0.001$),有 8 个县超过一半的面积位于赣江流域内,另外 14 个县只有不到 50% 的面积位于赣江流域内。

由于各县的行政边界与赣江流域不尽吻合,本课题只对各县处于赣江流域内部的土地利用类型构成比例的空间分布情况进行了分析。

8.3.2 流域土地利用面积及构成

遥感解译结果表明,赣江流域土地利用类型较为齐全,一级土地类型包括耕地、林地、草地、水域、城乡工矿居民用地等五大类型,各一级土地类型还可细分为不同的二级土地利用子类型。采用的详细的土地分类体系参见表 8-7。

表 8-7 土地分类体系代码表

一级土地类别		二级土地类别	
编 号	名 称	编 号	名 称
1	耕地	11	水田
		12	旱地
2	林地	21	极疏林地
		22	稀疏林地
		23	中密林地
		24	密林地
		25	极密林地

一级土地类别		二级土地类别	
编　号	名　称	编　号	名　称
3	草地	31	高覆盖草地
		32	中覆盖草地
		33	低覆盖草地
4	水域	41	水体
		42	滩地
5	城乡工矿居民用地		

赣江流域土地总面积为 88 119.3km^2，土地利用识别结果参见表 8-8。其中有林地包含覆盖度在 30％以上的林地，疏林地为覆盖度在 30％以下的林地。

表 8-8　赣江流域土地利用类型遥感解译结果

土地利用类型名称	面积/km^2	比　例
耕地	11 216	12.73％
有林地	47 604	54.02％
疏林地	21 204	24.06％
草地	4056.3	4.60％
水域	2173	2.47％
城乡工矿居民用地	1866	2.12％
总计	88 119.3	100％

赣江流域的一级土地利用类型中，有林地所占的面积最大，占赣江流域土地总面积的 54.02％，超过了赣江流域其他土地利用面积类型的总和；疏林地的面积位居第二位，占 24.06％；耕地面积占 12.73％；草地面积占 4.60％；城乡工矿居民用地和水域面积较少，各占 2.12％和 2.47％。总的来说，赣江流域的植被较好，覆盖率高，有利于维持整个生态系统的平衡。

8.3.3　流域的土地利用类型划分及空间分布

1. 耕地

综合考虑影像土地利用类型的可识别性与全国土地利用类型分类规范，本课题将赣江流域的耕地划分为水田和旱地两类。水田面积为 10 233km^2，占耕地总面积的 90.8％；旱地面积为 983km^2，占耕地总面积的 9.2％。

从整个赣江流域的耕地空间分布情况来看，各个区县之间存在着一定的差异。耕地面积比例高的各县大多分布在赣江流域中游和下游，如南昌县、樟树市、吉安市等市辖区县。耕地面积比例低的县大多分布在赣江流域的上游，如定南县、寻乌县等县。

2. 林地

赣江流域的林地资源丰富。相对而言，林地面积比例高的区县大多分布在赣江流域上游和中游，如宜黄县、宁都县、兴国县、赣县等；下游林地面积比例高的只有宜丰县。林地面积比例较低的各区县大多分布在赣江流域的下游,如樟树市、南昌县等县市。

3. 草地

赣江流域中,低覆盖草地面积为 $64.3km^2$,占总面积的 1.6%;中覆盖草地面积为 $857km^2$,占总面积的 21.1%;高覆盖草地面积为 $3135km^2$,占总面积的 77.3%。可以看出,赣江流域内的高覆盖草地面积远远大于低覆盖草地和中覆盖草地的面积之和。

草地面积比例高的各区县大多分布在赣江流域的中游,如于都县、遂川县、上犹县等县。草地面积比例较低的各区县大多分布在赣江流域的下游,如宜春市袁州区、万载县等,上游也有部分县的草地面积比例较低,如安远县。

4. 水域

将赣江流域的水域划分为水体和滩地两类。水体面积为 $1925km^2$,占 88.6%;滩地面积为 $248km^2$,占 11.4%。水域面积比例高的各区县大多分布在赣江流域下游,如南昌县、新建县等县,另外,位于赣江流域中游的吉安市市辖区水域面积比例较高。赣江流域内大部分区县的水域面积比例较低,几乎遍布整个赣江流域的上游、中游和下游,如寻乌县、广昌县、铜鼓县、崇仁县、宜黄县、南丰县、石城县等县。

5. 城乡工矿居民用地

综合考虑 TM 遥感影像的精度、土地利用类型的可识别性和赣江流域的实际情况,没有对城乡工矿居民用地进行二级土地利用类型的划分。城乡工矿用地面积比例高的各区县大多分布在赣江流域下游,如南昌县、新建县等县,另外位于赣江流域中游的赣州市章贡区城乡工矿用地面积比例较高。赣江流域内大部分县的城乡工矿用地面积比例较低,几乎遍布整个赣江流域的上游、中游和下游,如崇仁县、寻乌县、铜鼓县、宜黄县、南丰县等县。

综上所述,可以看出赣江流域的植被较好,林地和草地所占的面积加起来占赣江流域土地总面积(下同)的 2/3 强,超过了赣江流域其他土地利用面积类型的总和,这有利于维持整个赣江流域的生态系统平衡。此外,各县的土地利用类型比例不一,部分土地利用类型的空间差异性显著,必须依照各自的特点,选择适宜的发展模式。

8.4 RS 与 GIS 支持下的非点源数据建库

非点源支持数据的收集、管理与分析是非点源研究的重要工作之一,本节主要介绍在 RS 与 GIS 技术的支持下,赣江流域的非点源数据建库。

8.4.1 非点源模型

1. SWAT 模型

以长时间序列非点源模型 SWAT 为工具,研究赣江流域的非点源。选用 SWAT 模型作为研究与讨论的对象,主要是因为以下原因:

(1) 本课题以赣江流域的非点源研究为工作基础,赣江流域是湿润地区的大空间尺度流域,SWAT 模型较为适用;

(2) SWAT 模型参数繁多,是目前最复杂的非点源模型之一,同时也是近年来应用最为广泛的模型之一,具有一定的代表性。

2. 模型组成

SWAT 模型主要包括两个组成部分:

(1) 计算子单元坡面模拟。子单元的模拟包括水文、土壤侵蚀、营养物、农药模拟等,计算坡面产生的径流量和污染物负荷,这部分即为传统意义上的非点源集中参数模型模拟的内容,也是 SWAT 模型的核心部分。

(2) 主要河网、水库的模拟。主要河网、水库的模拟是 ROTO 模型的核心内容。各子流域的非点源污染负荷及径流量为此部分的输入,主要模拟包括水、泥沙、营养物和农药等非点源污染物在主要河网、水库中的迁移、转化。

3. 数据需求

SWAT 模型是长时间序列的、半机理、分散参数模型。它以水文模型为基础,通过模拟水在大气、土壤、坡面、河流等环境中迁移与汇集,研究泥沙、营养物、有毒有害物质等污染物的产生、迁移与转化过程。表 8-9 列出了 SWAT 模型中部分数据的主要数据项及其来源。

表 8-9   SWAT 2000 模型中的数据字典库

空间数据分层	属 性 数 据	数据来源
气象	降雨、气温、日照、湿度、风速、气象模拟	
土地利用	土地利用类型 植被类型与状态 管理措施(化肥、农药施用量,作物生长等)	TM 影像 现场调研 资料收集
土壤数据	土壤纵向分布、水文特性、级配、容重、孔隙率、有机质含量、营养物含量、土壤可蚀性系数等	1∶500 000 江西省土壤电子地图、《江西土壤》
地形地貌	坡度、坡长等	1∶250 000 等高线图
水系	河道断面形态、河长、比降,湖泊容量等	1∶250 000 等高线图
工业点源	工业分布、污染物排放量	统计资料

将收集到的数据主要分为以下四类入库:

(1) 以 GRID(栅格)格式存储的空间数据,包括土地覆被/土地利用类型、土壤类型、数字高程模型;

(2) 以 Shapefile 格式存储的空间数据,如河流;

(3) 以 DBF 格式存储的点空间数据,如子流域出口、工业污染源排放口、气象站点、雨量站点;

(4) 以 DBF 格式存储的非空间数据,包括空间属性数据和气象监测数据等,如植被类型、管理情景、土壤理化性质、气象统计资料、降雨量监测数据。

以上数据之间保有一定的独立性,以方便数据的修改与更新,并能够通过标识码相互链接。

对于土地利用数据,如上节所述,主要利用环境遥感技术完成建库。在此仅对其他非点源数据的收集、生成、建库进行说明。

8.4.2　数字高程模型构建

1. 主要目的

根据 1∶250 000 的等高线图和其他辅助信息(如河流边界线、湖岸等),生成栅格式 DEM,并在此基础上进行进一步的数据分析,主要包括流域边界提取和面积计算、水系和河道参数提取、坡面坡长坡度计算等。

使用的软件为 ARCINFO 8.1。ARCINFO 8.1 为用户提供了完备的数据输入、空间分析和数据管理等功能,是目前空间分析功能最强大的地理信息系统软件。尤其是其中的 GRID 模块,能够完成大量与水文过程有关的空间分析。

2. 栅格 DEM 构建

生成 DEM 的主要步骤如下:

(1) 根据等高线图生成 TIN;

(2) 对 TIN 进行插值生成 DEM。

3. 地形因子提取

利用 DEM 提取的数据主要包括坡度、坡长等,具体计算可参见相关文献。在非点源模型中,坡长是指坡面汇流的坡长,而不是指坡面的实际长度。

8.4.3　土壤数据建库

土壤的理化性质直接影响径流、土壤侵蚀与污染物产生和迁移过程。在本次研究中,主要的数据源包括:1∶500 000 江西省土壤电子地图;根据江西省第二次土壤普查成果撰写的《江西土壤》。

1. 确定入库土壤

本次研究中的数据源不能够完全匹配。在应用中,必须重新建立 GIS 图层与土壤理化性质的对应关系。

GIS 图中的部分土壤缺乏相应的普查数据。对于无法获取的数据进行了合并处理。统计结果表明,对于占地面积排在前 49 位的土壤均能够找到相应的最基本的理化性质(级配和有机质含量),且其总面积达总面积的 99.6%。因此对余下的土壤斑块进行合并处理引起的误差处于可接受范围内。

2. 土壤属性入库

土壤库中的属性数据根据 SWAT 模型的要求确定为:土壤纵向分布、水文特性、不同土层的级配、容重、孔隙率、有机质含量、营养物含量、土壤可蚀性系数等。

8.4.4　流域调研

1. 调研内容

流域调研是非点源数据建库的重要内容。主要通过统计口径与调查问卷两种途径获得所需的数据,调研的内容主要包括:

（1）与生活污染源、农村污染源产生密切相关的社会经济数据,如流域内人口、牲畜、家禽量等;

（2）农村居民点基本情况调查,包括路面铺设,清洁、排水设施等;

（3）与农业污染源有关的耕地面积、农田播种面积与单位面积产量,产量可用于校核SWAT模型中的作物生长模块;

（4）农作物耕作习惯详查,重点调查早稻、晚稻与单季稻,主要用于管理措施情景的建立;

（5）化肥、农药的施用情况调查,包括施用类型、施用日期、施用量;

（6）林业调查,包括木材蓄积量与砍伐情况等;

（7）水资源情况调查,如主要的水源、水利设施等。

2. 管理措施情景

管理措施数据库在一定程度上可以认为是对土地利用数据库的补充,它主要指管理因素在时间坐标上的变化过程,主要包括耕种、施肥、施药、灌溉、收割等常规耕作数据。根据流域调研情况设置农田的管理措施情景。

3. 农村居民点

流域内绝大部分的农村居民点缺乏统一的排水系统,污染物随降雨-径流过程直接流失,成为一种重要的非点污染源。其空间数据来源于 TM 影像的遥感解译。属性数据库的数据项根据当地的实际情况统计或折算后输入,包括居民点地表不透水面积比、人口密度、人口当量、人均牲畜拥有量、牲畜排放当量、有机肥利用情况、农村卫生情况等。

4. 其他数据

赣江流域的非点源研究数据库还包括以下部分:①作物数据;②气象数据;③水文数据;④环境监测与实验数据。

8.5 流域非点源研究

8.5.1 非点源试验与模型验证

1. 非点源试验

非点源试验是获取非点源污染信息的重要手段,是了解研究区域非点源污染现状的最直接手段,并为非点源模型的参数率定与模型验证提供重要的依据。在本次研究中,通过非点源野外试验获得 SWAT 模型中的重要参数值。

综合考虑赣江流域的自然特征及试验条件,采用流域试验和类型源试验。试验区域为位于赣江的主要支流袁水的上游芦溪小流域。

2. 非点源 SWAT 模型验证

利用已有常规监测数据、遥感解译的流域土地利用数据、非点源试验数据,确定了 SWAT模型的灵敏参数值。随后针对水文(径流量)、泥沙流失、营养物流失等对照比较 SWAT 模型模拟输出情况与实际试验数据进行验证。利用选定的这一组参数组合，SWAT 模型的输出基本能够反映试验区域的非点源污染现实。

8.5.2　流域非点源负荷识别

当研究区域为大空间尺度的流域时，空间分割的研究重要性更加突出。当空间分割过细时，必将浪费大量的计算时间与计算资源；当空间分割过粗时，则不能够充分利用已有的支持数据，并且可能难以得到较为理想的模拟结果。

根据对流域空间异质性和空间分割的讨论，初步确定赣江流域适当的空间子单元特征尺度在 $16.5\sim24.8km$ 范围，即子流域面积介于 $274\sim616km^2$。将赣江流域划分为 321 个子流域，并利用经率定和验证的 SWAT 模型模拟，识别赣江流域非点源污染的时空分布。

1. 污染负荷的空间分布

识别污染负荷的空间分布是分散参数非点源模型的重要功能之一，为污染物的管理和削减提供了重要的决策依据。

1）泥沙

泥沙是重要的非点源污染物之一。泥沙的流失污染负荷与土地利用类型、土壤可蚀性、降雨分布、地形、管理措施等因素密切相关，其中土地利用类型是影响泥沙流失的关键因素。

经计算，研究区域泥沙污染负荷空间分布见图 8-8。由图可知，赣江流域的水土流失主要集中在赣江中上游和部分支流的上游，下游由于地势平缓，泥沙流失量不大。流失较严重的地区多为坡耕地、居民点、陡坡林地以及植被遭受破坏的荒坡山地，说明泥沙污染负荷与人类活动有着密切的关系。平原地区的耕地虽然在大部分时间植被覆盖率较低，但是由于坡度较小，并没有产生严重的水土流失。

2）营养物质

营养物的来源较为复杂。在降雨-径流过程中，营养物的流失形式主要包括：随泥沙流失；淋溶流失。

赣江流域典型营养物污染空间分布见图 8-9～图 8-11。有机氮的流失与泥沙流失有密切的联系。溶解性污染物无机氮、无机磷流失则集中在下游，与耕地、居民点的分布密切相关。

从单位污染负荷的空间分布来看，耕地和居民点是营养物流失的重要非点源。有机氮、磷主要通过居民点、施用有机肥的旱地流失，这两者的平均污染负荷远大于其他各类土地利用类型。居民点的排污量与农村生活污水排放、散养的畜禽粪便排放和村居卫生条件有关。稀疏植被和较稀疏植被由于覆盖度低，单位面积流失的泥沙量多，其携带的有机氮、磷高于（中）密植被地，接近全流域平均水平，是有机氮、磷流失不可忽视的非点源污染类型。无机氮、磷的污染负荷由高到低依次为水田、居民点、疏植被、密植被。耕作期间的水田以无机氮、磷的流失为主，这主要与农田主要施用化学肥料有关。由于有机肥的施用量少，收割后田间残余生物量低，决定了水田中的有机氮、磷流失量较低。

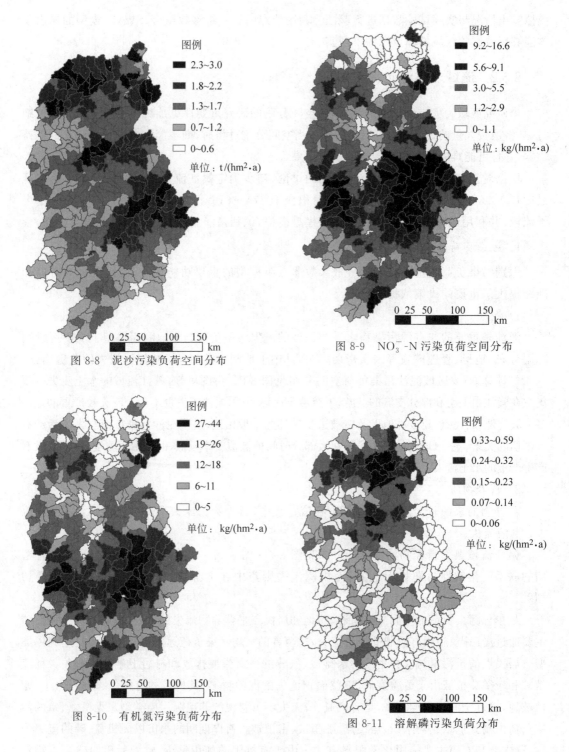

图 8-8　泥沙污染负荷空间分布

图 8-9　NO$_3^-$-N 污染负荷空间分布

图 8-10　有机氮污染负荷分布

图 8-11　溶解磷污染负荷分布

2. 赣江流域非点源污染物的输送量

赣江流域非点源污染物输送的基本情况如下。

1) 输送总量

表 8-10 所示为 1998 年赣江流域内部分水文站监测的泥沙数据与 SWAT 模拟数据之间的对照。由表可知,模拟值与实测值的差异基本上在±20%以内。

表 8-10　赣江流域部分水文站泥沙监测数据(1998 年)

支流	水文站	站　码	汇流面积 /km²	输沙量/10⁴t		误差/%
				实测值	SWAT 模拟值	
平江	翰林桥	62304150	2689	74	64.30	−13.1
乌江	新田	62310250	3496	83	95.93	15.6
桃江	枫坑口	62304650	3679	44.2	50.66	14.6
桃江	居龙滩	62304750	7751	147	131.20	−10.7
赣江	吉安(大)	62301500	56 223	424	488.45	15.2
赣江	峡江(二)	62301800	62 724	532	573.50	7.8
赣江	外洲	62302250	80 948	621	693.04	11.6

由于目前的常规监测数据缺乏非点源监测的资料,难以评价 SWAT 模型对赣江流域营养物输送量的模拟精度。表 8-11 所示为 1996 年八一桥实测 NO_3^--N 与 SWAT 模拟值之间的对照。由于实测值过于稀疏,目前较难准确估算非点源在总输送量中所占的比例。假设实测值代表该月的平均浓度,估算的非点源输送的 NO_3^--N 占总量的 70.4%。由实测数据可以看出,赣江 NO_3^--N 的浓度受洪峰的影响较为明显,这也从侧面说明了非点源污染占了相当大的比例。

表 8-11　NO_3^--N 输送(1996 年)

日期		模拟值/(mg/L)	实测值/(mg/L)	非点源所占比例/%	备　　注
月	日				
2	5	0.44	0.60	73.4	洪峰过境
4	3	0.04	0.57	6.7	
6	5	0.14	0.74	19.3	洪峰过境后第一天
8	1	0.08	0.25	32.0	
10	14	0.05	0.47	10.8	
12	9	0.24	0.78	30.8	洪峰过境

2) 时间分布

非点源污染伴随着降雨-径流过程产生,在时间、空间上都具有较大的差异。长时间连续模拟的分散参数模型能够较好地用于模拟与体现污染负荷的时间变化,为非点源总量控制提供科学依据。

由 SWAT 的输出结果可知,流域出口的污染物输送量随季节变化明显,其变化规律主要受降雨量、流域内植被状况、农田管理措施等因素的影响。以 1998 年为例,将模拟结果与泥沙监测(外洲)数据进行对比,来描述 SWAT 在赣江流域推广应用的结果。

1998 年赣江流域年径流量的模拟误差为+8.80%,泥沙流失量误差为+16.3%。径流量、泥沙流失量的模拟值与监测值如图 8-12、图 8-13 所示。用 SWAT 模型计算的 4—6 月份的径流量明显高于监测值,相应地,对以上月份的泥沙流失量计算值也大于监测值。在对

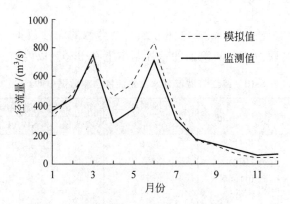

图 8-12　径流量模拟值和监测值(外洲,1998)

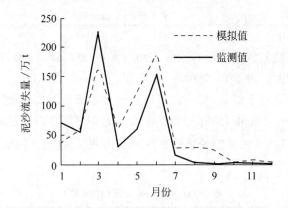

图 8-13　泥沙流失量模拟值和监测值(外洲,1998)

3 月份径流量模拟较为准确的情况下,对该月份的泥沙流失量明显低估,这可能是因为:3月份的降雨类型与 4—6 月份存在着较大的区别,是以不连续的单场降雨为主;流域内土地利用类型的情景设置也不能较好地反映 3 月份植被生长不充分的特点。对 SWAT 的输出文件(主要是作物生长部分)进行分析后发现:本研究中的主要误差是第一个原因。

CHAPTER 9

沿海水域水环境遥感案例

9.1 概述

本案例取自"澳门环境遥感与数字化研究——应用遥感技术对珠江西部的环境评价"项目研究报告。该项目由国家自然科学基金委员会、澳门基金会联合赞助,由清华大学、澳门大学联合完成。研究内容主要包括:澳门土地利用的遥感识别,RS 和 GIS 一体化技术模拟澳门 20 世纪城市演变,澳门邻近水域悬浮泥沙研究,叶绿素的遥感识别,澳门地理信息系统的环境应用。

在此,仅就澳门邻近水域悬浮泥沙研究和叶绿素的遥感识别部分进行阐述。

澳门位于珠江河口西部、西江河口东部,与珠海经济特区毗邻。由于该地区河流众多,且多为径流河口,每年将大量泥沙带入海中,使澳门邻近水域具有独特的水文特性:高浊度,海岸线活动剧烈,潮汐弱,水域狭窄且浅等。这些特性对澳门地区海岸和港口泥沙冲淤有重要影响。研究澳门邻近水域悬浮泥沙分布规律以及澳门地区海岸线变迁,对澳门港口建设和新填海区的选择具有重要的指导意义。

9.2 沿海水域悬浮泥沙研究

9.2.1 近海悬浮泥沙遥感研究现状

1. 卫星遥感与水域悬沙识别

在大洋水体中,悬沙含量低,其后向散射信息弱,因而在影像中不易显示出悬沙信息。但在悬沙含量较高的近海海域和河口地区,水体后向散射信息强,卫星影像上可以很好地显示悬沙分布情况。

在近岸海域,特别是河口地区,由于沿岸流、上升流、潮汐流等水动力的搅动影响,以及近岸丰富的悬沙来源,水体悬沙浓度较高。水中悬沙在重力和盐析絮凝沉降等作用下,在水体能量降低时悬沙沉降迅速,使表层水体含沙量变化显著。这些特点在遥感影像上表现为图像灰度梯度或色阶梯度较大。不同含沙量、不同流速和流向的水流构成了复杂的近岸河口流场，水面悬沙流态成了近岸河口水体运动良好的示踪剂。特别是在河口海域，由于河口淡水的密度小于高盐度的海水，含沙水体在大于 4 级风的吹流作用下，运动方向容易随风向而变，其前缘呈羽状流态。这种羽流用船测的方法难以发现，只有用遥感的方法才能观察到。

近岸河口海域水体，在近海沿岸流场、河口径流和潮汐流场复杂水动力的交互作用下，其流速及流向处在连续动态变化之中。遥感具有大尺度快速同步的特点，所获取的水悬沙流态影像都是瞬时同步扫描或摄制的。这种同步影像，对于研究海面悬沙的输移和沉降是非常直观和有用的资料。因此，SPOT、MSS 和 TM 图像可广泛地应用于海面悬沙流态的定性和半定量判读，而且还可以根据各种理论的和经验的模式，通过图像处理系统的处理，获得水体含沙量的定量信息。目前，这些研究已逐步应用到海面浊度场调查，以及近岸工程、港口、航道等生产实践中。

通过水体悬沙信息，还可以导出有关悬沙的输移情况和流场结构、浑水水团、浑水舌和不同风场情况下的悬沙动态。因此，用悬沙示踪卫星影像可以制作河口地区不同季节、潮情、风情下的海面流场结构解译图。

2. 悬浮泥沙研究的遥感信息源

可见光和近红外波段提供了当前海面悬沙遥感最重要和使用最广泛的信息。如陆地卫星的 TM2-3-4 波段、航空和航天的彩色和彩红外影像等。通过陆地卫星数据能定性解译高浊度水域中的悬沙信息。如 TM3 经过等密度分割图像可以解译海水悬沙信息。此外，1997 年 9 月，美国发射的配置有 SeaWiFS 专用传感器的海洋水色卫星 SeaSTAR 为观测海洋水色提供了另一个重要的数据源。例如，利用 SeaWiFS 430nm 和 555nm 波段的反射率比值可以监测沿海水域的悬浮泥沙浓度。

图 9-1　澳门邻近海域
悬沙研究技术路线

本次对澳门悬沙的研究中，主要数据源是四景 TM 图像，包括七个波段的数据。四景图像的成像日期分别是：1988-11-24、1997-11-01、1995-12-30 和 1992-01-20。

9.2.2　悬浮泥沙研究技术路线

澳门地区包括澳门半岛、凼仔岛和路环岛，澳门邻近水域是指珠江河口西部、西江河口东部的部分海域和河流。根据遥感技术特点，澳门邻近水域悬沙定性分布和海岸线变迁研究技术路线如图 9-1 所示。

1. 信息建库

信息建库包括卫星数据建库和 GPS 定位信息建库两部分。卫星数据建库包括把从遥感卫星地面站购买的 TM 原始数据转换到图像处理系统中，形成空间数据库。

GPS 定位信息建库包括规划地面控制点（GCP）和通过 GPS 定位系统获取 GCP 点经纬度信息；同时利用澳门地区数字化地图补充在实际 GPS 测量中不易测到的 GCP 点信息。GCP 点信息用于图像几何校正。

2. 研究区域提取

研究区域提取是指对空间数据库中的原始图像进行切割，以获得研究中感兴趣的子区图像。

其目的一是减少图像数据量及相应的计算量，以节省图像处理时间；二是提取研究区域范围。如在进行泥沙分布研究时提取水域部分信息，而把陆地部分信息剔除掉；在研究海岸线变迁时提取陆地边界信息等。

3. 大气校正

太阳光到达地表的目标物之前会由于大气中物质的吸收、散射而衰减。同样，来自目标物的反射、辐射光在到达传感器前也会被吸收、散射。地表除受到直接来自太阳的光线（直达光）照射外，也受到大气引起的散射光（或称天空光）的照射。这样，入射到传感器上的除了来自目标物的反射、散射光以外，还有大气引起的散射光。大气校正主要校正由于上述影响所造成的误差。

目前的遥感图像处理软件一般都提供用于大气校正的软件包，只要再配合已知地物的相关信息，利用这些现成的校正包，是可以很好地进行大气校正的。本研究在进行大气校正时就采用遥感图像处理软件 PCI 提供的大气校正包。在校正过程中选取的已知地物目标为澳门半岛上两个水质较清的水塘，具体校正过程在此不再赘述。

4. 空间配准

多源数据（RS、GPS 和 GIS）空间配准包括：图像几何校正和图像与图形配准。几何校正是纠正在遥感成像时，由于飞行器姿态（侧滚、俯仰、偏航）、高度、速度、地球自转等因素造成的图像相对于地面目标发生的畸变（表现为像元相对于地面目标实际位置发生挤压、扭曲、伸展和偏移等）。这种畸变是随机产生的，多采用地面控制点（GCP）的方法进行校正。

由于研究中要对多年的 TM 数据进行空间配准，考虑到澳门边界在逐年发生不同程度的变化，所以在选取 GCP 点时主要考虑了那些在时间上发生变化较小且在卫星图像上易于辨别的点。通过对各年 TM 数据的研究，在研究区域内共设 16 个 GCP 点（图 9-2），其中 10～12 个用于各年 TM 图像的几何校正，4～6 个备用。

在本研究中，GCP 的定位信息存储在一个数据文件中，将其作为图形和图像空间配准的目标坐标值。在图像几何校正时，将各 GCP 坐标值配准到图像中相应的目标点位置（与 GCP 点对应），然后通过转换即可得到校正后的图像。但校正须满足均方根（RMS）误差要求，若已有的 GCP 点经过多次计算不能满足精度要求，应换用备用 GCP 点作校正，直至 RMS 满足要求。

图像与图形的空间配准是通过坐标平移完成的，在配准时先将 GIS 图形转换为栅格格式，

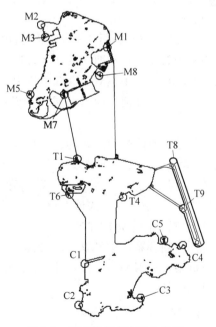

图 9-2　地面控制点布置示意图

然后再进行坐标平移。

本研究中除了现场用 GPS 定位 GCP 点以外，还结合澳门提供的 1 : 10 000 电子地图来选择 GCP 点。

5. 信息复合

在图像切割中得到的研究区域图像信息包括陆地和水域的图像波段信息。要进行多年海岸线的变迁分析，必须首先把陆地边界（或海域边界）提取出来。边界提取指割除研究区域图像中不需要的图像段信息（陆地部分或水域部分），保留所需图像波段信息（水域部分或陆地部分）。

提取陆地边界可采用两种方法：一种方法是，用配准后的 GIS 图形信息提取研究区的水域图像范围。在提取中，首先将图形转换为图像数据格式，并将图形中的非研究区域赋值为 0，研究区域赋值为 1，最后将其与各通道的 TM 数据进行乘法操作，就可以得到研究区域的各波段图像范围。这种方法操作复杂，需有精确配准后的 GIS 图像。通过对原始 TM 数据的研究发现，还有另外一种更为简便的提取陆地边界的方法。研究中发现，TM 波段 5 中水域部分的灰度值大多小于 10，这样可以通过 PCI 图像处理软件提供的 EASI 模型很容易地把边界提取出来，然后再进行简单的滤波和人工编辑，即可得到陆地边界。最后再用与上述相同的方法提取研究区域中各波段的信息。

9.2.3　悬浮泥沙分布规律与海岸线变迁的关系

1. 悬浮泥沙分布定性研究

已有的研究结果表明，TM 波段 3 与悬沙的相关系数最高，达 90% 以上，因此选 TM3 作为悬沙信息提取通道。通过对 1988 年、1992 年、1995 年、1997 年四年的卫星数据 TM3 波段进行密度分割处理，可定性地得到历年卫星数据所反映的悬沙分布特点，参见彩图 9-3～彩图 9-6。

由彩图 9-3～彩图 9-6 可以看出，由于受地球科氏力的影响，澳门邻近水域悬浮泥沙主要集中分布于珠江和西江的西岸。这一点可以从遥感图像上很清楚地看出来。这造成在珠江口西岸存在一条相对于珠江河口中心水域和东岸浓度较高的高浓度悬沙带。这条高浓度悬沙带将对珠江河口西部海域泥沙淤积和澳门地区在内的西部海岸线变迁起到决定性的作用。

从悬沙空间分布来看，澳门地区西部水域（澳门半岛西南部、氹仔岛和路环岛西部）悬沙在 20 世纪 80 年代同时受到珠江口和西江口来沙的影响，其中西江口来沙通过马骝洲水道输送。但是到了 20 世纪 90 年代初，随着泥沙的不断淤积，马骝洲水道逐渐变窄，输沙量也随之减少，造成西江口来沙对澳门地区西部水域悬沙的贡献日趋减少。到了 20 世纪 90 年代后期，马骝洲水道越加淤积变窄，西江口来沙对澳门地区西部水域悬沙的影响更加削弱。从悬沙空间分布图中可以看出，到了 20 世纪 90 年代中期以后，澳门邻近水域悬沙主要受珠江河口来沙的影响。可以预计，从 20 世纪 90 年代末期以后，该地区周边水域将只受到珠江河口来沙的影响。

2. 海岸线变迁分析

分析海岸线变迁时，主要以澳门 3 个岛为中心提取子区，首先从经过大气校正的 1988

年、1992 年、1995 年、1997 年四年的卫星图像上提取研究区域,并进行几何校正以得到具有相同投影坐标的研究区域内图像。在复合四年数据之前,仍采用前文中提到的提取边界的方法把水陆边界提取出来;然后通过图像复合操作把四年的岸线图像复合到一起,从而可以清楚地看到各年的岸线的变迁(参见彩图 9-7)。

从岸线变化图可以看出,20 世纪 80 年代至 90 年代路氹公路以西石排湾、横琴岛以东十字门和氹仔岛东南等区域是海岸线变迁十分剧烈的区域。此外,马骝洲水道岸线变化也十分剧烈(参见彩图 9-3～彩图 9-6)。这和前面分析的悬浮泥沙分布是比较吻合的。从彩图 9-3～彩图 9-6 可以看出,这一带区域不但悬沙浓度相对较高,而且由于其周围岛屿的影响,该区域水域相对流动性较差,使得该水域中的悬浮泥沙比较容易沉积下来。

与上述正好相反的是,虽然澳门半岛东部、路环岛的东部及东南部和南部等区域也处于高浓度悬沙带内,但由于这些区域处于宽阔的珠江河口的较中间的部分,水流条件较好,流速较大,使得悬沙得以向外海输送而不易沉淀下来。但位于澳门半岛东部的高浓度悬沙带对外港的泥沙淤积仍有较大的贡献。

9.2.4　悬浮泥沙分布与填海区规划及港口建设探讨

利用 TM3 波段数据可以定性地研究河口地区悬沙分布的规律。研究表明,包括澳门周边水域在内的珠江口西部近岸水域明显存在一个高浓度悬沙带。这条高浓度悬沙带将对珠江河口西部海域泥沙淤积和包括澳门地区在内的西部海岸线变迁起到决定性的作用。

路氹连贯公路以西和以东、氹仔岛东南等水域处于高浓度悬沙带内,该区域水流条件不好,是河流泥沙比较易于沉积的区域。研究表明,这些区域是 20 世纪 80 年代至 90 年代海岸线变迁十分剧烈的区域,同时也是澳门新填海区的首选之地。

东南部和南部等区域虽然也处于高浓度悬沙带内,但由于这些区域处于宽阔的珠江河口的较中间的区域,水流条件较好,使得悬沙能及时向外海输送而不易沉淀下来。该区域可考虑作为新建港口的选址。

9.3　叶绿素的水色遥感识别

9.3.1　概述

水色遥感的目的是试图从传感器接收的辐射中分离出水体后向散射部分,并据此提取水体的组分信息。如在确定大洋水的光学性质时,浮游植物和它们的碎屑产物(主要是颗粒状的,也有部分是溶解的)起到非常重要的作用。Morel 和 Prieur 将这类水体称为“第一类(case Ⅰ)水体”。相对的是“第二类(case Ⅱ)水体”,如沿海水域或内陆水体,水体中的悬沙或黄色物质对水体光学性质有很大影响。

在水色遥感中,一般将水体组分归纳为四种:纯水、叶绿素 a、悬浮泥沙和黄色物质。第一类水体的悬沙浓度低,叶绿素 a 对水体光学性质起决定性作用,故一般仅考虑对叶绿素 a 的反演,相对容易。第二类水体中的悬沙、叶绿素 a 和黄色物质对水体的后向散射都有相当的贡献,信息分离和组分反演十分困难。

综合考虑大气校正和水体组分反演,目前的水色遥感应用研究分为 3 种思路:

(1) 不进行大气校正,水体组分反演是黑箱模型。此类情况并不少见。

(2) 大气校正和水体组分反演都是黑箱模型。这是比较多的一种情形,特别是宽波段的传感器。

(3) 大气校正比较严格,水体组分反演是黑箱模型。这种情况多针对 CZCS 影像数据进行研究。

类似的研究很多,比如陈楚群等应用 TM 数据估算大亚湾的叶绿素浓度,大气校正采用最简单的"减黑体"技术,并建立了估计叶绿素浓度的灰色模型,考察了各波段 75 种不同组合情况,最后选出 TM3×TM4 为最佳波段组合。Ekstrand 研究了瑞典东海岸的 Himmerfjarden 湾的水质数据和 TM 数据,大气校正采用从"clear water"引申出来的粗糙大气校正方案,并提出经验模型:TM1/[lg(TM3)+1]与叶绿素的线性关系适于河口地区,而 TM1/TM2 与叶绿素的线性关系适于大洋区。

9.3.2 技术路线

图 9-8 所示为本项目中应用到的进行叶绿素识别的技术路线。

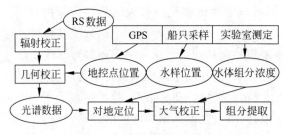

图 9-8   叶绿素识别的技术路线

9.3.3 数据准备

1. 水样采集

1997 年 11 月 9—15 日进行了水样采集、指标测量和地面控制点经纬度测定等工作。设置了 26 个采样点,其分布如彩图 9-9 所示。

图中的水样点以两种颜色表示。绿色点表示近区,特点是水深较浅,租用小船采样;红色点表示远区,特点是水深较深且航程远,租用大船采样。两艘船各配备以下仪器设备:水桶、pH 计(兼测温度)、盐度计、DO 仪。水样装入水桶前滴入少量硝酸以保持水质。

在水样采集和现场分析的同时,使用 Garmin GPS 接收仪测定了每个采样点的坐标。

2. 水质测试信息

对每个水样测量以下指标:叶绿素 a、总氮(TN)、溶解氧(DO)、总有机碳(TOC)、总无机碳(TIC)、浊度、导电率、盐度、pH 值、温度和悬沙。其中,DO、盐度、导电率、pH 值、温度是在现场实测的,其他指标在实验室测定。

3. 地面控制点

地面控制点的选取和定位参见上节悬沙研究中的相应内容。

4. 遥感数据

采用与上节的悬沙研究相同的 4 景 TM 遥感数据。

9.3.4　图像预处理

1. 几何校正

遥感图像处理软件 PCI 的 GCPWorks 被用来完成几何校正工作,使用了线性校正式。线性校正后的遥感数据的地理参照信息为 LONG/LAT WGS84,像元坐标使用经度、纬度对(long,lat)表示。

校正表达式为

$$\begin{bmatrix} long \\ lat \end{bmatrix} = \begin{bmatrix} 4160.237 & 81.992\,48 \\ -37.012\,68 & 4434.921 \end{bmatrix} \begin{bmatrix} x \\ y \end{bmatrix} + \begin{bmatrix} -470\,212.8 \\ 102\,868.3 \end{bmatrix} \tag{9-1}$$

2. 水陆分割

考察 TM 的各个波段,发现 4、5、7 三个波段对于水陆分割很有用。图 9-10 所示为 1997 年 11 月 7 日澳门地区 TM 图像(122/44)波段 4、5 的灰度值直方图。横坐标为灰度值,刻度分别为 64、128、192、256;纵坐标为对应灰度值的像元占全部像元数的百分比。可以看出,波段的灰度分布集中在两个区域,中间有一个明显的下凹点。该灰度就是水体、陆地的区分依据。

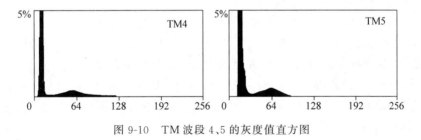

图 9-10　TM 波段 4、5 的灰度值直方图

在本研究中,如果像元 TM5 的灰度值小于 10,就认为该像元是水体,其余为陆地。

3. 辐射校正

辐射校正的主要工作之一是去除遥感图像中出现的单线或条纹。单线和条纹的来源、表现和处理方法并不相同。

有时拿到遥感图像时,会发现某个波段或某些波段出现十分明显的水平单线,组成这条线的各像元的灰度值十分接近,但与上下方的图像差异明显。单线的出现一般是由于传感器工作异常,或存储介质出错造成的。PCI 的 LRP 命令可以去除单线,方法是用单线上方的水平线、下方的水平线或上下水平线的均值来代替单线,对应的 RMOD 参数分别为 ABOV、BELO 和 MEAN。

某些波段的遥感图像可能出现有规律的条纹。对于陆地图像,条纹基本看不出来,因为陆地图像本身的灰度值较大,反差也大。对于水体,本身灰度值较小,反差不大,条纹有时较明显。条纹常见于 TM 传感器或类似的使用探测器阵列(detector array)的传感器。阵列中每个探测器记录一行图像,每次扫描各探测器记录的数据合起来就是一景图像。如果探测器的校准(calibration)不很准确,输出图像可能会产生条纹。PCI 的 DSTRIPE 命令可以去除有规则的水平条纹,但对于本研究中的遥感图像效果并不好。因为 DSTRIPE 命令要求相邻两个条纹的间距相等,并且所有条纹是水平走向的。

经分析研究后,决定使用一种 Fourier 变换的方法来去除条纹。其基本原理是:条纹可以看成是高频信息,使用低通滤波(low-pass filtering)方式可以去除高频信息。但是直接在空间域(spatial domain)低通滤波是不行的。因为低通滤波,如均值滤波(average filtering)、中值滤波(median filtering)、高斯滤波(Gaussian filtering)等,都只能使图像模糊或者减小对比度,根本就不能去除有规律的条纹。为此,需要将图像由空间域变换到频率域(frequency domain),将频率信息强化后作低通滤波,再由频率域逆变换回空间域。

需要注意的是:陆地信息的频率变化比水体要高,进行低通滤波很可能就使陆地信息面目全非了,为此需要首先去除陆地。根据水陆分割的结果,将陆地范围的灰度值赋值为 0。

低通滤波是通过一个圆圈实现的。在频率域中,频率为(0,0)的点位于图像的中心,离中心越远意味着频率越高。那么简单地将一个圆圈外的值赋 0,就认为去除了高频信息。

4. 大气校正

PCI 提供了一套针对陆地传感器(TM/MSS/SPOT)的大气校正命令 ATCOR0、ATCOR1 和 ATCOR2。其理论依据是 Richter 于 1990 年给出的方法。

此方案的中心思想是:按照标准大气的分类,计算不同气溶胶类型、太阳天顶角、地面海拔高度、大气能见度下的大气散射,并存放为一个类似查找表的目录。

在实际应用时按照查找表进行相应的大气校正。Richter 使用的分类依据来自大气透射率计算模型 MODTRAN。他的算法还考虑了地面反射的邻接效应并进行了校正,最后输出地面辐射率。

在 PCI 中,大气校正的技术流程如图 9-11 所示。

9.3.5　叶绿素识别的经验模型研究

从文献综述可以看出,目前利用遥感数据反演水体组分的研究中,黑箱模型占据了统治地位。本研究使用黑箱模型反演了叶绿素的分布情况。

首先按照研究思路给出经验模型。要拟合黑箱模型,需给出输入变量、输出变量以及变量表达式的形式,再根据变量数据得到参数。

输入变量包括:未作大气校正的原始数据、"减黑体"大气校正的遥感数据、ATCOR 大气校正的遥感数据,以及这些数据的对数值。输入变量的组合考虑了文献中出现的若干种形式,也进行了多元线性回归。

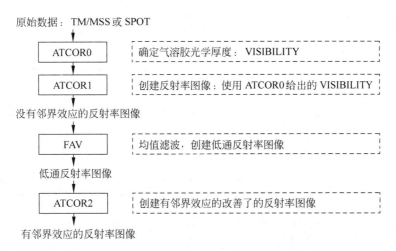

图 9-11　PCI 提供的大气校正流程图

1. 黑箱方案试验

在研究过程中考察过以下两种黑箱方案。

1) 方案 1

表 9-1 列出了陈楚群等 1996 年在"应用 TM 数据估算沿岸海水表层叶绿素浓度模型研究"工作中的 75 种波段组合。

表 9-1　波段组合 1

R_1	R_2	R_3	R_4
R_2/R_1	R_3/R_1	R_3/R_2	$R_3/(R_1+R_2)$
$(R_2+R_3)/R_1$	R_2R_3/R_1	R_4/R_1	R_4/R_2
R_4/R_3	$R_4/(R_1+R_2)$	$R_4/(R_1+R_3)$	$R_4/(R_2+R_3)$
$R_4/(R_1+R_2+R_3)$	$(R_3+R_4)/(R_1+R_2)$	$(R_3+R_4)/R_1R_2$	$R_3R_4/(R_1+R_2)$
R_3R_4/R_1R_2	$(R_3+R_4)/R_1$	$(R_3+R_4)/R_2$	R_3R_4/R_1
$(R_3R_4)/R_2$	R_2+R_3	R_2R_3	R_3+R_4
R_3R_4	$\ln R_1$	$\ln R_2$	$\ln R_3$
$\ln R_4$	$R_2/\ln R_1$	$R_3/\ln R_1$	$R_3/\ln R_2$
$R_3/\ln(R_1+R_2)$	$(R_2+R_3)/\ln R_1$	$R_2R_3/\ln R_1$	$R_4/\ln R_1$
$R_4/\ln R_2$	$R_4/\ln R_3$	$R_4/\ln(R_1+R_2)$	$R_4/\ln(R_1+R_3)$
$R_4/\ln(R_2+R_3)$	$R_4/\ln(R_1+R_2+R_3)$	$(R_3+R_4)/\ln(R_1+R_2)$	$(R_3+R_4)/\ln(R_1R_2)$
$R_3R_4/\ln(R_1+R_2)$	$R_3R_4/\ln(R_1R_2)$	$(R_3+R_4)/\ln R_1$	$(R_3+R_4)/\ln R_2$
$R_3R_4/\ln R_1$	$R_3R_4/\ln R_2$	$\ln(R_2+R_3)$	$\ln(R_2R_3)$
$\ln(R_3+R_4)$	$\ln(R_3R_4)$	$\ln(R_3R_4)/\ln(R_1+R_2)$	$\ln(R_3R_4)/\ln(R_1R_2)$
$\ln(R_3R_4)/\ln R_1$	$\ln(R_3R_4)/\ln R_2$	$\ln(R_3+R_4)/\ln(R_1+R_2)$	$\ln(R_3+R_4)/\ln(R_1R_2)$
$\ln(R_3+R_4)/\ln R_1$	$\ln(R_3+R_4)/\ln R_2$	R_4-R_3	$(R_4-R_3)/R_1$
$(R_4-R_3)/R_2$	$(R_4-R_3)/\ln R_1$	$(R_4-R_3)/\ln R_2$	$\ln(R_4-R_3)/\ln R_1$
$\ln(R_3-R_4)/\ln R_2$	$\ln(R_3-R_4)/R_1$	$\ln(R_3-R_4)/R_2$	

鉴于上述组合的效果不是很好,结合水体悬沙浓度高的特点,另外还考察以下 81 种

组合。

表 9-2 列出了 81 种波段组合。R_i 并不是简单的波段 i 的灰度值，而是来自以下 3 种大气校正和 4 种 FAV 卷积核相互组合的 12 种情况。

- 大气校正：未进行大气校正，"减黑体法"大气校正，ATCOR 系列大气校正。
- FAV 卷积核：未进行均值滤波，3×3，5×5，7×7。

所谓 FAV，是指均值滤波，可以去除噪声的影响。研究中对比了不同的卷积核带来的影响。

拟合变量也考察了两种情况：叶绿素浓度、叶绿素浓度的对数值。

表 9-2　波段组合 2

$\ln R_1/R_2$	$R_1/\ln R_2$	R_1/R_2	$\ln R_1/R_2$
$\ln(R_1/R_3)$	$\ln R_1/R_3$	$\ln R_1/\ln R_2$	R_1/R_3
R_2/R_3	$\ln(R_2/R_3)$	$R_1/\ln R_3$	$\ln R_1/\ln R_3$
$\ln R_2/\ln R_3$	$R_1/(R_2+R_3)$	$\ln R_2/R_3$	$R_2/\ln R_3$
$\ln R_1/\ln(R_2+R_3)$	$\ln R_1/(\ln R_2+R_3)$	$\ln R_1/(R_2+R_3)$	$\ln R_1/(R_2+R_3)$
$R_1/\ln(R_2+R_3)$	$R_1/(\ln R_2+R_3)$	$R_1/(R_2+\ln R_3)$	$\ln R_1/(\ln R_2+\ln R_3)$
$R_1/R_2 R_3$	$\ln(R_1/R_2 R_3)$	$R_1/(R_2+\ln R_3)$	$R_1/(\ln R_2+\ln R_3)$
$\ln R_1/(R_3\ln R_2)$	$\ln R_1/(R_3\ln R_3)$	$\ln R_1/(R_2 R_3)$	$\ln R_1/\ln(R_2 R_3)$
$R_1/(\ln R_2 R_3)$	$R_1/(R_2\ln R_3)$	$\ln R_1/(\ln R_2\times\ln R_3)$	$R_1/\ln(R_2 R_3)$
$\ln((R_1+R_2)/R_3)$	$\ln(R_1+R_2)/R_3$	$R_1/(\ln R_2\ln R_3)$	$(R_1+R_2)/R_3$
$(\ln R_1+\ln R_2)/R_3$	$(R_1+R_2)/\ln R_3$	$(\ln R_1+R_2)/R_3$	$(R_1+\ln R_2)/R_3$
$(R_1+\ln R_2)/\ln R_3$	$(\ln R_1+\ln R_2)/\ln R_3$	$\ln(R_1+R_2)/\ln R_3$	$(\ln R_1+R_2)/\ln R_3$
$\ln(R_1 R_2)/R_3$	$\ln(R_1 R_2)/R_3$	$R_1 R_2/R_3$	$\ln(R_1 R_2/R_3)$
$R_1 R_2/\ln R_3$	$\ln(R_1 R_2)/\ln R_3$	$R_1\ln R_2/R_3$	$\ln R_1 R_2/R_3$
$\ln R_1\ln R_2/\ln R_3$	$(R_1+R_3)/R_2$	$R_2\ln R_1/\ln R_3$	$R_1\ln R_2/\ln R_3$
$(\ln R_1+R_3)/R_2$	$(R_1+\ln R_3)/R_2$	$\ln((R_1+R_3)/R_2)$	$\ln(R_1+R_3)/R_2$
$\ln(R_1+R_3)/\ln R_2$	$(\ln R_1+R_3)/\ln R_2$	$(\ln R_1+\ln R_3)/R_2$	$(R_1+R_3)/\ln R_2$
$R_1 R_3/R_2$	$\ln(R_1 R_3/R_2)$	$(R_1+\ln R_3)/\ln R_2$	$(\ln R_1+\ln R_3)/\ln R_2$
$R_1\ln R_3/R_2$	$(\ln R_1 R_3)/R_2$	$\ln(R_1 R_3)/R_2$	$R_3\ln R_1/R_2$
$R_3\ln R_1/\ln R_2$	$R_1\ln R_3/\ln R_2$	$R_1 R_3/\ln R_2$	$\ln(R_1 R_3)/\ln R_2$
$\ln R_1\ln R_3/\ln R_2$			

以上共计算了 3744 种情况。十分遗憾的是，相关系数没有比较突出的。表 9-3 列出了相关系数相对较高的几种情况。

表 9-3　相关系数较高的几个组合

大气校正	FAV	表　达　式	叶绿素	相关系数
ATCOR	无	$R_1/(R_2\ln R_3)$	浓度	0.422
ATCOR	3×3	$\ln R_1/(\ln R_2\ln R_3)$	浓度对数	0.411
减黑体	3×3	$(R_1+R_3)/R_2$	浓度	0.369

由于数据量较大，不可能一一列出结果。这里只给出对所有数据进行分析后可以得出的结论：

（1）使用叶绿素原浓度和对数值进行拟合的结果没有太大区别，在大部分情况下使用对数值拟合系数稍有提高。

（2）均值滤波 FAV 对拟合结果帮助不大。3×3 的卷积核优于 5×5 和 7×7 的卷积核。此结果与本研究做的 GPS 定位精度分析是一致的。

（3）大气校正中的"减黑体"法和不进行大气校正的效果基本一样，ATCOR 大气校正后效果有一定改善。

（4）似乎没有占优势的波段组合，当然单波段或两波段组合的结果都不如三波段组合。

以上 3744 种组合利用的都是一元线性回归。由于效果不好，又进行了多元线性回归，即表 9-4 所示的 4 种情况。R_i 仍然是上述 3 种大气校正和 4 种 FAV 卷积核相互组合的 12 种情况，拟合变量是上述叶绿素原浓度和对数值两种情况。

表 9-4　波段组合 3

$R_1 + R_2 + R_3 + R_4 + R_5 + R_7$	$\ln R_1 + \ln R_2 + \ln R_3 + \ln R_4 + \ln R_5 + \ln R_7$
$R_1 + R_2 + R_3 + R_4$	$\ln R_1 + \ln R_2 + \ln R_3 + \ln R_4$

经过计算发现，对所有 3840 种情况，最高相关系数不超过 0.5。这说明对波段进行花样众多的组合（多元线性回归其实也是波段之间的组合）不一定能得到满意的结果。

2）方案 2

通过观察测点的分布和数据的规律，发现小船测点距离海岸近，水域的浊度高，悬沙浓度高，不妨称之为近区。大船测点距离海岸远，水域的浊度相对低，悬沙浓度更低，可以称之为远区。表 9-5 给出了两个区域的悬沙和叶绿素浓度均值，近区的悬沙浓度明显高于远区（是它的 3.4 倍），但叶绿素浓度在同一数量级。

表 9-5　近区和远区的悬沙、叶绿素浓度均值

区域	点　数	悬沙浓度均值/(mg/L)	叶绿素浓度均值/(mg/m³)
近区	13	42.04	0.870
远区	12	12.21	0.716

考虑到两个区域水体组分分布不同，下面将两个区域进行分别处理。

鉴于波段组合不一定能得到满意的结果，使用了多元线性回归的方法。表 9-6 简单给出了部分有代表性的结果。第 1 列的表达式中，"-"前面的是拟合因变量，chl、SS 分别为叶绿素和悬沙浓度，lnchl、lnSS 分别为其对数值；有两个拟合因变量的情况是指它们一起参与拟合。"-"后面的是自变量，R_{16} 表示波段 1 到 6 的灰度值，$\ln R_{16}$ 为灰度值的对数。

表 9-6　各种情况下远区和近区的拟合结果

区　域	远　区				近　区			
大气校正	ATCOR		无大气校正		ATCOR		无大气校正	
均值滤波	无 FAV	3×3	无 FAV	3×3	无 FAV	3×3	无 FAV	3×3
chl-R_{16}	0.896	0.830	0.873	0.912	0.707	0.615	0.553	0.743
lnchl-R_{16}	0.781	0.640	0.785	0.372	0.618	0.733	0.633	0.764
chl-$\ln R_{16}$	0.900	0.872	0.887	0.938	0.759	0.628	0.615	0.854

续表

区　域	远　区				近　区			
大气校正	ATCOR		无大气校正		ATCOR		无大气校正	
均值滤波	无 FAV	3×3	无 FAV	3×3	无 FAV	3×3	无 FAV	3×3
$\ln chl - \ln R_{16}$	0.894	0.771	0.859	0.875	0.714	0.571	0.559	0.754
$SS - R_{16}$	0.847	0.663	0.824	0.426	0.772	0.852	0.775	0.857
$\ln SS - R_{16}$	0.905	0.855	0.894	0.912	0.756	0.579	0.593	0.784
$SS - \ln R_{16}$	0.859	0.806	0.851	0.904	0.838	0.688	0.723	0.724
$\ln SS - \ln R_{16}$	0.725	0.662	0.793	0.387	0.681	0.696	0.583	0.735
$chl, SS - R_{16}$	0.894	0.857	0.869	0.938	0.838	0.705	0.736	0.862
$\ln chl, \ln SS - R_{16}$	0.857	0.745	0.842	0.868	0.811	0.663	0.752	0.751
$chl, SS - \ln R_{16}$	0.779	0.667	0.816	0.399	0.643	0.814	0.719	0.836
$\ln chl, \ln SS - \ln R_{16}$	0.881	0.828	0.884	0.914	0.813	0.665	0.752	0.799

可以看出：

(1) 分区后两个区域的线性拟合效果明显优于放在一起拟合的效果，充分说明两个区域水体组分的物理性质有所不同。

(2) 对叶绿素和悬沙，远区的效果均好于近区，也说明近区由于悬沙浓度过高而带来的干扰更大。

(3) 通过 ATCOR 大气校正后再进行拟合的结果要优于不进行大气校正，说明比较准确的大气校正还是很有必要的。

(4) 一般来说，不作 FAV 的效果比 FAV(3×3)要好，特别是对远区而言。

(5) 叶绿素取对数时的效果好于不取对数的效果，但悬沙不取对数时的效果更好。

(6) 灰度值取对数时的效果要优于不取对数时的效果。

特别要注意以上的(5)、(6)两点，在实际应用时叶绿素和悬沙浓度还是应该取对数的。虽然使用不取对数的拟合结果来反演组分浓度对自变量不敏感，但可能会出现负数！

2. 分区处理技术

经过上述工作，最后采用了这样的方案：遥感数据经过 ATCOR 大气校正，没有作 FAV 均值滤波，只取 TM1～4 波段的灰度值，叶绿素浓度和灰度值均取对数。波段 5、7 没有考虑，因为大气校正后波段 5、7 的数据可能是 0。从物理性质看这是正确的，因为这两个波段已经超过近红外区，水体有强烈的吸收。

下式是黑箱模型，其中 Chl_f、Chl_n 分别为远区和近区的叶绿素浓度：

$$\begin{bmatrix} \ln Chl_f \\ \ln Chl_n \end{bmatrix} = \begin{bmatrix} -0.555\,33 & 2.531\,55 & 2.925\,27 & -0.720\,43 \\ 1.742\,87 & 4.506\,18 & -9.538\,06 & 4.001\,76 \end{bmatrix} \begin{bmatrix} \ln R_1 \\ \ln R_2 \\ \ln R_3 \\ \ln R_4 \end{bmatrix} + \begin{bmatrix} -16.3899 \\ 1.453\,82 \end{bmatrix}$$

(9-2)

使用对数拟合的必然结果是在反演时对自变量比较敏感，即可能出现叶绿素浓度很高的情况。根据多年的监测,叶绿素浓度不会大于 10mg/L。为此,需要进行调整。

最简单的调整方法是低通滤波,但这样容易出现以下情况:一是对正常浓度点冲击太大,特别是当某点的浓度高达上百时周围点的浓度会变化很大;二是一次滤波后的结果肯定还会有很高浓度的点,必须多次滤波,这样多次滤波后的结果与原来结果大相径庭。

最后的做法是编写 EASI 程序:判断各点的浓度是否高于一个给定值,如果是,就用周围 8 个点的浓度均值来代替,否则浓度不变。多次运行此程序,每次给定一个界线浓度,该界线是越来越低的,最后一次运行时的界线是 10mg/L。这种方法有效地克服了低通滤波会改变全部数据的问题。

分区处理的两个很重要的问题是如何划分区域。这里基本是沿着肉眼可见的悬浮泥沙的走势划分的(图 9-12)。显然,近区和远区要包含各自相应的测点,两个区域不能相交。这样,姑且将两个区域之外的水域称为过渡区。那么,过渡区的叶绿素浓度如何反演呢?当然不能使用近区公式或远区公式。比较科学的方法是利用两个区域的公式进行反演后再加权平均。

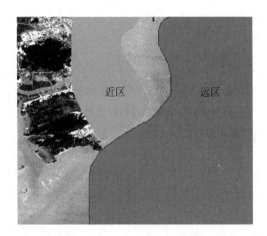

图 9-12 近区和远区的范围

CHAPTER 10

大熊猫生境分类及适宜性评价案例

本案例取自刘雪华 2001 年发表的博士学位论文（Mapping and Modelling the Habitat of Giant Pandas in Foping Nature Reserves, China, 2001）中的第 4 章，经翻译和修改而成。

10.1　背景

大熊猫（*Ailuropoda melanoleuca*）是濒危物种，现今只在中国的六大山系有分布，它的森林环境生境随着时间的推移已大量减少并破碎化。大熊猫生境面积减少尽管可部分归因于新生代时期气候变化，但最主要的原因还是人类的活动。

随着中国的经济发展和人口增长，尤其是在大熊猫分布的地区，大熊猫生境逐渐减少。1994 年 MacKinnon 和 De Wulf 绘制的四川省森林覆盖图表明，四川省潜在的大熊猫生境面积由 1974 年的 2 万 km^2 减少到 1988 年的 1 万 km^2。甘肃省和陕西省的情况与四川省类似。为有效地保护大熊猫，清楚地了解大熊猫目前的生境状况及其变化是非常重要的。虽然恢复已经丧失的大熊猫的生境是不可能的，但维持和保护现存的大熊猫的生境则是可能的。De Wulf 等（1988）强调说，从长远看，建立一个数字大熊猫生境数据库和一个大熊猫生境监测系统将为有效的生境保护和管理提供工具。

采用有效方式获得有关大熊猫生境的信息是目前一个关键的研究领域。在大多数情况下，大熊猫生境信息都是在地面调查基础上获得的，在 1974—1977 年及 1985—1988 年的两次大熊猫普查中，大熊猫生境制图，包括地面覆被类型和面积，以及大熊猫的分布位置，都是在地面调查和地形图基础上完成的。

在覆盖着茂密植被的崎岖山地进行地面调查是一项费时费力的工作。在这种情况下，采用遥感技术和方法无疑是快速、低成本获得生境信息的最有效途径之一。而且遥感卫星周期性地重复飞越调查区域上空，这使得所获得的生境制图除了具有三维空间信息外，还增加了一个时间维信息。

多光谱多时段遥感影像能够提供大量关于地面覆被物的信息,故被应用于野生动物生境制图。尽管遥感数据已在少量的大熊猫保护区生境评价上得到了应用,但评价都是在目视解译遥感影像图片基础上完成的(De Wulf et al.,1988;任国业,1989;李芝喜,1990;MacKinnon,De Wulf,1994)。目视解译遥感影像数据的不足之处是它会带来解译者的主观臆断,尤其是在不同地面覆被类型之间的界线问题上,不同的解译者会给出不同的土地覆被类型分类图。

然而,在遥感数字影像计算机解译分析中,传统的分类解译方法在森林类型这一水平上不能产生令人满意的分类结果,而且利用传统分类方法绘制森林类型图,很难得到一个精确分类图(Skidmore,1989;Skidmore et al.,1997)。Hollander 等(1994)提出了一种新的综合方法,即将人工智能系统引入遥感解译制图并将其应用到野生动物生境评价中。

人工智能工具和技术的应用对森林类型制图有一定促进作用,因为可以将人工智能的学习过程嵌入到地理信息系统中,这样在系统获取关于自然现象的数据时,人工智能学习过程就会帮助系统适应地理数据的非精确性和大量性。采用一种将遥感、地理信息系统和人工智能集成在一起的方法,能够处理、分析和管理大量的输入数据,如本研究所用到的遥感影像数据、野外调查数据以及追踪大熊猫行踪的无线电颈圈数据。

通常,人工智能包括专家系统和神经网络两部分。专家系统允许将定性信息和定量信息综合到复杂系统的建模和处理中,并已经被应用到了森林类型制图中(Skidmore,1989),也应用于判断相似的训练区以用于遥感影像的分析中(Goodenough et al.,1987)。神经网络方法也已成功地用在遥感影像的处理和分类中(Zhuang et al.,1994)。Skidmore 等(1997)提出,神经网络的反向传播方法与建立在规则基础之上的专家系统结合起来可能非常有用。

本研究创建了一个专家系统和神经网络集成分类器(integrated expert system and neural network classification,ESNNC),并利用其绘制和评价了复杂的大熊猫生境类型空间分布图以及生境适宜性格局图。

创建 ESNNC 的目的是有效地综合利用遥感数据(陆地卫星专题影像 TM)、地理数据(包括数字高程模型、数字坡度模型、数字坡向模型)、地面调查数据(包括样方调查数据和无线电颈圈追踪数据)以及专家知识等,高精度地绘制大熊猫生境图和提取生境信息,并进行生境适宜性评价。

10.2　研究区域

10.2.1　佛坪保护区的位置

佛坪自然保护区建立于 1978 年,是以保护大熊猫及其生境为主的保护区。佛坪自然保护区位于陕西省南部,秦岭中段南坡,佛坪县南部,地理位置为北纬 $33°32'\sim33°34'$,东经 $107°40'\sim107°55'$,面积约 $290km^2$,东西长 24km,南北宽 22km。

佛坪自然保护区东西走向的秦岭山脉起到了重要的自然地理屏障作用,阻挡了北方来的寒冷空气,形成了大熊猫最北栖息地。保护区内地形西北高东南低,海拔范围从 $980\sim2904m$。海拔 1500m 以下的区域为中山的陡坡峡谷,人类活动密集,而 $1500\sim2000m$ 则为中山的缓坡宽谷和平坦山脊区域,2000m 以上是中山的陡坡和宽阔山头区域。保护区内有

4 条主要的水系流经全区——西河、东河、金水河和龙潭子河，它们均由北向南流。

10.2.2   佛坪保护区内的自然植被、社会情况

佛坪自然保护区内自然植被生长完好，但对于区内自然植被及其垂直分布描述不一。根据任毅等（1998）的研究，保护区内主要分布着落叶阔叶林（海拔 2000m 以下）、桦树林（2000～2500m）、针叶林（2500m 以上）、灌木和草甸。中国植被编辑委员会在《中国植被》（1980 年）中描述到：落叶阔叶林分布在 1300m 以下，针阔叶混交林分布在 1300～2650m，针叶林在 2650m 以上。林中分布着两种不同竹子种类，均为大熊猫喜食竹种：巴山木竹（*Bashania fargesii*）和秦岭箭竹（*Fargesia qinlingensis*）。巴山木竹主要分布在海拔 1900m 以下区域，而秦岭箭竹则分布在海拔 1900m 以上区域。

1998 年的人口数据统计结果表明大约有 300 名当地居民居住在保护区内，主要集中在两个村（大古坪村和岳坝村）。人为活动主要集中在保护区南部边界区域以及区内的河谷地带，尤以保护区腹地的三官庙小组为明显，主要活动类型为农业种植，但在 1995 年至 1999 年期间，香菇生产发展很快，已形成一定规模，给当地居民带来非常可观的现金收入，如大古坪村 1996 年的香菇收入为 14 010 元，1998 年则增加到 74 520 元，翻了 5 倍还要多。香菇生产可能对大熊猫的生境已经产生了影响（刘雪华，2002）。

10.3   生境调查和制图方法

10.3.1   技术路线

在本研究中，涉及以土地覆被/土地利用为基础的潜在大熊猫生境类型调查、空间分布图以及生境适宜性格局图的绘制，以及大熊猫生境类型和生境适宜性类型在佛坪的可得性评价。生境类型包括 8 类：针叶林、针阔混交林、阔叶林、竹丛（或与灌草混生）、灌草丛、农田和民宅、岩石和裸地、水体。生境适宜性类型也包括 8 类：最适宜夏季生境、适宜夏季生境、最适宜冬季生境、适宜冬季生境、冬夏季生境过渡带、勉强生境、不适宜生境、水体。

图 10-1 显示了在本研究中开发并应用的专家系统-神经网络集成分类器（ESNNC）生境制图方法的研究技术路线。为了比较 ESNNC 制图的精确度，还同时应用了三种单一制图方法：反向传播神经网络分类法（back propagation neural network classification，BPNNC）、基于规则的专家系统分类法（expert system classification，ESC）、传统的最大似然分类法（maximum likelihood classification，MLC）。

10.3.2   主要技术方法

1. 最大似然分类法

最大似然分类法（MLC）是传统的常用的遥感图像分类方法之一，它的假设前提是数据呈正态分布。

该算法需要考虑所有训练样点构成的空间形状、大小和方向。如果各个类型训练样点在其特征空间呈正态分布，则最终分类结果出错的可能性最小，这种情况下 MLC 是最佳选择。然而，

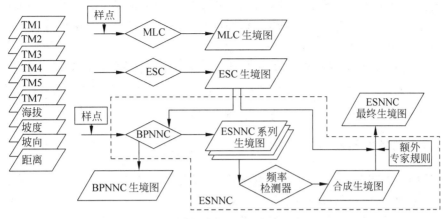

图 10-1　绘制大熊猫生境图的研究技术路线

注：TM1～TM5 和 TM7 代表 TM 影像的波段 1～5 和波段 7 数据；输入数据"距离"指的是与人为活动区的距离。

各个类型的训练样点有时并不呈正态分布。

2. 基于规则的专家系统分类法

基于规则的专家系统分类法（ESC）通常也被看作基于知识的系统，它与神经网络系统方法都已经在遥感影像解译过程中被用来对各类来自 GIS 的信息进行分类。

专家系统结构变化多端，但它们均包含有两个特征模块："知识库"和"推理器"。前者用来储存专家知识和规则，后者用来处理整个系统。当然另外两个模块也很重要："知识获取模块"和"解释界面"。推理器可以以 Dempster-Shafer 证据综合模型为基础，将各种片断证据结合在一起；也可以以规则为基础（rule-based），通过贝叶斯概率论进行推理（Skidmore，1989；Skidmore et al.，1997）。贝叶斯方法的概率理论很容易让人理解，也是人们在处理非确定性时最常用的方法。专家系统方法建立在推理基础之上，不依赖于样点数据。

3. 反向传播神经网络分类法

反向传播神经网络分类法（BPNNC）通过训练样点来学习并进而分辨光谱特征，是非参数方法。该方法的网络结构通常由三到四层节点、一层输入层、一或多层中间隐层和一层输出层构成。

BPNNC 分类包含两个阶段：训练阶段和分类阶段。在训练过程中，神经网络的输出结果和目标结果之间的"误差"通过不断调整整个系统中的所有权重而减小，直至"误差"减小到预先定义的阈值之下。训练一旦结束，神经网络系统那一时刻的所有权重和参数就被用来进行分类，计算出各个像元的结果并确定像元的类型。神经网络方法因为要从样点数据学习，故依赖于样点数据提供信息的准确性。

4. 专家系统-神经网络集成分类器

专家系统-神经网络集成分类器（ESNNC）是将专家系统方法和反向传播神经网络方法集成为一体的分类方法，其主体是神经网络系统，专家系统的结果含有非常有用的信息，被作为一层新的数据层输入神经网络系统，然后通过样点数据训练整个系统以达到目标结果。这一过程为 ESNNC 的第一阶段，其原理是神经网络对于输入数据的微小变化很敏感，故建立在专家知识基础上的专家系统分类结果给神经网络系统带来了新的信息。考虑到系统对样点的敏感性,在整体样本数据中利用分层随机采样采集一定训练样点,每次训练样点均不一样,分类结果也不一样。利用一个"吻合频率检测程序"对所有分类结果进行像元基础上的比较,将出现频率最高的类型值赋予该像元。

第二阶段为分类后处理过程,即根据专家知识制定一些新的规则用来更正分类结果中仍然存在的明显错误,例如,本研究中大熊猫冬季生境不可能出现在高海拔区域,坡度大于35°的陡坡区域不该分类为大熊猫适宜生境,农田不可能出现在高海拔区域,等等。

10.3.3　现场调查和样本采集

野外地面调查在 1999 年 7 月和 8 月进行,这是为了与所用的 1997 年 7 月获取的遥感影像在季节上吻合,地面调查样点记录了地面的生境类型。

为了在一定时间、一定路程内跨越尽量多的生境类型,调查采用了走样线法,即根据山体垂向差异形成的不同生境类型,设计调查路线,开展现场调查。

野外调查共采集了 160 个样点数据,用于以土地覆被/土地利用类型为基础的大熊猫生境制图。

1425 个无线电颈圈跟踪定位数据来自 1991—1995 年的野外颈圈跟踪项目,是经过数据整理后最后用于生境适宜性分析的跟踪点位(Liu,2001;刘雪华等,1998)。

10.4　大熊猫生境分类及适宜性评价

利用上述 4 种分类法,分别进行了基于土地覆被/土地利用的大熊猫生境分类制图和生境适宜性格局制图。

10.4.1　基于土地覆被/土地利用的大熊猫生境分类

在分类样点选取上,采用了分层随机采样方法,50 个样点首先从全部 160 个样点中随机采出,留用作独立的检测样点。80 个训练样点再从剩余的 110 个样点中随机采出,训练样点被随机采集 15 次,故 15 套训练样点用于 ESNNC 的影像分类,而 MLC 只用一套训练样点。该生境制图利用了 10 个数据输入层,包括遥感数据(TM1～TM5,TM7)、地形数据(海拔、坡度、坡向)和距离数据。专家系统的专家知识是根据野外调查及经验给出的。

10.4.2　大熊猫生境适宜性评价

大熊猫生境适宜性格局图的绘制,不仅基于野外调查样点(含有大熊猫痕迹数据),还基于无线电颈圈跟踪数据。其假设是大熊猫痕迹(如粪便、采食痕迹、卧穴等)多的区域为适宜生境,具有适合大熊猫生活的环境条件。无线电颈圈跟踪数据能够很好地反映大熊猫对生境的选择。

绘制生境适宜性格局图总共用了 1585 个样点,包括 160 个野外调查样点及 1425 个无线电颈圈跟踪定位点(Liu,2001;刘雪华等,1998)。1585 个样点的适宜性类别是根据表 10-1 中的指标定义的。

分类中,700 个样点首先从全部 1585 个样点中被随机采出,留用作独立的检测样点。该生境适宜性格局制图利用了 10 个数据输入层,包括遥感数据(TM1～TM5,TM7)、地形数据(海拔、坡度、坡向)和人为活动数据(离人为活动区的距离)。专家系统的专家知识是根据野外调查及经验给出的(表 10-1)。

表 10-1　基于专家知识的生境适宜性指标分级定义

适宜性指标	最适宜冬季生境	适宜冬季生境	冬夏季生境过渡带	最适宜夏季生境	适宜夏季生境	勉强生境	不适宜生境	水体
海拔/m	≤1949	≤1949	1949～2158	≥2158	≥2158			
大熊猫痕迹	多	存在		多	存在			
坡度/(°)	≤35	≤35		≤35	≤35	>35		
土地利用/土地覆被为基础的生境类型							fas[a],rab,shgr	war
离夏季活动范围中心的距离/m				≤1000	>1000			
离冬季活动范围中心的距离/m	005&043[b] ≤1500 >1500							
	127&065 ≤1300 >1300							
	045&083 ≤1000 >1000							
离交配活动范围中心的距离/m	043 ≤500 >500							
	045 ≤1000 >1000							

注: [a] fas,rab,shgr 和 war 指农田-农屋、岩石-裸地、灌草和水体四个地物类型;
　　[b] 005、043、045、065、083 和 127 是无线电颈圈跟踪的六只大熊猫的编号。

10.4.3　各种分类方法的精度分析

本研究评价了 4 个分类器在绘制大熊猫生境图时的表现,包括能够判别出来的类型数目、分类的总体精度、卡帕(Kappa)精度,以及用于比较两个分类器好坏程度的 Z 值,见表 10-2。

在绘制生境类型图时,传统的最大似然法(MLC)没有生成令人满意的大熊猫生境类型图,只识别出 3 个类型。建立在光谱信息基础上的最大似然法只能识别有足够样点数的地物类型,因为样点数不够,不能形成用于分类的统计参数。

专家系统和神经网络集成分类器(ESNNC)在大熊猫生境制图中产生了最高的分类总精度(即 84%),而单一的反向传播神经网络分类器(BPNNC)在绘制生境类型图时,分类总精度为 70%,低于专家系统分类器(ESC)的精度(76%)。总精度和 Kappa 值均表明,ESNNC 在多数情况下要比其他分类器好,Z 统计分析表明 ESNNC 方法与 ESC 方法差异不显著,但与 BPNNC 方法差异显著。

绘制生境适宜性格局图时,MLC 出现与上面相同的情况,仅识别出 7 个生境适宜性类型。BPNNC 的精度达到了 76%,远好于 ESC 的精度 48%,这说明对于大熊猫生境适宜性的指标分级专家经验仍不足。总精度和 Kappa 值均表明,ESNNC 在多数情况下要较其他分类器好,且 Z 统计表明 ESC 和 NPNNC 与 ESNNC 的结果均存在极显著差异(表 10-2)。

表 10-2　不同分类器在绘制佛坪自然保护区大熊猫生境图中的精度评价

制图类型	分类器	判别出的地物类型数目	总精度/%	Kappa 值	Z 统计值
生境类型图	ESNNC	8	84	0.801	
	BPNNC [a]	8	70	0.622	1.73 *
	ESC	8	76	0.703	1.00
	MLC [a]	3	NM	NM	NM
生境适宜性图	ESNNC	8	83	0.742	
	BPNNC [a]	8	76	0.640	3.25 **
	ESC	8	48	0.358	12.72 **
	MLC [a]	7	NM	NM	NM

注：[a]：只运行一次分类；*：显著差异(90%置信空间)；**：极显著差异(95%置信空间)；NM：表示不考虑，因为没有判别出所有 8 个类型。

10.5　大熊猫生境类型和适宜性制图

10.5.1　大熊猫生境类型制图

彩图 10-2 所示为利用专家系统和神经网络集成分类器(ESNNC)绘制的佛坪自然保护区大熊猫生境类型图。

生境类型在空间及数量上的分布表明：针阔混交林和阔叶林一起覆盖了保护区近 91%(图 10-3 的第 2 类 59.4% 和第 3 类 31.4% 之和)的面积,而北部和西北部山脊的高海拔针叶林和秦岭箭竹竹丛(*F. qinlingensis*)总共只占保护区面积的 6%(彩图 10-4 中的第 1 类 5.6% 和第 4 类 0.6% 之和),这 97% 的生境成为佛坪保护区大熊猫的家园。

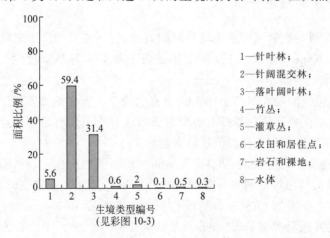

1—针叶林；
2—针阔混交林；
3—落叶阔叶林；
4—竹丛；
5—灌草丛；
6—农田和居住点；
7—岩石和裸地；
8—水体

图 10-3　利用 ESNNC 绘制的大熊猫生境类型百分比柱状图

　　灌草丛及岩石裸地的分布一部分在高山,一部分在河谷,总占地比例只有 2.5%(图 10-3 中的第 5 类 2%和第 7 类 0.5%之和),分布在河谷的灌草地及裸地,多数情况下是因为受到人为活动的干扰后形成的。农田和居民点主要分布在保护区南部河谷区的龙潭子、岳坝及大古坪,面积很小,为 0.1%;能够检测到的水体面积也很小,为 0.3%。

　　然而,美中不足的是在佛坪的腹地,也是大片连续的最适宜冬季生境所在地,仍存在一个村民小组(60 人左右),如果能将生活在这块土地上的人们妥善安排,如迁出安置,逐渐恢复自然生境,佛坪的腹地将成为大片连续的大熊猫乐园。佛坪东北角处的区域是大熊猫冬夏季生境的过渡带,也是连接北部夏季生境(光头山区域)与南部夏季生境(鳌山区域)的重要卡口,生境条件欠佳,如果人为活动干扰日益扩大并严重的话,这块生境就可能失去,并直接影响到佛坪内部最佳的冬季生境,故建议佛坪保护区、佛坪县及陕西省各级政府控制或完全限制在该区域的开发旅游乃至生态旅游活动。

10.5.2　大熊猫生境适宜性格局图

　　彩图 10-4 是 ESNNC 绘制的佛坪自然保护区大熊猫生境的适宜性格局图。由图可以看出,适宜及最适宜的夏季生境主要分布在佛坪保护区的西北、北和东北边界区域,面积约占 15.7%(图 10-5),其中最适宜夏季生境仅占 5.7%,较集中分布在光头山附近;而适宜及最适宜的冬季生境占据佛坪保护区的中部腹地及绝大部分南部区域,面积占到保护区面积的 52.2%,其中最适宜的大熊猫冬季生境占 22.1%,多处呈现大面积连续分布,如东河一线东岸山坡、西河西岸及北部区域、佛坪西南角一片及东南部局部片区,可见佛坪保护区大熊猫的冬季生境远多于夏季生境。冬季和夏季生境之间存在一个过渡带,占近 20%的保护区面积。根据野外调查可知,过渡带的竹子分布不均匀,有的地方无,有的地方虽有但生长不好;过渡带的空间格局也不一样,大部分过渡带都较宽,而东河和西河北部的过渡带比较窄,这可能是佛坪大熊猫选择该区域往返于东夏季生境之间的原因。勉强生境的主要限制因素是坡度,超过 35°的陡坡生境散布于保护区内,占保护区面积的约 11%。不适宜生境很小,仅占 1.7%,主要分布在河谷低地的人为活动区、河谷岩石区、高山岩石区。

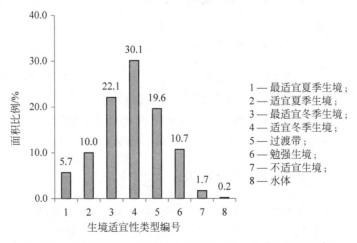

图 10-5　利用 ESNNC 绘制的大熊猫生境适宜性类型面积比例图

流域土地覆被变化特征解析及生态服务评价案例

本案例改编自李骐安博士学位论文《深圳市坪山河流域环境退化及洪涝风险评价体系构建》中的部分章节内容。

11.1 研究区域概况

研究案例深圳市坪山河流域位于深圳市东侧,流域面积 131.55km²,坐标范围东经 114°15′0″—114°26′30″E,北纬 22°37′0″—22°43′30″N,高程 11~678m,坡度 0°~47.2°,处在南亚热带海洋性季风气候区,气候温和湿润,雨量充沛。该流域干流坪山河长约 13.5km,是深圳市五大河流之一,发源于西南侧的三洲田梅沙尖,并从东北侧的兔岗岭流出深圳。该流域也是东江水系淡水河的一级支流,是东江流域的重要水源区,同时具有灌溉、景观与泄洪的作用。坪山河流域水系呈梳状,右岸为低山和高山丘陵地貌,坡度较大,支流众多;左岸则属台地和低丘陵,坡度较小。随着城市人口的快速增加,城市建成区迅速扩张,土地覆被急剧变化。

11.2 技术路线和方法

11.2.1 技术路线

本案例的技术路线如图 11-1 所示。首先利用遥感影像数据解译流域多个时相的土地覆被特征,在此基础上分析流域土地覆被的分布特征、发展演变过程以及景观格局变化特征,然后评估流域的生态系统服务价值(ecosystem service value,ESV)。

11.2.2 研究方法

本案例以遥感和地理信息系统(GIS)为主要技术手段,基于遥感影像数据解译获得研究区域的土地覆被专题图。遥感影像数据源为 Landsat 5 和 Landsat 8 影像,空间分辨率为 30m×30m。覆盖流域的影像共计 7 景,时间跨度从 1990 年到 2018 年,成像日期见表 11-1。遥感数

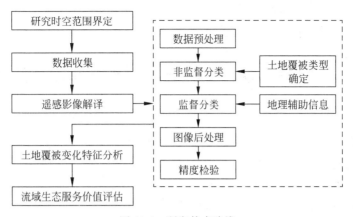

图 11-1　研究技术路线

据质量较好,多为云量小于 10% 的影像,而且其时间在 4—11 月林木繁茂、地面植被基本覆盖的时间段。收集的其他数据见表 11-2。其中数字高程数据为 ASTER GDEM 类型,空间分辨率为 30m×30m,主要用于获取研究区域的地理高程和坡度信息。流域边界信息用于界定研究范围,地理辅助信息用于遥感影像解译过程中的数据验证和校准。

表 11-1　卫星影像成像日期

影像	Landsat 5	Landsat 5	Landsat 5	Landsat 5	Landsat 5	Landsat 8	Landsat 8
日期	1990-10-09	1995-11-23	2000-09-15	2005-11-06	2010-10-29	2015-09-27	2018-04-09

表 11-2　其他收集数据

数　　据	来　　源
数字高程模型(DEM)	中国科学院计算机网络信息中心地理空间数据云平台(www.gscloud.cn)
坪山河流域边界	《深圳市蓝线规划》(2001—2020 年)
地理辅助信息	谷歌地球(Google Earth 7.1)历史卫星影像(1990—2018 年)、《深圳市建设用地布局规划图》(2010—2020 年)

11.3　遥感影像解译

遥感影像解译的过程主要包括数据预处理、非监督分类(unsupervised classification)、监督分类(supervised classification)、数据后处理和精度检验。

11.3.1　数据预处理

遥感影像解译采用 ERDAS IMAGINE 9.2(以下简称 ERDAS)遥感图像处理软件。解译过程采用计算机与人工辅助的方法。首先,利用 ERDAS 将得到的多波段 Landsat TM 影像数据进行组合。组合的依据是能够增强图像以清楚地区分不同的地物类型。根据研究目的,选取了 4(红波段)、5(近红外波段)、3(绿波段)的波段组合。该波段组合有利于区分水体和建成区的土地覆被类型。

遥感影像采用通用横轴墨卡托投影（universal transverse mercator projection，UTM）和世界测地系统（world geodesic system，WGS）84 地理坐标系，借助 GIS 平台将流域的矢量边界与遥感影像进行配准，并基于流域边界裁剪遥感影像用于后续的解译。

11.3.2   非监督分类

预处理后的遥感影像数据首先进行非监督分类，获得初步的土地覆被分类类型。非监督分类主要采用聚类分析方法将一组像素按照相似性归为若干类型。这里使用 ERDAS 中的迭代自组织数据分析算法（ISODATA）进行非监督分类。

根据研究重点和数据精度，将研究区域的土地覆被类型分为 5 类：水体、林地、草地、建成区和裸地。根据分类类型数（class）为最终分类数 2 倍以上的原则，将非监督分类类型数设定为 3 倍，即 15 个类型，进而利用计算机对原始影像进行详尽但又不冗余的初步分类，获得一个初步的分类结果，得到 15 个分类类型及各类型的像元数，图 11-2 所示为 2018 年影像的非监督分类结果。基于该初步分类结果进行下一步的遥感图像监督分类。

类型编号	颜色	像元数/个	类型编号	颜色	像元数/个
1		3314	9		11 567
2		6094	10		6424
3		15 373	11		9751
4		10 292	12		14 364
5		17 276	13		8043
6		15 313	14		10 072
7		7137	15		3421
8		7715			

图 11-2   2018 年非监督分类结果

11.3.3   监督分类

在非监督分类的基础上，通过人工目视的方式进行监督分类，获得最终的土地覆被分类类型。本案例基于辅助地理信息建立分类模板，以最大似然法（maximum likelihood）作为判别规则,将判读为相同土地覆被类型的区域进行合并处理,最终将研究区域的土地覆被类型划分为5类,包括水体、林地、草地、建成区和裸地,图11-3所示为2018年影像的监督分类结果示例。

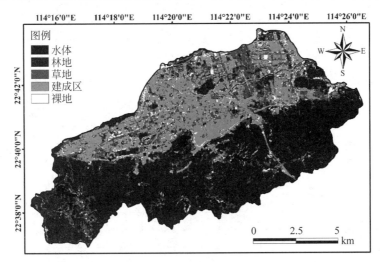

图 11-3   2018 年监督分类结果

11.3.4   数据后处理

应用非监督分类结合监督分类的方法得到的结果不可避免地会产生一些面积很小的图斑。为便于制作专题地图,满足后续研究的需求,对解译的图像进行分类后处理,用以剔除或重新分类图像中的小图斑。目前常用的方法有 Majority/Minority 分析、聚类处理(clump)和过滤处理(sieve)等。为了去除小图斑、增加分类类型的连续性,本案例采用Majority 分析方法将变换核中的像元类别统一替换为占主要地位的像元类别。在该方法中,内核尺寸(kernel size)越大,处理后的图像中小斑块越少,图像越平滑。选取不同内核尺寸进行试验,根据研究需要,最终选取了 5×5(150m×150m)的内核尺寸用于图像后处理。

11.3.5   精度检验

分类完成后,为判断分类的可靠性,进行总体分类精度(overall accuracy)和 Kappa 系数检验。首先从分类图像中按类型分别随机选取 20 个像元,随后将各个像元的分类类型与辅助地理信息中对应像元的观测类型进行对比,判断分类结果是否与地表真实信息相吻合,并构建混淆矩阵(confusion matrix),以 2018 年为例,其混淆矩阵如表 11-3 所示。得到各年遥感影像解译分类精度如表 11-4 所示。可看出分类精度平均达到 85%,Kappa 系数平均达到 0.825。

表 11-3   分类混淆矩阵   个

分类类型 \ 观测类型	水体	林地	草地	建成区	裸地
水体	17	1	1	1	0
林地	0	18	2	0	0
草地	1	1	17	1	0

续表

观测类型 分类类型	水体	林地	草地	建成区	裸地
建成区	0	0	1	18	1
裸地	0	0	1	1	18

表 11-4 遥感影像解译分类精度

年份	总体分类精度/%	Kappa 系数
1990	80	0.770
1995	88	0.863
2000	88	0.859
2005	76	0.728
2010	88	0.870
2015	84	0.820
2018	88	0.868
平均	85	0.825

11.4   土地覆被变化特征识别

11.4.1   土地覆被地理分布特征

利用遥感影像解译得到的土地覆被图(见彩图 11-4),结合流域的地理条件分析土地覆被的空间分布特征。图 11-5 展示了 2018 年流域各土地覆被类型的高程分布特征。可以看出,大部分水体(98.9%)分布在高程小于 500m 的区域内。林地广泛分布在各高程区间,96.7%分布在高程小于 500m 的区域内,3.3%分布在高程大于 500m 的区域内。草地多分布在高程 100m 以下的区域,占其总面积的 84.5%。城市建成区和裸地分布较集中,分别有99.6%和 94.8%分布在高程 100m 以下的区域,与生态用地的分布有显著差异。

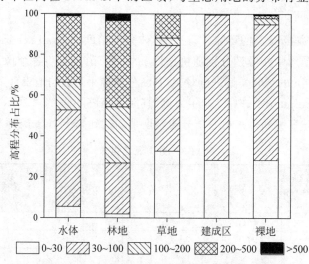

图 11-5 2018 年流域各土地覆被类型的高程分布(单位：m)

图 11-6 所示为 2018 年流域各土地覆被类型的坡度分布特征。可以看出,水体主要分布在坡度小于 8°的区域,占其总面积的 93.1%。林地较均匀地分布在整个流域,其中有 81.4% 分布在 3°~25° 范围内。此外,有 56.5% 的草地分布在坡度小于 3°的区域。类似地,分别有 66.3% 的城市建成区和 57.0% 的裸地分布在坡度小于 8°的范围内,与生态用地的分布没有显著差异。

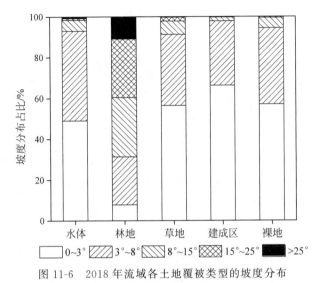

图 11-6   2018 年流域各土地覆被类型的坡度分布

根据空间统计分析结果,流域内高程小于 100m 且坡度小于 8°的区域面积共有 6569.8hm^2,占流域总面积的约 50.0%;而截至 2018 年,建成区已占到了这些区域的 49.4%,水体、林地、草地和裸地则分别占到这些区域的 2.7%、16.5%、26.1% 和 5.3%。在不侵占水体的情况下,同时考虑到生态控制区对生态用地的开发限制,城市发展与环境保护之间的冲突日益突出。

11.4.2   土地覆被动态变化特征

流域的土地覆被在不到 30 年的时间跨度中发生了显著的变化,表 11-5 给出了 1990 年和 2018 年各土地覆被类型的面积占比、面积变化率及动态度。其中面积变化率是指起止年面积的增长率或减少率,而动态度则反映了面积的年均变化率。可以看出,建成区的面积变化率最为突出,在不到 30 年的时间里增长了 831.5%,动态度达到最大的 29.7%,远高于珠三角地区平均 9.3% 的增长率。

表 11-5   1990—2018 年流域各土地覆被类型的面积变化

土地覆被类型	1990 年		2018 年		面积变化/hm^2	面积变化率/%	动态度/%
	面积/hm^2	比例/%	面积/hm^2	比例/%			
水体	467.4	3.5	365.9	2.8	−101.5	−21.7	−0.8
林地	8908.3	67.3	7020.8	53.0	−1887.5	−21.2	−0.8
草地	3219.0	24.3	2142.3	16.2	−1076.8	−33.4	−1.2
建成区	357.1	2.7	3326.6	25.1	2969.5	831.5	29.7
裸地	284.9	2.2	381.2	2.9	96.3	33.8	1.2

　　图 11-7 展示了各时期各土地覆被类型的面积占比。可以看出,研究时期内建成区的面积比例持续上升;而对于水体、林地和草地,其面积虽然在部分时间段内有所增加,但在研究时期末期仍呈现不同程度的减少。裸地的面积占比在 2005 年达到最大,占总面积的 11.2%。2005 年后,随着城市开发建设的持续进行,裸地面积呈现逐年减少的趋势。土地覆被的动态变化特征突显了城市化过程及其对生态环境影响的复杂性。在 1990—2005 年,建成区扩张的同时也出现了大量的裸地用于后续的建设;而在城市化后期的 2010—2018 年,城市向外扩张的强度降低,转为内部的逐渐密集化,流域的土地覆被格局基本形成。

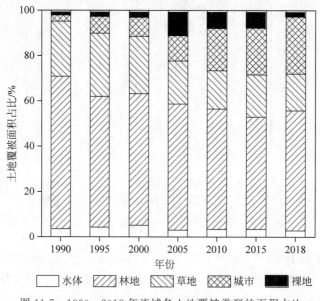

图 11-7　1990—2018 年流域各土地覆被类型的面积占比

　　进一步对土地覆被在不同时间段内的动态变化特征进行分析,结果如图 11-8 所示。可以发现研究时期流域的城市化过程经历了不同的发展阶段,也造成了水体、林地及草地等生态用地面积的波动式变化。1990—1995 年,建成区快速扩张,面积增加 173.7%,增长率远高于水体、草地和裸地。1995—2000 年,建成区面积增长放缓(13.1%),略低于裸地的 14.7%;而水体则继续保持超过 20% 的增长率,林地也出现 0.6% 的小幅增长,草地则开始减少。2000—2005 年,水体、林地和草地面积均出现减少,建成区面积增速加快,但远低于裸地 257.4% 的增长率。2005—2010 年,建成区面积持续增加,而裸地则由于主要被用于开发建设减少 29.2%。2010—2015 年,除林地和裸地面积小幅度缩减外,其他土地覆被类型都有所增加,但增长幅度开始放缓。2015—2018 年,建成区增速上升(22.0%);而裸地则出现最大幅度的减少(63.0%)。此外,水体和草地分别减少了 19.1% 和 13.2%;而林地则出现了研究时期内的最大一次增长(7.0%)。

11.4.3　土地覆被转移特征

　　流域土地覆被在空间尺度上的变化特征如彩图 11-9 所示,其中“1-2”代表土地覆被类型从水体转移为林地,其他同理。结果表明土地覆被类型的变化主要发生在流域北部区域,其变化趋势主要为林地和草地向建成区的转移。1990—2018 年,流域内城市化发展迅速,

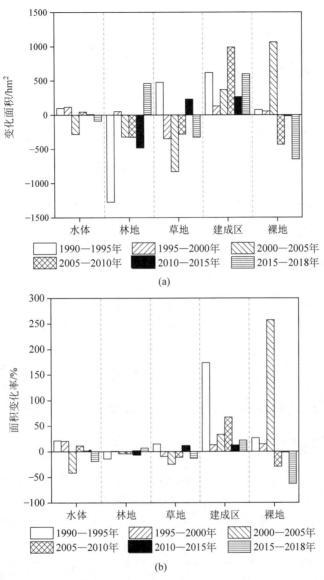

图 11-8　1990—2018 年,各时期不同土地覆被类型面积的变化情况
(a) 变化面积；(b) 面积变化率

大量林地和草地被用于城市的开发建设,超过 75% 的流域面积土地覆被类型发生了变化。

通过空间统计分析建立的土地覆被类型转移矩阵如表 11-6 所示。结果表明,分别有 14.5% 的林地和 46.6% 的草地被开发为建成区,而这些转移的生态用地分别占 2018 年建成区面积的 38.8% 和 45.1%,总计达到 83.9%。裸地同样地主要来自林地和草地的转移,分别占到其总面积的 42.3% 和 48.5%,总计达到 90.8%,而其中超过 50% 最终被用于建设开发。此外,这一时期有 25.4% 的建成区被置换为林地和草地,分别占到 2018 年林地和草地面积的 0.5% 和 2.6%,一定程度上有助于生态环境质量的改善。

流域内的土地覆被变化过程在空间分布上呈现高异质性,在时间尺度上也呈现出显著的阶段性特征。造成这些特征的原因除了地理条件本身的限制外,也受到经济发展和环境保护相关政策法规的综合影响。

表 11-6 1990—2018 年流域土地覆被类型转移矩阵   hm²

时间	1990 年						
	土地覆被类型	水体	林地	草地	建成区	裸地	合计
2018 年	水体	240.7	72.9	48.2	3.8	0.4	366.0
	林地	55.7	6259.3	655.9	34.6	15.3	7020.8
	草地	75.5	1124.6	830.8	56.0	55.4	2142.3
	建成区	87.5	1290.1	1499.3	257.9	191.9	3326.7
	裸地	8.0	161.4	184.9	5.0	22.0	381.3
合 计		467.4	8908.3	3219.1	357.3	285.0	

11.5 土地覆被景观格局变化分析

城市的土地覆被结构是在人与自然复杂的变化交替过程中形成的,而城市化则强化了人为活动在改变土地覆被结构中的作用,表现为土地覆被的景观格局在斑块(patch)、类型(class)到景观(landscape)尺度上的改变。具体地,这种改变体现为土地覆被的类型、大小、数量和空间分布等的变化,并在空间尺度上表现出随机型、均匀型、分散型或聚集型等的分布特征。对城市土地覆被景观格局的量化可以体现城市土地覆被的空间异质性,而城市土地覆被的空间异质性广泛地影响着生态过程,包括能量流、物质流及生物的传播等。

11.5.1 景观格局指数选择

本案例选取景观尺度上反映土地覆被地块大小、形状、数量和空间分布的景观格局指数,并采用 Fragstats 4.2 空间格局分析软件计算获得数值。参考已有研究,选取了具有代表性的四大类共 18 个景观格局指数,如表 11-7 所示。

表 11-7 景观格局指数的选取

类 别	中文名称	英文名称(简称)
面积/边缘指标(area and edge metrics)	最大斑块占景观面积比例	Largest Patch Index(LPI)
	斑块面积分布	Patch Area Distribution(AREA_MN)
	回转半径分布加权平均	Radius of Gyration Distribution(GYRATE_AM)
	回转半径分布算术平均	Radius of Gyration Distribution(GYRATE_MN)
形状指标(shape metrics)	周长面积分维	Perimeter-Area Fractal Dimension(PAFRAC)
聚散性指标(aggregation metrics)	蔓延度	Contagion(CONTAG)
	散布与并列指数	Interspersion & Juxtaposition Index(IJI)
	相似邻近百分比	Percentage of Like Adjacencies(PLADJ)
	分离度指数	Splitting Index(SPLIT)

续表

类　别	中文名称	英文名称(简称)
聚散性指标 (aggregation metrics)	聚集指数	Aggregation Index(AI)
	整体性(斑块凝聚度)指数	Patch Cohesion Index(COHESION)
	斑块密度	Patch Density(PD)
	景观分割指数	Landscape Division Index(DIVISION)
	平均欧式最邻近距离分布	Euclidean Nearest Neighbor Distance Distribution (ENN_MN)
	邻近指数分布	Proximity Index Distribution(PROX_MN)
	连接度	Connectance(CONNECT)
多样性指标(diversity metrics)	香农多样性	Shannon's Diversity Index (SHDI)
	辛普森多样性	Simpson's Diversity Index (SIDI)

11.5.2　景观格局变化分析

本案例利用变异系数(coefficient of variation),并结合皮尔逊相关系数(pearson correlation)分析研究区土地覆被景观格局的变化特征。表 11-8 展现了景观格局指数基于时间尺度变异系数的排序结果。对排名前 14 的景观格局指数进行相关性分析,如图 11-10 所示。图中颜色越浅,方块越小,对应两个指数间的相关性越小。结果表明回转半径分布算术平均(GYRATE_MN)指数与其他指数均无显著相关性,而邻近指数(PROX_MN)、分离度指数(SPLIT)、连接度(CONNECT)3 个指数与其他指数存在显著的相关性($p<0.01$)。PROX_MN 值越高,流域中相同土地覆被类型斑块的连接性越高,不同土地覆被类型斑块之间的相邻概率越小,破碎度越小;而这也使各土地覆被类型斑块分布的不均衡性越高,景观异质性程度降低。此外,SPLIT 值越高,土地覆被斑块数越多,最大斑块数占比越小,单个斑块的延展性越低,破碎度越大。CONNECT 值越大,相同土地覆被类型斑块的连接性越高,斑块密度越小,平均斑块面积越大,破碎度越小。

表 11-8　基于时间尺度变异系数的景观格局指数排序

排序	景观格局指数	变异系数	排序	景观格局指数	变异系数
1	PROX_MN	0.524	10	SIDI	0.094
2	SPLIT	0.304	11	DIVISION	0.090
3	LPI	0.175	12	CONTAG	0.079
4	GYRATE_AM	0.166	13	GYRATE_MN	0.079
5	IJI	0.117	14	ENN_MN	0.043
6	CONNECT	0.112	15	PAFRAC	0.007
7	AREA_MN	0.110	16	PLADJ	0.004
8	PD	0.109	17	AI	0.004
9	SHDI	0.106	18	COHESION	0.002

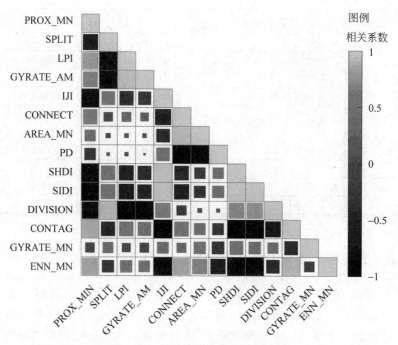

图 11-10　景观格局指数相关性分析

　　进一步分析景观格局指数与城市化之间的关联性,如表 11-9 所示。结果表明城市化过程中建成区的扩张伴随着流域内土地覆被景观格局邻近度和连接度的降低,流域中相同土地覆被类型斑块的连接性降低,不同土地覆被类型斑块之间的相邻概率增加,景观异质性程度升高,而且平均斑块面积减小,破碎度增大。

表 11-9　建成区面积与景观格局指数的线性相关性

景观格局指数	PROX_MN	SPLIT	CONNECT	GYRATE_MN
建成区面积	−0.827*	0.383	−0.914**	−0.047

　　注：*：在 0.05 水平显著；**：在 0.01 水平显著。

　　图 11-11 展示了不同土地覆被类型的景观破碎度在研究时期的变化特征。景观破碎度以景观斑块数量和对应土地覆被类型地块的总面积的比值进行表征。可以看出,研究时期内建成区的景观破碎度呈显著的下降趋势,斑块密度降低,平均斑块面积增大。相比之下,裸地的景观破碎度呈现先下降后迅速上升的趋势,在 2005 年达到最小的 0.15,反映了 2005 年前后城市发展进程的变化。相比之下,水体的破碎度在 2005 年达到最大。草地的破碎度较 1990 年增长了 108.6%,而林地则不升反降,降低了 8.7%。上述结果表明城市化过程中建成区趋向聚集,而生态用地逐渐被分离和破碎化,尤其是与建成区密切关联的生态用地呈现出显著的景观破碎化趋势。

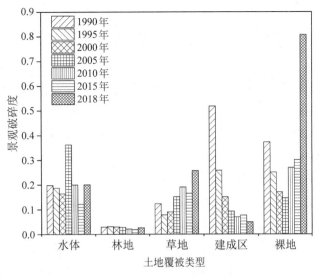

图 11-11　1990—2018 年流域各土地覆被类型景观破碎度的变化

11.6　流域生态系统服务价值评估

城市经济发展不可避免地会侵占生态用地,进而损害自然生态系统为人类的生产生活直接或间接提供的生态系统服务。生态系统服务的概念最早出现在 20 世纪 90 年代末欧洲的景观学研究中,被认为是自然经济与城市景观功能研究的进一步发展。通过量化生态系统服务,可以体现自然生态系统对社会-经济系统提供服务的潜力;同时,也从经济角度量化了在风险源的作用下恢复生态系统组分及其功能所需要的成本。本案例利用解译得到的土地覆被数据评估 1990—2018 年研究区域生态系统服务价值的变化趋势。

11.6.1　生态系统服务功能分类

依据流域土地覆被类型和 2001 年开展的千年生态系统评估提出的生态系统服务类型分类方法,选取供给、调节、支持和文化服务中的共 11 种生态系统服务功能,如表 11-10 所示。千年生态系统评估将生态系统服务功能划分为多种类型,并首次对全球生态系统的生态服务功能进行综合评估,为生态系统的保护和可持续利用奠定了基础,也为城市的生态规划和相关政策的制定提供了参考依据。

表 11-10　生态系统服务类型功能及含义

生态系统服务类型	功　能	含　　义
供给服务	食物生产	供应农作物和水产品
	原料生产	提供建筑材料、化工原料和药材
	水资源供给	供应地表水和地下水
调节服务	气体调节	生物固碳、碳氧平衡
	气候调节	调节气温、湿度和降水
	净化环境	吸收有毒有害气体、净化水环境
	水文调节	调节降雨、径流、入渗和蒸发等过程

续表

生态系统服务类型	功能	含义
支持服务	土壤保持	保持土壤资源、防止土壤侵蚀
	维持养分	维持土壤生产力、防止土壤养分流失
	生物多样性	提供适宜的生存环境
文化服务	美学景观	提供自然或半自然景观

11.6.2　生态系统服务价值评估

对生态系统服务价值（ESV）的估算采用基于单位面积价值当量的方法。该方法得到的结果便于比较，可以用于生态系统服务价值的快速评估。国内学者采用文献调研、生物量分析和专家经验判断等方法得到了适用于我国不同土地覆被类型的单位面积价值当量（简称价值当量，下同）。根据研究区域特点和研究需要，将上述文献中已有的价值当量进行修正，得到各土地覆被类型的单位面积生态系统服务价值当量，如表11-11所示。在价值当量修正过程中，对于水体的水文调节功能，考虑到除水体以外其他土地覆被类型对维持流域生态系统稳定的重要作用，选取谢高地等2008年研究中对应的价值当量，可以在平衡不同类型土地覆被价值当量的同时，突出水环境的重要生态价值。水体其他功能的价值当量对应谢高地等2015年研究中的价值当量。对于林地和草地，由于文献中将两种土地覆被类型细分为多个子类型，因此基于子类型的价值当量采用算术平均方法得到最终的数值。对于裸地，采用文献中对应土地覆被类型的价值当量。

表 11-11　不同土地覆被类型单位面积生态系统服务价值当量

生态系统服务类型	功能	水体	林地	草地	裸地
供给服务	食物生产	0.80	0.25	0.20	0.00
	原料生产	0.23	0.57	0.30	0.00
	水资源供给	8.29	0.29	0.16	0.00
调节服务	气体调节	0.77	1.87	1.05	0.02
	气候调节	2.29	5.60	2.76	0.00
	净化环境	5.55	1.65	0.91	0.10
	水文调节	18.77	3.69	2.02	0.03
支持服务	土壤保持	0.93	2.28	1.27	0.02
	维持养分	0.07	0.17	0.10	0.00
	生物多样性	2.55	2.07	1.16	0.02
文化服务	美学景观	1.89	0.91	0.51	0.01
合　计		42.14	19.35	10.44	0.20

通过统计粮食产量和价格，确定单位价值当量因子的经济价值量。根据国内已有研究对生态系统服务价值的定义，单位价值当量因子的经济价值量等于1hm² 全国平均产量的农田每年粮食产值的1/7（谢高地等，2008）。基于《全国农产品成本收益资料汇编》数据，我国2016年3种主要粮食（稻谷、小麦和玉米）的平均产值为15 193.5 元/hm²，由此得到单位价值当量因子的经济价值量为2170.5 元/hm²。将研究时期的经济价值量统一至2018年

的价格水平,最终得到的经济价值量为 2262.6 元/hm^2。

根据各土地覆被类型地块单位面积的生态系统服务价值,可以估算出 1990—2018 年流域的生态系统服务价值,如表 11-12 所示。可以看出,生态系统服务价值在研究时期内整体呈下降趋势,累计降低 23.05%。图 11-12 反映了不同时期生态系统服务价值在空间上的变化特征。结果表明,生态系统服务价值呈降低趋势的区域主要处在流域生态控制区以外,其中显著降低的区域位于生态控制区边界附近;而生态系统服务价值增加的区域则主要处在生态控制区内。

表 11-12　1990—2018 年流域生态系统服务价值及其变化率

项　目	年份	水体	林地	草地	裸地	合计
ESV(生态系统服务价值)/10^4 元	1990	4456.47	38 997.20	7610.67	12.89	51 077.23
	1995	5401.35	33 428.42	8738.20	16.31	47 584.29
	2000	6509.27	33 644.68	7918.97	18.72	48 091.64
	2005	3816.70	32 244.71	5956.84	66.90	42 085.15
	2010	4247.66	30 824.61	5295.08	47.37	40 414.72
	2015	4311.54	28 718.97	5834.14	46.61	38 911.27
	2018	3488.71	30 734.43	5065.03	17.25	39 305.42
ESV 变化率	1990—1995	21.20%	−14.28%	14.82%	26.54%	−6.84%
	1995—2000	20.51%	0.65%	−9.38%	14.73%	1.07%
	2000—2005	−41.37%	−4.16%	−24.78%	257.42%	−12.49%
	2005—2010	11.29%	−4.40%	−11.11%	−29.19%	−3.97%
	2010—2015	1.50%	−6.83%	10.18%	−1.60%	−3.72%
	2015—2018	−19.08%	7.02%	−13.18%	−62.99%	1.01%
	1990—2018	−21.72%	−21.19%	−33.45%	33.80%	−23.05%

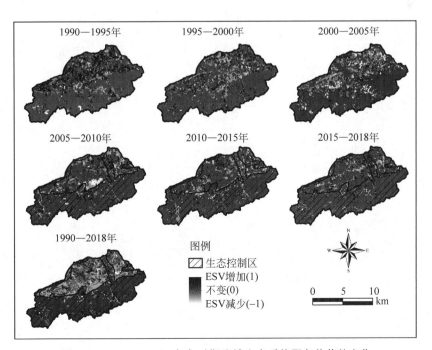

图 11-12　1990—2018 年各时期流域生态系统服务价值的变化

表 11-13 分析了研究时期内各生态系统服务功能价值量的变化情况。可以看出,流域内提供调节功能的主体较多,包括气候调节和水文调节。虽然调节功能的价值量在研究时期有所下降,但截至 2018 年,气候调节和水文调节功能的价值量依然位居前两位,分别达到 104.2×10^6 元(约 1.04 亿元)和 84.1×10^6 元(约 0.84 亿元)。食物生产功能的价值量仅有 5.6×10^6 元(约 600 万元),这主要是由于深圳市农业用地的面积占比很小。

表 11-13 1990—2018 年流域各生态系统服务功能价值量的变化

生态系统服务类型及功能		ESV/10^6元						
		1990 年	1995 年	2000 年	2005 年	2010 年	2015 年	2018 年
供给服务	食物生产	7.3	7.0	7.1	6.0	5.8	5.6	5.6
	原料生产	13.9	12.6	12.5	11.4	10.8	10.3	10.7
	水资源供给	15.9	17.1	19.2	13.4	13.9	13.8	12.3
调节服务	气体调节	46.1	42.1	41.7	37.9	35.9	34.4	35.4
	气候调节	135.3	122.7	121.8	111.1	105.5	100.8	104.2
	净化环境	45.7	43.2	44.2	38.0	36.7	35.4	35.2
	水文调节	109.1	104.8	108.6	90.2	88.1	85.4	84.1
支持服务	土壤保持	56.2	51.2	50.7	46.1	43.7	41.9	43.1
	维持养分	4.3	3.9	3.9	3.5	3.4	3.2	3.3
	生物多样性	52.9	48.8	48.8	43.5	41.5	39.9	40.7
文化服务	美学景观	24.1	22.4	22.6	19.8	19.0	18.3	18.5
合　计		510.8	475.8	480.9	420.9	404.2	389.1	393.1

CHAPTER 12

城市空气典型污染物空间分布遥感研究

该案例取自佛山市生态环境局资助的《佛山市全方位环保规划研究》成果。该研究由清华大学环境学院完成,改写自 2018 年宋伟泽博士学位论文《城市下垫面结构的空气质量空间变异效应及情景调控研究》的相关章节。

12.1　研究概述

12.1.1　案例区概况

粤港澳大湾区是中国经济最发达的城市群之一,地势为:北面和西面是丘陵、山地,东面和南面是海洋,中间是地势平坦的平原(海拔在200m以下)。该区夏季降雨较多,且多吹南风,冬季降雨较少,且多吹北风,是南亚热带季风气候。其中,佛山市地处粤港澳大湾区腹地,为广东省地级市,下辖禅城、南海、顺德、高明、三水五个区,国土面积 3797.72km^2;经度位于 112°22′~113°23′E,纬度位于 22°38′~23°34′N;地势总体北高南低、西高东低,以平原为主,起伏较小,海拔多在 1.2~4.8m,西北部为丘陵和山体,海拔最高的为高明区的皂幕山,高为 805m;年平均气温 22.5℃;年平均相对湿度 76%,年平均风速 2m/s。雨季集中在 4—9 月,约占全年总降雨量的 80%。

12.1.2　研究内容与技术思路

基于城市空气质量管理需求,主要研究内容包括:
(1) 基于卫星遥感的城市用地结构空间异质性特征解析;
(2) 基于用地结构的城市建成区 NO$_2$ 精细化空间分布模拟;
(3) 利用卫星遥感高精度估算地面 PM$_{2.5}$ 时空分布。

基于卫星遥感数据的地理空间建模含如下几个步骤。首先,定量分析卫星遥感观测的现状建设用地、耕地、林地等地表覆盖情况,进而计算不同地表覆盖的面积、规整度、隔离度、紧凑度等空间结构因子;其次,构建地理加权土地利用回归模型(GWLUR),识别对 NO$_2$ 分布有显著影响的空间因子类别和尺度,实现精细化 NO$_2$ 分布模拟;再次,开发空间嵌套分层模型,利用卫星气溶胶厚度(AOD)逐日地理加权回归捕捉 PM$_{2.5}$ 区域性变异,构建土地利用回归(LUR)识别对 PM$_{2.5}$ 局地分布有显著影响的空间因子,模拟高精度 PM$_{2.5}$ 分布；最后,评估城市用地结构调控对空气质量改善的贡献及其地区差异性。

12.1.3　数据源

1. 空气质量数据

研究区空气质量监测站点分布如彩图 12-1 所示。其中包括区域监测点和局地加密监测点,各监测点的监测数据来源于当地环境保护监测部门。

2. 土地利用数据

该数据获取自清华大学发布的全球 30m 地表覆盖数据集,包括了现状建设用地、耕地、林地、水体等,这些土地利用数据均主要解译自 Landsat TM 和 ETM＋遥感数据。网址为 http://data.ess.tsinghua.edu.cn/。案例城市土地利用格局如彩图 12-2 所示。道路数据来源于当地交通部门,包括不同等级的主干路、次干路、高速公路、快速路和支路。

3. 气溶胶光学厚度数据

该数据获取自美国航空航天局地球观测系统网站提供的 MODIS 卫星二级气溶胶产品,网址为 https://ladsweb.modaps.eosdis.nasa.gov/search/。该数据产品间分辨率为 3km,其数据质量被广泛认可并且已有广泛的应用。本案例选择了参数名为 Image_Optical_Depth_Land_And_Ocean、质量标记为 QA＝3 的 550nm 处 AOD 数据。采用 MODIS SWATH TOOL 工具将坐标体系转换为 WGS-84,格式为 GeoTIFF。乘以转换系数 0.001 得到实际的 AOD 值。共计筛选出 Terra MODIS(MOD04)和 Aqua MODIS(MYD04)数据文件 261 幅和 263 幅。

12.2　空间建模与分析方法学

12.2.1　城市用地结构异质性测度方法

城市用地结构对空气污染物浓度空间分布影响的大小依赖于分析尺度。当缓冲区范围不同时,用地结构的效应也不同。本研究采用圆形缓冲区直径参数表征不同的空间尺度,着重测度不同缓冲区情况下各种路网结构因子和用地结构因子的空间异质性。描述用地结构的因子很多,这里仅介绍几个主要的路网结构因子和用地结构因子。

1. 主要路网结构因子

(1) 最近邻距离。使用 ArcGIS Euclidean Distance 工具分别计算任一位置到高速公路、快速路、主干路、次干路和支路等最近距离,再分析邻近性地区间差异度。

(2) 道路总长度。采用 ArcGIS Focal Statistics 工具计算任一位置的特定缓冲区内的道路总长度,再分析道路里程在地区间的差异性。

2. 主要用地结构因子

城市用地主要包括建设用地、耕地、森林、水体等类型,主要通过面积、规整度、隔离度等指标测度其结构和布局。本次利用 Fragstats 4.1 软件计算各个因子。其具体计算公式如下：

(1) 面积规模性指标

$$CA = A$$

式中,CA——特定土地利用类型的总面积,hm^2;

　　A——面积(area)的缩写,hm^2。

(2) 规整性指标

$$\text{AWMSI} = \sum_{i=1}^{n} \left(\frac{0.25 P_i}{\sqrt{a_i}} \times \frac{a_i}{A} \right)$$

式中,AWMSI——area-weighted mean shape index 的简称,表征缓冲区内用地斑块面积加权的平均形状指标;

　　P_i——缓冲区内每个斑块的周长;

　　a_i——缓冲区内每个斑块的面积;

　　A——缓冲区的总面积。

(3) 隔离性指标

$$\text{MNN} = \frac{\sum_{i=1}^{n} h_i}{N}$$

式中,MNN——单位为 m;

　　h_i——缓冲区内斑块 i 与最邻近斑块间的距离,m。

12.2.2　地理加权土地利用回归建模方法

首先,通过土地利用回归(land use regression,LUR)识别模型结构;然后通过地理加权回归(geographically weighted regression,GWR)率定模型参数,并采用交叉验证方法评价模拟精度。

1. 土地利用回归模型

土地利用回归模型构建的主要步骤如下：①计算典型污染物年均浓度与各用地结构指标的相关系数,并按照绝对值大小进行排序;②识别每种用地类型中排名最高的指标;③识别每个类别中与排名最高的用地结构指标相关系数大于 0.6 的用地结构指标,并剔除这些指标;④对所有剩余的土地利用因子进行监督逐步回归;⑤当土地利用因子的 t 检验($\alpha = 0.05$)不显著或系数正负与先前假设不一致时,将该因子剔除;⑥重复步骤④和步骤⑤到最终收敛,且移除贡献小于 1% 的土地利用因子。另外,方差膨胀因子(VIF)和最大库克距离(max Cook's distance)需满足多重共线性和强影响点诊断标准。

土地利用回归的模型公式如下：

$$\text{APC} = \beta_0 + \sum_{k=1}^{p} \beta_k \text{LUF}_k + \varepsilon$$

式中,APC——污染物年均浓度;

　　LUF_k——第 k 个用地因子;

　　$\beta_0, \beta_1, \cdots, \beta_k$——待定系数;

　　ε——误差项。

2. 地理加权回归模型

地理加权回归(GWR)是通过将地理位置嵌入空间权重矩阵,使得回归参数成为监测站点位置的函数,捕获用地结构和空气质量空间关系的非平稳性,如图 12-3 所示。

地理加权土地利用回归模型的形式为

$$\mathrm{APC}_i = \beta_{0i} + \sum_{k=1}^{P} \beta_{ki} \mathrm{LUF}_{ki} + \varepsilon_i, \quad i = 1, 2, \cdots, n; \ \varepsilon_i \sim N(0, \varepsilon^2)$$

式中,i——监测站点的编号。

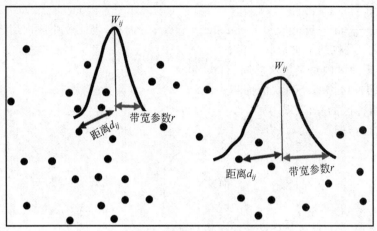

图 12-3　地理加权回归空间权重的基本结构

地理加权回归空间权重函数的特点是随距离增大权重递减,计算公式如下:

$$W_{ij} = \exp\left[-\frac{1}{2}\left(\frac{d_{ij}}{r}\right)^2\right]$$

式中,W_{ij}——空间权重函数;

　　d_{ij}——观测点 j 相对于待估点 i 的距离;

　　r——带宽参数,可通过交叉验证法(CV)和校正的赤池信息准则法(AICc)得到。

12.2.3　空间嵌套分层建模方法

空间嵌套分层建模方法综合利用卫星气溶胶光学厚度和地表土地覆盖数据,捕捉 $PM_{2.5}$ 空间分布的细节(图 12-4)。首先,提取与 $PM_{2.5}$ 监测站点匹配的卫星 AOD 值;其次,构建逐日地理加权回归 AOD-$PM_{2.5}$ 关系模型,模拟 $PM_{2.5}$ 区域性分布;然后,对 $PM_{2.5}$ 残差进行土地利用回归,改善估算精度,获得全域 $PM_{2.5}$ 空间分布细节。

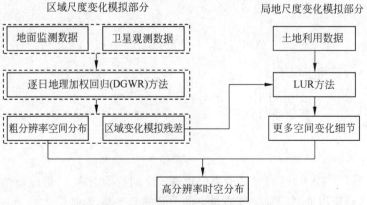

图 12-4　空间嵌套分层建模技术路线图

12.2.4　城市用地结构调控分析方法

基于不同土地利用类型及其空间格局对空气污染物空间分布的响应关系,可以对特定土地利用的空间分布进行调控,改善城市空气质量。以建设用地为例,如图 12-5 所示,可将单中心建成区变为多中心建成区,调控建设用地布局,分析其对空气质量改善的潜力,为城市规划、建设、管理等实践提供理论依据。

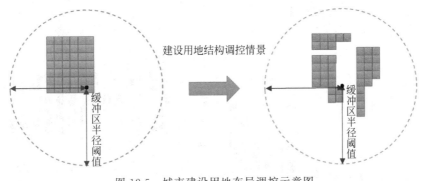

图 12-5　城市建设用地布局调控示意图

12.3　卫星遥感用地结构空间异质性特征解析

12.3.1　佛山市域土地利用类型的构成特征

经解译和空间统计分析,得到佛山建设用地、耕地、林地、湿地、水体、灌木丛和草地的面积占比分别为 34%、37%、15%、5%、5%、3% 和 1%。主导性用地类型是建设用地、耕地和林地。在不同行政区域用地结构有所不同,禅城区建设用地面积占 78%;而高明区林地和耕地面积分别占 48% 和 32%。

快速路主要位于南海区和顺德区,分别占比 57.1% 和 30.5%;高速公路和主干路主要位于南海区和三水区;次干路和支路主要位于顺德区。总体而言,禅城区是路网最密集的地区;禅城区东北部是支路最密集的地区;顺德区东南部是次干路最密集的地区;高明区的道路最稀疏。

12.3.2　佛山市域土地利用的地理分布特征

1. 用地结构空间差异性

不同的土地利用要素具有不同的空间依赖性,本研究分别采用 0.3、0.6、0.9、1.2、1.8、2.4、3.0、3.6、4.2、5.4 和 6.0km 的缓冲区直径分析不同土地利用类型的空间差异性。以建设用地为例,如图 12-6 所示,随着缓冲区直径增大,建设用地数量、规模呈增大趋势,不同地区间异质程度也随之增大。建设用地最大斑块指数随缓冲区直径增大呈现减小趋势。建设用地规整度差异性随着缓冲区直径的增大而呈现先增大又减小的趋势。

建设用地规整性在 1.2km、6km 缓冲区直径下空间分布格局如彩图 12-7 所示。

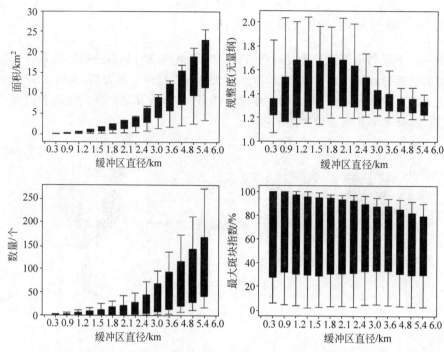

图 12-6   建设用地因子空间差异程度随缓冲区尺度的变化

分析发现，当缓冲区空间范围内建设用地较多时，耕地、森林、灌木丛、湿地和水体用地会较少；建设用地破碎化主要与耕地分布相关；森林与建设用地规整性相关性较高；耕地与建设用地隔离性相关性较高；建设用地规模性与森林无关，原因是其分布区域明显不同。

2. 道路结构空间差异性

彩图 12-8 展示了不同缓冲区大小情况下各主要道路因子的地区差异性，可发现道路总长度高值出现在中东部，西南和西北部道路总长度值较小。随着缓冲区直径增大，道路总长度空间异质程度越来越大；主干路长度、次干路长度、快速路长度和道路总长度值能有效刻画各道路因子的地区异质性。

12.4   卫星遥感气溶胶光学厚度时空变化特征解析

获取的卫星遥感气溶胶光学厚度（AOD）均值空间分布如彩图 12-9 所示，高值出现在佛山市的禅城区、顺德区和南海区，说明中心城区是颗粒物污染严重地区。低值出现在高明区，且变异度高，说明这个地区的 $PM_{2.5}$ 污染常受周边地区的影响。

12.5   城市建成区 NO_2 空间分布精细化模拟

首先，识别具有显著效应的土地利用因子类型；其次，识别土地利用因子尺度；最后，构建地理加权土地利用回归模型。

1. 土地利用因子类型识别

研究显示建设用地规模和规整性与 NO_2 年均浓度显著相关,原因是其不仅影响排放源的分布,也通过影响规模、迁移、扩散和转化过程影响市域 NO_2 的分布。

林地规模也能够显著地影响市域 NO_2 浓度的分布。对于耕地而言,其规模效应比隔离性效应高了 14.1%,不过其规模效应比建设用地低近 25.4%。道路总长度、邻近性也会显著地改变 NO_2 浓度的空间变异。综上所述,市域 NO_2 浓度分布受到了建设用地规模和规整性、耕地规模和隔离性、林地规模性以及道路邻近性等的综合影响。

2. 土地利用因子尺度筛选

研究发现建设用地规模和林地规模的适宜缓冲区直径分别为 6km 和 3km,说明林地在较小的空间尺度上就显著影响到 NO_2 浓度分布;道路总长度适宜尺度为 3km。不同用地因子对市域 NO_2 浓度分布具有显著影响的地理尺度是不同的。

3. 土地利用因子解释度比较

结果发现建设用地规整性可解释 59% 的 NO_2 浓度分布,是耕地隔离性和林地规模的 1.4 倍和 2.2 倍;道路邻近性对市域 NO_2 分布的空间解释度为 58%,是耕地隔离性和林地规模的 1.4 倍和 2.1 倍。说明市域 NO_2 浓度分布主要受建设用地规整性和道路邻近性影响。建成区布局和等级路网格局对中长期 NO_2 浓度分布有重要的影响。

4. 地理加权土地利用回归模型构建

按照地理加权土地利用回归和土地利用回归的建模程序建立了 NO_2 土地利用回归模型,结果显示 GWLUR 模型比单纯的 LUR 模型的空间解释度提高了 13%,均方根误差降低了 7%。另外从如表 12-1 所示的模型系数看,GWLUR 模型中道路邻近性因子系数估计值的四分位数间距(IOR=1.79)大于传统的 LUR 模型中道路邻近性因子系数估计值与标准偏差之和(-0.57),这也佐证了 NO_2 年均浓度与土地利用空间配置关系的非平稳性。

表 12-1　NO_2 土地利用回归模型的参数估计的统计描述

模　型	指标	回归截距 $(\hat{\beta}_0)$	道路邻近性因子系数 $(\hat{\beta}_1)$	耕地密度因子系数 $(\hat{\beta}_2)$
土地利用回归(LUR)模型	估计值	61.72	-0.68	-0.09
	标准误差	1.90	0.11	0.03
	95% 置信区间下限	57.84	-0.90	-0.14
	95% 置信区间上限	65.61	-0.46	-0.03
	估计值-标准误差	59.82	-0.79	-0.11
	估计值+标准误差	63.63	-0.57	-0.06
地理加权土地利用回归(GWLUR)模型	平均值	59.63	0.05	-0.10
	最小值	50.41	-1.72	-0.23
	25% 四分位数	54.54	-0.60	-0.13
	中位数	57.40	-0.29	-0.09
	75% 四分位数	63.27	1.19	-0.08
	最大值	79.62	1.66	-0.01
	四分位间距(IQR)	8.73	1.79	0.05

12.6　基于卫星遥感高精度地面 $PM_{2.5}$ 时空分布估算

研究结果显示,日地理加权回归(DGWR)对 $PM_{2.5}$ 分布估算的总体交叉验证解释度达到了84%。更进一步发现,卫星 AOD 对 $PM_{2.5}$ 分布空间解释度存在季节差异性,春季比冬季高了10.3%。而且,冬季带宽是夏季的1.8倍,说明冬季时 $PM_{2.5}$ 分布的复杂程度更高。

城市用地结构对 $PM_{2.5}$ 日均浓度残差解释存在季节差异性。春季时解释度最高达91.2%。简而言之,融合用地结构因子的空间嵌套模型估算 $PM_{2.5}$ 分布时精度提高了4%,达到了88%,均方根误差为 $8.29\mu g/m^3$,相对误差为14%。综上所述,逐日与自适应带宽的空间建模策略解决了气象要素对 AOD-$PM_{2.5}$ 关系的时间与空间非平稳性的难题;土地利用因素可以解决排放源对局部地区 $PM_{2.5}$ 分布的影响,捕捉了更多的空间细节。

1. 土地利用因子类型识别

结果显示建设用地规模、规整性、隔离性因子出现频次高,说明建设用地布局对 $PM_{2.5}$ 浓度分布有显著的影响;而且,建设用地格局对 $PM_{2.5}$ 浓度分布在日、季和年尺度上都有显著的影响。同样,耕地隔离性、规模因子及林地紧凑性、规模因子出现频次高,说明现状耕地与林地格局也影响到了 $PM_{2.5}$ 日均浓度的空间分布。

2. 土地利用因子尺度识别

结果表明,建设用地在小尺度上即可影响 $PM_{2.5}$ 日均浓度分布,且建设用地因子出现频率随尺度增大而变高,表明在更大空间尺度下建设用地的效应将更加明显;林地因子效应缓冲区直径基本在 4km 以上;耕地因子效应缓冲区直径为 6km 时,出现频次最高。

12.7　城市用地结构管控改善空气质量潜力分析

1. 空气质量高风险地区识别

基于建立的模型模拟可以识别空气污染物的空间分布特征,如彩图 12-10(a)所示,佛山中东部 NO_2 年均浓度明显高于西北、西南和东南,呈城郊梯度变化。原因是中东部地区的建设用地规模、道路密度较其他地区更大,且森林覆盖度极少,污染热点出现在中东部的禅城区,而冷点位于西南部。

而对于 $PM_{2.5}$ 年均浓度的空间分布,如彩图 12-10(b)所示,污染最严重的地区出现在禅城区,最高值达到了 $68.2\mu g/m^3$;相反,$PM_{2.5}$ 年均浓度最低的地区出现在西南部,原因是森林覆盖度高,建设用地较少,$PM_{2.5}$ 污染热点出现在中心城区,且呈东南—西北走向。

2. 建设用地布局调控情景分析

基于城市不同下垫面结构 NO_2 和 $PM_{2.5}$ 空间变异效应研究结果,本研究设计了不同的下垫面空间结构调控情景,并进而分析了不同情景下 NO_2 和 $PM_{2.5}$ 浓度的改善程度。

以建设用地空间布局调控为例,如表 12-2 所示,通过建设用地空间布局调控,NO_2 和 $PM_{2.5}$ 年均浓度分别降低了 2.1% 和 0.8%,NO_2 污染的改善程度好于 $PM_{2.5}$。NO_2 在禅城区改善潜力是三水区的 4 倍；同时，NO_2 在佛山不同地区的改善潜力存在差异性。而对于 $PM_{2.5}$ 年均浓度，禅城区、南海区、顺德区、三水区和高明区可分别改善 0.6%、0.8%、1.0%、0.9% 和 0.9%，顺德区 $PM_{2.5}$ 空气质量改善的潜力会更高。同时，城市不同区域 NO_2 和 $PM_{2.5}$ 的改善状况不同。如彩图 12-11 所示，通过 6km 范围内调控建设土地的规整性指标（AWMSI），可以一定程度上改善空气质量，且在城市不同区域的改善状况不同。

综上所述，在空气质量较差的中心城区，需严格管控建设用地规模及布局。在中低污染地区，应加强森林、耕地、水体等用地保护，严格控制不合理的建设用地开发。具体而言，在禅城区管控建设用地，在顺德区保护耕地，在三水区保护林地布局。

表 12-2 现状建设用地布局调控情景下空气质量改善潜力   %

类　别	禅城区	南海区	顺德区	三水区	高明区	全市域
NO_2 潜力	3.6	1.9	1.7	0.9	2.7	2.1
$PM_{2.5}$ 潜力	0.6	0.8	1.0	0.9	0.9	0.8

内陆水体水质的高光谱遥感监测案例

本案例内容节选自清华大学环境学院刘澄 2016 年的硕士学位论文《微污染内陆水体水质的高光谱遥感监测研究》。

13.1 研究背景和研究区域概况

内陆水体如湖泊、水库等,为人类活动提供了重要的资源,包括生活饮用水、农业灌溉用水、工业用水和景观娱乐用水等。内陆水体拥有较高的生物多样性,并提供重要的生态系统服务功能,如营养物质循环和碳循环等。内陆水体水质监测对于生态环境保护和水资源可持续利用具有重要的意义。目前常用的现场水质取样监测技术较为费时费力,并且也仅能提供监测点位当时的信息,而采用高光谱遥感技术能够快速反映整个水体中叶绿素、总氮等重要参数的时空变化特征。因此,应用高光谱遥感技术进行水质监测,是对传统监测方法的有效补充。高光谱数据信息量丰富,特别适用于反射率低的微污染内陆水体的污染物监测。

本案例以官厅水库为研究对象,用高光谱数据对其夏季水体的污染物浓度等水质特征进行分析。

官厅水库位于北京市区西北 100 多千米,是永定河上的一座大型水库(图 13-1),地属暖温带亚湿润的华北沿海平原向中温带干旱的内蒙古高原过渡地带。水库总库容 41.6 亿 m³,流域面积 4.7 万 km²。入库主要水系有桑干河、洋河和妫河,控制永定河流域面积约为 4.34 万 km²,占永定河流域总面积的 90% 以上。官厅水库曾是北京的重要水源地,不过随着上游地区城市经济发展和能源基地的建设,水库来水量减少且水质受到了污染,于 1997 年退出饮用水体系。随后,经过多年持续的治理修复后,官厅水库水质明显好转,已被定位为北京市未来重要的备用水源地。因此在官厅水库开展全面且严谨的水质监测评估,特别是对其夏季汛期水体富营养化情况进行及时监测,对于缓解北京市供水紧张,保障首都用水安全具有重要的意义。

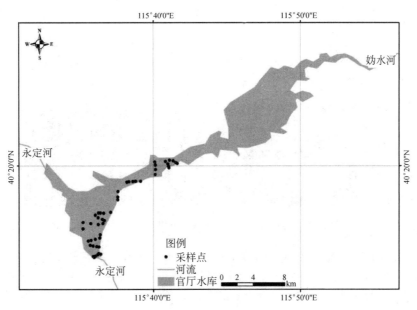

图 13-1   官厅水库位置及采样示意图

13.2   研究技术路线、设备软件及数据

13.2.1   技术路线

本案例的技术路线如图 13-2 所示。结合现场水样监测数据、现场高光谱数据和高光谱卫星影像(环境一号 A,简称为 HJ-1A),应用随机森林模型建构机器学习的反演模型,模拟分析官厅水库不同年份夏季水体主要污染物浓度变化特征。

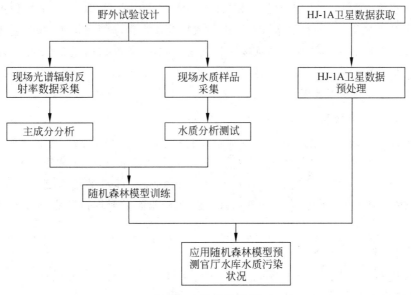

图 13-2   技术路线图

13.2.2　设备和软件

（1）利用 Spectra Vista 公司的 GER 1500 光谱辐射计进行现场光谱反射率数据采集，如图 13-3 所示为 GER 1500 高光谱成像仪和附带的掌上电脑（PDA）照片。

图 13-3　GER 1500 高光谱成像仪和掌上电脑（PDA）

（2）利用 BHCnav NAVA M30 手持 GPS 进行野外采样点的空间坐标的采集。

（3）利用 ENVI 5.1 软件平台对 HJ-1A 遥感数据进行 FLAASH 大气校正处理，以实现对遥感数据的预处理。

（4）利用 MATLAB 2015b 中的统计和机器学习工具箱以及曲线拟合工具箱来完成数据的统计分析、绘制图表以及构建随机森林模型。

（5）利用 ArcGIS 10.3 完成不同格式卫星数据的转换以及相关制图。

13.2.3　研究数据

本案例用到了三方面数据：基于现场采集的水样，在实验室测定获得的水质数据；现场采集水样后直接用 GER 1500 现场测定的高光谱数据；HJ-1A 卫星的高光谱遥感影像数据。

1. 官厅水库水质数据

水体样本的采集于 2015 年 7 月 2 日上午在官厅水库完成，具体 50 个采样位点如图 13-1 所示。每个样点采集 550mL 水体样本一份装入提前清洗干净的塑料瓶中，然后快速冷冻以防止水样发生变质。水体样本的测试按照相关水质测试标准执行，于 2015 年 7 月由清华大学环境质量检测中心完成。现场水样数据的采集和分析测试参照《地表水环境质量标准》（GB 3838—2002）的要求开展。

2. GER 1500 光谱辐射计数据

现场水体样本的高光谱反射率数据通过手持式 GER 1500 光谱辐射计进行测量获得，在每个水样采集后紧接着进行测定，即于 2015 年 7 月 2 日测定，因此共测定了 50 个位点水样的高光谱反射率连续曲线数据。GER 1500 光谱辐射计能够监测 512 个连续的光谱波段，波长范围介于 350nm（紫外）～1050nm（近红外），涵盖了平均带宽为 1.37nm 的全部可见光。

3. HJ-1A 高光谱遥感影像数据及大气校正

本案例用到的高光谱遥感影像数据来自中国 HJ-1A 卫星的高光谱成像仪（HSI）传感器，数据通过中国资源卫星数据与应用中心下载得到（http://www.cresda.com/EN/）。

HJ-1 号卫星是中国第一个专门用于环境与灾害监测预报的小卫星星座,由两颗光学小卫星(HJ-1A、HJ-1B)和一颗合成孔径雷达小卫星(HJ-1C)组成,具有中高空间分辨率、高时间分辨率、高光谱分辨率、宽观测带宽性能,能综合运用可见光、红外与微波遥感等观测手段弥补地面监测的不足,对中国环境变化实施大范围、全天候、全天时的动态监测。HJ-1A 卫星的 HSI 传感器,波段数为 115,波长范围为 450~950nm,空间分辨率为 100m,幅宽为 50km,重访周期 4d。

为监测官厅水库水质的时空动态,应用了 4 景 HJ-1A 遥感影像数据,成像时间分别为 2012 年 7 月 15 日、2013 年 5 月 25 日、2014 年 8 月 25 日和 2015 年 5 月 19 日,遥感数据的选择标准为 5—8 月无云的影像。2015 年 5 月 19 日的影像数据已经是能获得的最接近水样采集和高光谱反射率测定时间的影像。

13.3 水库水质监测分析

1. 水质分析测试

于 2015 年 7 月 2 日上午在官厅水库采集的共 50 份水样被带回实验室进行分析测试。

2. 水质监测结果

官厅水库水质监测结果如表 13-1 所示。根据《地表水环境质量标准》(GB 3838—2002),官厅水库的水质仍属Ⅳ类或Ⅴ类水体,其中,总磷、COD 指标最差,部分样点的数据超过了劣Ⅴ类。比较而言,官厅水库中总氮和氨氮的含量处于较好的水平,而总大肠菌群水平在样点之间的差异性较大。

表 13-1 水体样本测试指标和测试方法

测试指标	单位	数值范围	水质等级
叶绿素 a(Chl-a)	$\mu g/L$	6.98~43.11	—
浊度	FTU	4.6~36.4	—
总磷(TP)	mg/L	0.05~0.19	Ⅳ~Ⅴ
溶解磷(DP)	mg/L	0.01~0.07	—
化学需氧量(COD)	mg/L	28.8~45.3	Ⅳ~劣Ⅴ
总氮(TN)	mg/L	0.71~1.22	Ⅲ~Ⅳ
氨氮(NH_3-N)	mg/L	0.22~0.62	Ⅱ~Ⅲ
硝酸盐氮(NO_3-N)	mg/L	0.13~0.41	—
电导率(EC)	$\mu S/cm$	1385~1569	—
pH 值		8.5~8.9	—
粪大肠菌群(*E.coli*)	个/L	<20~24 000+	Ⅰ~Ⅴ

官厅水库不同区域的水体质量状况存在差异,这里以其中 COD、浊度、总磷和叶绿素四个水质指标为例说明,可发现各指标在各样点之间波动差异较大,均表现为水库中间区域水质较好,而水库东南和西北两端有水系接入的区域则水质较差,数据分析箱图如图 13-4 所示。COD 的浓度变化范围为 28.8~45.3mg/L,中值为 35.60mg/L;水体浊度变化范围为 4.6~36.4FTU,中值为 13.61FTU;总磷浓度变化范围为 0.05~0.19mg/L,中值为 0.098mg/L;叶绿素 a 浓度变化范围为 6.98~43.11$\mu g/L$,中值为 23.68$\mu g/L$。

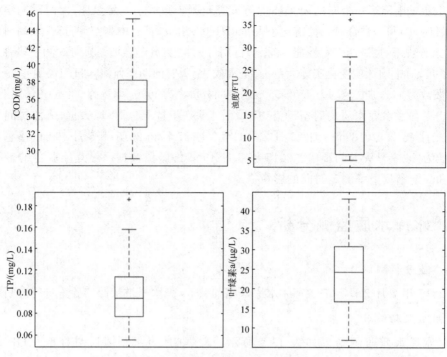

图 13-4   官厅水库水体中 COD、浊度、TP 和叶绿素 a 的现场采样分析结果

13.4   水库水体的高光谱测定与分析

1. 现场采集水样的高光谱测定

采样时间和采样地点与现场水体样本的采集方案一致，每个水样采集后就进行高光谱测定。在每次测定之前，通过测量样点环境中白板的反射率对传感器进行校正，本案例中，假设白板对光线的反射率为100%。每个样点采集数据时，将成像仪传感器垂直指向水面，记录该样点水面的反射率。样点光谱数据采集完成后，数据通过蓝牙传输到一个手持式平板电脑中，随后可以进行进一步的深入分析处理。

2. 两种高光谱数据的匹配

将现场采集的高光谱反射率数据进行重采样与大气校正后的 HJ-1A 卫星遥感影像的 HSI 数据（后同）的波长相匹配。首先剔除光谱质量较差的现场采集的水样点光谱数据，得到 47 个有效样点的 GER 1500 光谱数据。然后剔除噪声波段（蓝波段）的光谱数据，选择了波段在 500～900nm 的 GER 1500 光谱反射数据及 HJ-1A HSI 高光谱影像数据。最后根据 HJ-1A 影像数据 500～900nm 的 90 个波段对 GER 1500 光谱数据进行重采样，使得两种数据具有相同的 90 个光谱波段。47 个样点的光谱数据可以以一个 90×47 的矩阵进行表示，矩阵中行为每个样点的波段数，列为样点数。

3. 高光谱数据有效波段选取

高光谱数据具有数量众多的波段，包含了大量的信息，这使得因使用更多的训练样本来构建精确的预测模型而导致数据处理过程耗时耗力,这个现象也被称为"维度灾难"。主成分分析(PCA)是较为常用的一种降低光谱维度的方法。本案例利用 MATLAB 对 90×47 的矩阵进行主成分分析。具体主成分分析方法参考文献(Hsieh,2009)。本研究对每个水质指标都只取前 5 个主成分进行后续分析。

47 个样点每个水质指标的主成分分析结果获得了 5 个光谱主成分,被用于作为机器学习的训练样本输入值。获得的 5 个光谱主成分的系数被用于转换其他高光谱数据,将 HJ-1A 的 HSI 光谱数据转换为与训练数据一致的具有相同 5 个维度的向量空间。这些经过转换的 HJ-1A 的 HSI 数据可以被用于模拟反演整个官厅水库不同年份的水质状况。

4. 现场水样的高光谱数据分析

本案例使用了 47 个样点的高光谱数据作为训练样本来构建机器学习模型。图 13-5 展示了对光谱反射率进行归一化处理后的有效样本光谱反射率数据。同时对 HSI 数据也进行了归一化处理。这些数据将用于水质预测模型的训练样本。

可以看出所有的样本均在 560nm 附近出现反射率波峰,这是由于叶绿素 a 导致的光谱绿色波段部分反射造成的。在 600~700nm 波长之间,所有的样本均出现两次波谷,其中在 625nm 附近较小的波谷是由于藻蓝素吸收导致的,这说明水体中有蓝藻的出现;在 675nm 附近出现的较大的波谷则是由于叶绿素 a 对红可见光波段的吸收导致的。700nm 附近出现的反射率波峰可能与藻类细胞散射、色素的组合效应以及水体的吸收有关。近红外区域(波长>700nm)的光谱反射率相对较低。

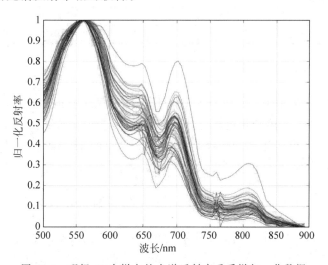

图 13-5 现场 47 个样点的光谱反射率重采样归一化数据

13.5 水库水质卫星遥感高光谱反演

13.5.1 官厅水库水体区域的遥感数据处理

本案例中 HJ-1A 卫星影像的预处理过程主要有两部分内容:大气校正和水体提取。

1. 大气校正

由于云层、水蒸气以及悬浮颗粒的散射或者阻碍均会对卫星影像造成干扰，从而影响数据的质量，因此需要对 HJ-1A 卫星数据进行大气校正处理。本案例中 HJ-1A 卫星数据通过 ENVI 软件中的 FLAASH 流程化大气校正模型对影像数据进行处理，具体校正参数如表 13-2 所示。FLAASH 大气校正使用了 MODTRAN 4＋辐射传输模型的代码，是基于像素级的校正，可校正由于漫反射引起的连带效应，包含卷云和不透明云层的分类图，也可调整由于人为抑止而导致的波谱平滑。FLAASH 可对 Landsat、SPOT、AVHRR、ASTER、MODIS、MERIS、AATSR、HJ 卫星系列、高分卫星系列等多光谱、高光谱数据、航空影像及自定义格式的高光谱影像进行快速大气校正分析，能有效消除大气和光照等因素对地物反射的影响，获得地物较为准确的反射率和辐射率、地表温度等真实物理模型参数。大气校正后的影像数据用于后面的分析。

表 13-2　FLAASH 大气校正参数

参　　数	数　　值
传感器高度/km	650
平均地面海拔/m	479
分辨率/m	100
大气模型	热带（Tropical）
气溶胶模型	城市（Urban）
气溶胶反演	无（None）
能见度/km	40

2. 水体提取

图像大气校正完成后，在 ENVI 软件中使用反演模型来提取水体区域。本案例中使用光谱信息对研究区域的水体和陆地进行分类提取，水体提取结果如图 13-6 所示。通过水体的提取有效减少参与模型运算的像元数量，如 2015 年的 HJ-1A HSI 卫星遥感数据具有755 741 个像元，其中仅有 3120 个像元为官厅水库水体。

13.5.2　基于高光谱卫星数据和反演模型的官厅水库水质反演

如前述，在 MATLAB 中分别对影响不同水质指标的光谱波段值进行主成分分析，得到了每个水体指标的前 5 个主要影响波段，然后将现场水样水质测试数据与相对应的现场光谱反射率数据作为训练样本输入到 MATLAB 的统计与机器学习工具箱进行建模训练，构建水体污染物高光谱反演的预测模型。

本研究通过随机森林模型利用 HJ-1A HSI 卫星遥感数据进行官厅水库水体的水质反演。随机森林指的是利用多棵分类树对样本进行训练并预测的一种分类器，是基于 Bagging 框架的决策树模型（图 13-7）。Bagging 是自助聚集（bootstrap aggregating），其思想就是从总体样本当中随机取一部分样本进行训练，得到不同的结果，再进行投票获取平均值作为结果输出。这极大可能地避免了由于个别不好样本数据而导致分类结果不好的问题，提高了准确度。一般而言，同一批数据，用同样的算法只能产生一棵树，但 Bagging 策略

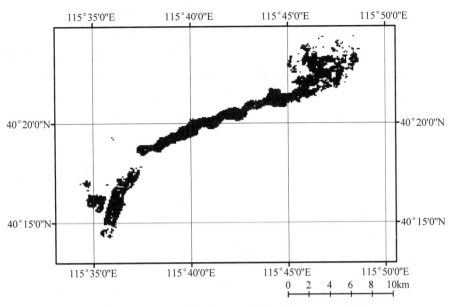

图 13-6　2015 年研究区域官厅水库水体分类提取结果

可以帮助我们产生不同的数据集。具体有两个步骤：①从样本集（假设样本集有 N 个数据点）中进行多次重采样选出 K 个训练集；②利用这 K 个训练集建立分类器对所有样本进行分类。重复以上两步 m 次，获得 m 个分类结果，最后根据这 m 个分类结果来确定像元应该属于哪一类。

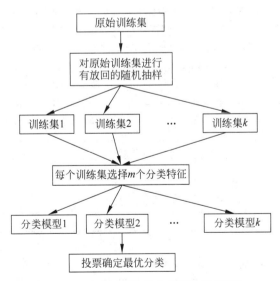

图 13-7　随机森林的分类算法流程图

　　构建随机森林的关键问题就是如何选择最优的 m，解决这个问题主要依据计算袋外错误率（out-of-bag error）。在随机森林 bagging 法中可以发现 booststrap 每次约有 1/3 的样本不会出现在 bootstrap 所采集的样本集合中，故没有参加决策树的建立，这些数据称为袋外数据，其可以用于对决策树性能的评估，计算模型的预测错误率。利用这些数据得到的错误率称为袋外错误率,可用于取代测试集误差估计方法,用于模型的验证,评价模型的好坏。

以叶绿素 a 指标为例,随机森林模型的预测结果与实测结果的对比如图 13-8 所示。随机森林模型对叶绿素 a 具有较好的预测结果,除个别样点之外,模型预测得到的数值均与实测数值具有较好的拟合度,89.4％的实测值可以落入 95％的置信区间中。水体主要水质指标的随机森林模型预测的均方根误差如表 13-3 所示,均方根误差(RMSE)较低(4.87μg/L)。

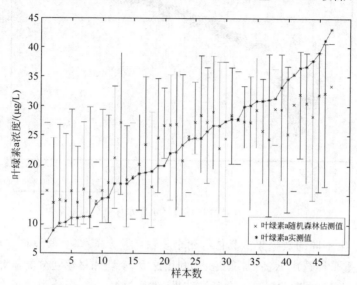

图 13-8　叶绿素 a 的随机森林模型模拟预测结果与实测结果的对比分析(95％置信区间)

表 13-3　水体各水质指标随机森林预测的均方根误差

测试指标	单位	均方根误差
叶绿素 a (Chl-a)	μg/L	4.87
浊度	FTU	3.94
总磷(TP)	mg/L	0.01
溶解磷(DP)	mg/L	0.01
化学需氧量(COD)	mg/L	2.37
总氮(TN)	mg/L	0.08
氨氮(NH_3-N)	mg/L	0.05
硝酸盐氮(NO_3-N)	mg/L	0.04
电导率(EC)	μS/cm	16.90
pH	—	0.04

彩图 13-9、彩图 13-10 显示了四个夏季(2012—2015 年)官厅水库水体叶绿素 a 和 COD 两个水质指标的随机森林模型应用于 HJ-1A HSI 数据的反演预测结果。由水体的分布图可知,在研究的四年中,水库的表面积有所增加,特别是在 2012 年至 2013 年间。以叶绿素 a 的预测结果为例(彩图 13-9),整个水库的叶绿素水平结果显示,随机森林模型对叶绿素 a 的预测水平介于 14.9～32.3μg/L,其模型的袋外错误率(模型预测平均值的误差估计)为 6.93μg/L,而实测样本的数据范围为 6.98～43.11μg/L,这表明本案例中随机森林模型的整体预测水平较好。在时间尺度上,叶绿素 a 没有明显的年际变化规律。

　　作为另外一个被广泛用于地表水水质评价的指标 COD 而言(彩图 13-10),随机森林模型的预测结果介于 32.1~39.4mg/L。从空间分布来看,西部水库的 COD 浓度比东部水库高,且永定河和妫河的下游地区也往往是污染最严重的地区,因为这些河流带来了有机污染物;从时间变化趋势来看,官厅水库中的 COD 含量呈逐年降低的趋势,这表明官厅水库的水质在持续改善。

参 考 文 献

[1] 安塞,沈彦俊,赵彦茜,等.基于时间序列数据的冬小麦种植面积提取[J].江苏农业科学,2019,47(15):236-240.

[2] 柏延臣.藏北雪灾监测、评价与灾情环境研究[D].兰州:中国科学院兰州冰川冻土研究所,1999.

[3] 柏延臣,王劲峰.遥感信息不确定性评价:分类与尺度效应模型[M].北京:地质出版社,2003.

[4] 柏延臣,冯学智,李新,等.基于被动微波遥感的青藏高原雪深反演及其结果评价[J].遥感学报,2001,15(3):161-165.

[5] 保尔,柯兰.利用多光谱扫描数据对从海口排出的下水道污水浓度进行估算与制图[J].环境遥感,1987,2:126-139.

[6] 陈楚群,施平,毛庆文.应用 TM 数据估算沿岸海水表层叶绿素浓度模型研究[J].环境遥感,1996,11(3):168-175.

[7] 陈楚群,施平,毛庆文.南海海域叶绿素浓度分布特征的卫星遥感分析[J].热带海洋学报,2001,20(2):66-70.

[8] 陈楚群,施平.应用水色卫星遥感技术估算珠江口海域溶解有机碳浓度[J].环境科学学报,2001,21(6):715-719.

[9] 陈利顶,刘雪华,傅伯杰.卧龙自然保护区大熊猫生境破碎化研究[J].生态学报,1999,19(3):291-297.

[10] 程声通,况昶,王建平,等.水色遥感理论模型探讨[J].清华大学学报(自然科学版),2002,42(8):1027-1031.

[11] 池梦雪,张宝林,王涛,等.2000—2018 年黄土高原沙尘天气遥感监测及尘源分析[J].科学技术与工程,2019,19(18):380-388.

[12] 仇肇悦,李军,郭宏俊.遥感应用技术[M].武汉:武汉测绘科技大学出版社,1998.

[13] 丛丕福,牛铮,曲丽梅,等.基于神经网络和 TM 图像的大连湾海域悬浮物质量浓度的反演[J].海洋科学,2005,29(4):31-35.

[14] 戴昌达,唐伶俐,陈刚,等.卫星遥感监测城市扩展与环境变化的研究[J].环境遥感,1995,10(1):1-8.

[15] 党安荣,贾海峰,陈晓峰,等.ERDAS IMAGINE 遥感图像处理教程[M].北京:清华大学出版社,2010.

[16] 党安荣,贾海峰,易善桢,等.地理信息系统应用指南[M].北京:清华大学出版社,2003.

[17] 董超华.气象卫星遥感反演和应用论文集(上)[M].北京:海洋出版社,2001.

[18] 杜金辉,孙娟,杜廷芹,等.基于 OMI 数据的青岛市 SO_2 和 NO_2 干沉降通量估算[J].安全与环境工程,2015,22(1):60-65.

[19] 范一大,史培军,罗敬宁.沙尘暴卫星遥感研究进展[J].地球科学进展,2003,18(3):367-373.

[20] 方宗义,刘玉洁,朱小祥.对地观测卫星在全球变化中的应用[M].北京:气象出版社,2003.

[21] 方宗义,张运刚,郑新江,等.用气象卫星遥感监测沙尘的方法和初步结果[J].第四纪研究,2001,21(1):48-55.

[22] 傅俏燕,隋正伟,龚亚丽.遥感卫星大数据产业化应用[J].卫星应用,2019,94(10):14-21.

[23] 葛咏.机载合成孔径雷达(SAR)不确定性分析——理论、系统及应用[D].北京:中国科学院地理科学与资源研究所,2001.

[24] 葛巍,陈良富,司一丹,等.霾光谱特性分析与卫星遥感识别算法[J].光谱学与光谱分析,2016,

36(12)：3817-3824.

[25] 关雷,曹景庆,郭慧宇,等.基于高分四号卫星数据的气溶胶光学厚度反演[J].经纬天地,2019(4)：35-39.

[26] 郭之怀,李乃煌,张家良.海河热污染的遥感研究[D]//天津-渤海湾地区环境遥感论文集.北京：科学出版社,1985,137-145.

[27] 郭之怀.遥感技术在环境保护领域中的应用现状[J].环境科学,1993,14(4)：28-33.

[28] 胡著智,王慧麟,陈钦峦.遥感技术与地学应用[M].南京：南京大学出版社,1999.

[29] 纪瑞鹏,张喜民,李刚.沈阳等 6 城市热岛效应卫星监测研究[J].辽宁气象,2000(4)：22-23.

[30] 焦守莉.遥感技术用于监测海水水质[J].北京测绘,1999(4)：44-46.

[31] 靳强.秦岭南坡中段土地利用土地覆被变化的遥感检测[D].北京：清华大学,2003.

[32] 黎夏.悬浮泥沙遥感定量的统一模式及其在珠江口中的应用[J].环境遥感,1992,57(2)：107-113.

[33] 李纪人,黄诗峰,等."3S"技术水利应用指南[M].北京：中国水利水电出版社,2003.

[34] 李加洪.遥感图像在土地覆盖和温度分布之间对应关系研究中的应用[J].遥感技术与应用,1998,13(1)：18-28.

[35] 李佳琦,李家国,朱利,等.太原市黑臭水体遥感识别与地面验证[J].遥感学报,2019,23(4)：773-784.

[36] 李建,陈晓玲,田礼乔.近岸/内陆水环境定量遥感时空谱研究及应用[M].武汉：武汉大学出版社,2018.

[37] 李建龙,黄敬峰,王秀珍.草地遥感[M].北京：气象出版社,1997.

[38] 李京.利用 NOAA 卫星的 AVHRR 数据监测杭州湾海域的悬浮泥沙含量[J].海洋学报,1987,9(1)：132-135.

[39] 李京.水域悬浮固体含量的遥感定量研究[J].环境科学学报,1986,6(2)：166-173.

[40] 李静,柳钦火,刘强,等.基于波谱知识的 CBERS-02 卫星遥感图像棉花像元识别方法研究[J].中国科学 E 辑：信息科学,2005(S1)：141-155.

[41] 李菁,戴竹君,李正金,等.基于卫星观测的南京臭氧时空分布及变化特征[J].生态环境学报,2019,28(10)：2012-2019.

[42] 李骐安.深圳市坪山河流域环境退化及洪涝风险评价体系构建[D].北京：清华大学,2019.

[43] 李铁芳,卫星海洋遥感信息提取和应用[M].北京：海洋出版社,1990.

[44] 李小文,王锦地,Strahler A.非同温黑体表面上 Planck 定律的尺度效应[J].中国科学(E),1999,29(5)：422-426.

[45] 李小文,王锦地.地表非同温像元发射率的定义问题[J].科学通报,1999,44(5)：1612-1616.

[46] 李怡静,孙晓敏,郭玉银,等.基于梯度提升决策树算法的鄱阳湖水环境参数遥感反演[J].航天返回与遥感,2020,41(6)：90-102.

[47] 李芝喜.利用遥感技术进行大熊猫栖息环境的调查研究[J].环境遥感,1990,5(2)：94-101.

[48] 林敏基.海洋与海岸带遥感应用[M].北京：海洋出版社,1991.

[49] 刘雪华,BRONSVELD M C,TOXOPEUS A G,等.数字地形模型在濒危动物生境研究中的应用[J].地理科学进展,1998,17(2)：50-58.

[50] 刘玉洁,杨忠东,等.MODIS 遥感信息处理原理与算法[M].北京：科学出版社,2001.

[51] 吕禄仕,张敦虎,仙麦龙,等.重庆市区酸沉降在植被危害调查中遥感技术的应用[J].遥感信息,1998(2)：10-15.

[52] 吕妙儿,蒲英霞,黄杏元.城市绿地监测遥感应用[J].中国园林,2000,16(5)：41-44.

[53] 马蔼乃.遥感信息模型[M].北京：北京大学出版社,1997.

[54] 马霞麟,张凤英.用卫星资料反演臭氧总量的初步试验[J].大气科学,1986,10(4)：383-391.

[55] 马向平,仙麦龙,吕录仕,等.重庆市酸沉降污染造成的植被受害状况遥感监测研究[J].国土资源遥感,1997(4)：14-20.

[56]　聂单南光,程朋根,熊秋林.基于 RSEI 指数的深圳市生态环境遥感评价[J].江西科学,2020,38(5)：673-679.

[57]　牛晓君,唐家奎,张自力,等.基于葵花 8 号卫星数据的气溶胶反演算法及其在雾霾过程监测中的应用[J].中国科学院大学学报,2019,36(5)：671-681.

[58]　梅安新,彭望琭,秦其明,等.遥感导论[M].北京：高等教育出版社,2001.

[59]　齐峰,王学军.内陆水体水质监测与评价中的遥感应用[J].环境科学进展,1999,7(3)：90-99.

[60]　邵鸿飞,毛节泰.适于反演路面大气气溶胶光学厚度的物理量[J].中国科学技术大学学报,1999,29(6)：684-689.

[61]　史培军,宫鹏,李晓兵,等.土地利用/覆盖变化研究的方法与实践[M].北京：科学出版社,2000.

[62]　史文中.空间数据误差处理的理论与方法[M].北京：科学出版社,1998.

[63]　舒守荣,陈健.水体悬浮泥沙含量遥感的模拟研究[J].泥沙研究,1982(3)：43-51.

[64]　宋伟泽.城市下垫面结构的空气质量空间变异效应及情景调控研究[D].北京：清华大学,2018.

[65]　孙昊.佛山市城市热岛遥感研究[D].北京：清华大学,2003.

[66]　孙家柄,舒宁,关泽群.遥感原理、方法和应用[M].北京：测绘出版社,1997.

[67]　覃志豪,ZHANG M H,KARNIELI A,等.用陆地卫星 TM6 数据演算地表温度的单窗算法[J].地理学报,2001,56(4)：456-466.

[68]　谭克龙,吕录仕,张敦虎.酸沉降污染卫星遥感[J].国土资源遥感,1998(3)：43-45.

[69]　童玲,陈彦,贾明权.雷达遥感机理[M].北京：科学出版社,2014.

[70]　王春峰.用遥感和单元自动演化方法研究城市扩展问题[M].北京：测绘出版社,2002.

[71]　王春兰,陈健飞.ASTER 高光谱影像在地面人工建筑物信息提取中的应用[J].福建师范大学学报（自然科学版）,2004,20(1)：88-91.

[72]　王繁,凌在盈,周斌,等.MODIS 监测河口水体悬浮泥沙质量浓度的短期变异[J].浙江大学学报（工学版）,2009,43(4)：755-759.

[73]　王建平,程声通,贾海峰,等.用 TM 影像进行湖泊水色反演研究的人工神经网络模型[J].环境科学,2003,24(2)：73-76.

[74]　王桥,杨一鹏,黄家柱.环境遥感[M].北京：科学出版社,2005.

[75]　王学军,马廷.应用遥感技术监测和评价太湖水质状况[J].环境科学,2000,21(6)：65-68.

[76]　王学平,梅安新.遥感技术在上海市固体废物分布调研中的应用[J].上海环境科学,1995,14(10)：50-51.

[77]　王雪梅,邓孺孺,何执兼.遥感技术在大气监测中的应用[J].中山大学学报（自然科学版）,2001,40(6)：95-98.

[78]　魏合理.垂直气柱中大气微量成分总含量的反演[J].遥感学报,1999,3(3)：209-214.

[79]　魏文秋,赵英林.水文气象与遥感[M].武汉：湖北科学技术出版社,2000.

[80]　魏益鲁.遥感地理学[M].青岛：青岛出版社,2002.

[81]　温爽,王桥,李云梅,等.基于高分影像的城市黑臭水体遥感识别：以南京为例[J].环境科学,2018,39(1)：57-67.

[82]　吴立周,王晓慧,王志辉,等.基于随机森林法的农作物高光谱遥感识别[J].浙江农林大学学报,2020,37(1)：136-142.

[83]　谢高地,甄霖,鲁春霞,等.一个基于专家知识的生态系统服务价值化方法[J].自然资源学报,2008(5)：911-919.

[84]　谢高地,张彩霞,张雷明,等.基于单位面积价值当量因子的生态系统服务价值化方法改进[J].自然资源学报,2015(8)：1243-1254.

[85]　谢品华,刘文清,魏庆农.大气环境污染气体的光谱遥感监测技术[J].量子电子学报,2000,17(5)：385-394.

[86]　徐涵秋.区域生态环境变化的遥感评价指数[J].中国环境科学,2013,33(5)：889-897.

[87]　许玉萍,刘鹏程,秦自成,等.NDVI 时序曲线形状相似性模型的水稻提取方法[J].地理空间信息,2016,14(8):56-60.

[88]　于瑞宏.乌梁素海水环境评价及遥感解译分析研究[D].呼和浩特:内蒙古农业大学,2003.

[89]　袁孝康.星载 SAR 导论[M].北京:国防工业出版社,2003.

[90]　原君娜,邵芸,田维,等.利用 SAR 图像识别海面油膜的方法介绍[J].遥感技术与应用,2010,25(1):97-101.

[91]　詹庆明,肖映辉.城市遥感技术[M].武汉:武汉测绘科技大学出版社,1999.

[92]　张方利,杜世宏,郭舟.应用高分辨率影像的城市固体废弃物提取[J].光谱学与光谱分析,2013,33(8):2024-2030.

[93]　张风丽,邵芸,王国军.城市雷达遥感机理与方法[M].北京:科学出版社,2017.

[94]　张仁华,孙晓敏,苏红波,等.遥感及其地球表面时空多变要素的区域尺度转换[J].国土资源遥感,1999,41(3):51-58.

[95]　张淑英.遥感技术在水保工作中的应用[M].北京:中国水利水电出版社,1997.

[96]　张穗,何报寅,杜耘.武汉市城区热岛效益的遥感研究[J].长江流域资源与环境,2003,12(5):445-449.

[97]　赵冬至,刘玉机.中国污染水体光谱特征[M].北京:海洋出版社,2001.

[98]　赵少华,张峰,李自杰,等.雷达遥感在环境保护工作中的应用[J].微波学报,2014,(1):90-96.

[99]　赵英时.遥感应用分析原理与方法[M].北京:科学出版社,2003.

[100]　赵忠明,高连如,陈东,等.卫星遥感及图像处理平台发展[J].中国图像图形学报,2019,24(12):2098-2110.

[101]　赵子娟,刘东,杭中桥.作物遥感识别方法研究现状及展望[J].江苏农业科学,2019,47(16):45-51.

[102]　郑新江,陆文杰,罗敬宁.气象卫星多通道信息监测沙尘暴的研究[J].遥感学报,2001,5(4):300-305.

[103]　周成虎,林珲.香港城市环境遥感综合研究[J].地理信息科学,1999(1):76-78.

[104]　周红章,于晓东,罗天宏,等.物种多样性变化格局与时空尺度[J].生物多样性,2000,8(3):325-336.

[105]　周秀骥,罗超,李维亮,等.中国地区臭氧总量变化与青藏高原低值中心[J].科学通报,1995,4(15):1396-1398.

[106]　朱建章,石强,陈凤娥,等.遥感大数据研究现状与发展趋势[J].中国图像图形学报,2016,21(11):1425-1439.

[107]　朱立俊,尤玉明.辽东湾绥中海岸演变及悬沙分布特征的遥感分析[J].海洋工程,2000,18(1):66-69.

[108]　朱述龙,张占睦.遥感图像获取与分析[M].北京:科学出版社,2000.

[109]　邹亚荣,梁超,陈江麟,等.基于 SAR 的海上溢油监测最佳探测参数分析[J].海洋学报(中文版),2011,33(1):36-44.

[110]　AMIR M R,ASHOURLOO D,SALEHI S H,et al. Developing an Automatic Phenology-Based Algorithm for Rice Detection Using Sentinel-2 Time-Series Data[J]. IEEE journal of selected topics in applied earth observations and remote sensing,2019,12(5):1471-1481.

[111]　AMUYUNZU C L,BIJL B C. Integration of remote sensing and GIS for management decision support in protected areas:evaluating and monitoring for wildlife habitats[C]. SIRDC conference on the application of remotely sensed data and geographic information systems (GIS) in environmental and natural resources assessment in Africa,Harare,Zimbabwe. 1996:297-306.

[112]　ARBIA G,BENEDEITI R,ESPA G. Effect of the MAUP on image classification[J]. Geographical System,1996,3:123-141.

[113] ARBIA G，GRIFFITH D，HAINING R. Error propagation modeling in raster GIS：overlay operations[J]. International journal of Geographical Information Science，1998，12：1299-1307.

[114] ARDO J，PILESJO P，SKIDMORE A K. Neural network，multitemporal Landsat Thematic Mapper data and topographic data to classify forest damages in the Czech Republic[J]. Canadian Journal of Remote Sensing，1997，23：217-229.

[115] ARENZ R F，LEWIS W M，SAUNDERS J F. Determination of chlorophyll and dissolved organic carbon from reflectance data for Colorado reservoirs[J]. International Journal of Remote sensing，1996，17(8)：1547-1566.

[116] ARNOFF S. Geographic Information Systems：A Management Perspective[M]. Ottawa：WDL Publications，1989.

[117] ARONOFF S. The minimum accuracy value as an index of classification accuracy [J]. Photogrammetric Engineering and Remote Sensing，1985，51(1)：593-600.

[118] ASPINALL R，VEITCH N. Habitat mapping from satellite imagery and wildlife survey data using a Bayesian modelling procedure in a GIS[J]. Photogrammetric Engineering & Remote Sensing，1993，59(4)：537-543.

[119] ATKINSON P M，CURRAN P J. Choosing an appropriate spatial resolution for remote sensing investigations[J]. Photogrammetric Engineering and Remote Sensing，1997，63(12)：1345-1351.

[120] ATKINSON P M，KELLY R E J. Scaling-up point snow depth in the U. K. for comparison with SSM/I imagery[J]. International Journal of Remote Sensing，1997，18(2)：437-443.

[121] AVERY M I，HAINES-YOUNG R H. Population estimated for the dunlin Calidris aplina derived from remotely sensed satellite imagery of the Flow Country of northern Scotland[J]. Nature，1990，344：860-862.

[122] BELWARD A S，TAYLOR J C，STUTTARD M J，et al. An unsupervised approach to the classification of semi-natural vegetation from Landsat Thematic Mapper data[J]. A pilot study on Islay. International Journal of Remote Sensing，1990，11：429-445.

[123] BENSON B J，MACKENZIE M D. Effects of sensor spatial resolution on landscape structure parameters[J]. Landscape Ecology，1995，10(2)：113-120.

[124] BEVEN K J，FISHER J. Remote Sensing and scaling in hydrology[C]. In：Stewart J B，Engman E T，Feddes R A，et al. ed. Scaling up in hydrology using remote sensing. Wiley，1996，1-18.

[125] BIAN L，BUTLER R. Comparing Effects of Aggregation Methods on Statistical and Spatial Properties of Simulated Spatial Data[J]. Photogrammetric Engineering and Remote Sensing，1999，65(1)：73-84.

[126] BIAN L，WALSH S J. Scale dependencies of vegetation and topography in a mountainous environment of Montana[J]. The Professional Geographer，1993，45(1)：1-11.

[127] BISCHOF H，SCHNEIDER W，PINZ A J. Multispectral classification of Landsat-images using neural networks[J]. IEEE Transactions on Geoscience and Remote Sensing，1992，30(3)：482-490.

[128] CANTERS F. Evaluating the uncertainty of area estimates derived from fuzzy land-cover classification[J]. Photogrammetric Engineering and Remote Sensing，1997，55：1613-1618.

[129] CARLSON T N. Atmospheric turbidities in Saharan dust outbreaks as determined by analysis of satellite brightness data[J]. Monthly Weather Review，1979，107：322-335.

[130] CHRISMAN N R. The error component in spatial data[C]. In：Maguire D J，Goodchild M F，Rhind D W，ed. Geographical information systems. Principles and applications. Volume 1：Principles. Harlow：Longman Scientific & Technical，1991. 165-174.

[131] CIVCO D L. Artificial neural networks for land-cover classification and mapping[J]. International Journal of Geographical Information Systems，1993，7(2)：173-186.

[132] CONGALTON R G. A Review of Assessing the Accuracy of Classifications of Remotely Sensed Data[J]. Remote Sensing of Environment, 1991, 37: 35-46.

[133] CONGALTON R G. Accuracy Assessment of Remotely Sensed data: Future needs and Directions[C]. In: proceedings of pecora 12 Land information from space-based systems. Bethesda: ASPRS. 1994, 383-388.

[134] CRAIGHEAD J J, CRAIGHEAD F L, CRAIGHEAD D J, et al. Mapping artic vegetation in Northwest Alaska using Landsat MSS imagery [J]. National Geographic Research, 1988, 4: 496-527.

[135] CRAWLEY M J, HARRAL J E. Scale Dependence in Plant Biodiversity[J]. Science, 2001, 291: 864-868.

[136] DE WULF R R, GOOSSENS R E, MACKINNON J R, et al. Remote sensing for wildlife management: Giant Panda habitat mapping from LANDSAT MSS images [J]. Geo-carto International, 1988(1): 41-50.

[137] DICKS S E, LO T H C. Evaluation of thematic map accuracy in a land-use and land-cover mapping program[J]. Photogrammetric Engineering and Remote Sensing, 1990, 56: 1247-1252.

[138] ESSERY C I, MORSE A P. Impact of ozone and acid mist on the spectral reflectance of young Norway spruce trees[J]. International Journal of Remote Sensing, 1992, 13(6): 3045-3054.

[139] FERGUSON R S. Detection and classification of Muskox habitat on Banks Island, Northwest Territories, Canada, using Landsat Thematic Mapper data[J]. ARCTIC, 1991, 44(SUPP. 1): 66-74.

[140] FISHER P E. Visualization of the reliability in classified remotely sensed images [J]. Photogrammetric Engineering and Remote Sensing, 1994, 60: 905-910.

[141] FITZGERALD R W, LEES B G. Assessing the classification accuracy of multisource remote sensing data[J]. Remote Sensing of Environment, 1994, 47: 362-368.

[142] FOODY G M, ARORA M K. An evaluation of some factors affecting the accuracy of classification by an artificial neural network[J]. International Journal of Remote Sensing, 1997, 18(4): 799-810.

[143] FOODY G M, MCCULLOCH M B, YATES W B. The effect of training set size and composition on artificial neural network classification [J]. International Journal of Remote Sensing, 1995, 16: 1707-1723.

[144] FOODY G M. Mapping land cover from remotely sensed data with a softened feed forward neural network classification[J]. Journal of Intelligent and Robotic Systems, 2000, 29: 433-449.

[145] FOODY G M. On the compensation for chance agreement in image classification accuracy assessment[J]. Photogrammetric Engineer and Remote Sensing, 1992, 58(10): 1459-1460.

[146] FOODY G M. Status of land cover classification accuracy assessment [J]. Remote Sensing of Environment, 2002, 80: 185-201.

[147] FORSYTH R. The expert systems phenomenon[C]. In: Forsyth R. ed. Expert systems: principles and case studies, Chapman and Hall, New York, 1989.

[148] FRANCESCHETTI G, SCHIRINZI G. A SAR processor based on two-dimensional FFT codes[J]. IEEE Transactions on Aerospace and Electronic Systems, 1990, 26(2): 356-366.

[149] FRASER R S. Satellite measurement of mass of Sahara dust in the atmosphere[J]. Applied Optics, 1976, 15: 2471-2479.

[150] FRIEDL M A, DAVIS F W, MICHAELSEN J, et al. Scaling and uncertainty in the relationship between the NDVI and land surface biophysical variables: an analysis using a scene simulation model and data fro FIFE[J]. Remote Sensing of Environment, 1995, 54: 233-246.

[151] FRIEDL M A. Examining the effects of sensor resolution and sub-pixel heterogeneity on spatial vegetation indices: implications for biophysical modeling[C]. In: Quattrochi D A, Goodchild M F,

ed. Scale in Remote Sensing and GIS. Lewis Publishers,1997. 113-139.

[152] FROBES A D. Classification-algorithm evaluation: five performance measures based on confusion matrices[J]. Journal of Clinical Monitoring,1995,11: 189-206.

[153] FROST R. Introduction to knowledge base systems[M]. New York: McGraw-Hill,1986.

[154] GOLDBERG M,GOODENOUGH D G,ALVO M,et al. A hierarchical expert system for updating forestry maps with Landsat data[J]. Proceedings of the IEEE,1985,73 (6): 1050-1063.

[155] GOODCHILD M F, GUOQING S, SHIREN Y. Development and test of and error model for categorical data[J]. International Journal of GIS,1992,6(2): 87-104.

[156] GOODCHILD M F,Attribute accuracy[C]. In: Guptill S C,Morrison J L. ed. Elements of spatial data quality. International Cartographic Association,Ergamon,Oxford. 1995,59-79.

[157] GOODENOUGH D G,GOLDBERG M,PLUNKETT G,et al. An expert system for remote sensing [J]. IEEE Transactions on Geoscience and Remote Sensing 1987,GE-25(3): 349-359.

[158] GRIGGS M. Measurement of atmospheric aerosol optical thickness over water using ERTS-1 data [J]. Journal of Air Pollution Control Association,1975,25: 622-626.

[159] GUNTHER J,BENZ U. Measures of classification accuracy based on fuzzy similarity[J]. IEEE Transactions on Geosciences and Remote Sensing. 2000,38(3): 1462-1467.

[160] HALL F G,GUEMMRICH K J,GOETZ S J. Satellite remote sensing of surface energy balance: success,failures,and unresolved issues in FIFE[J]. Journal of Geophysical Review,1992,97(D17): 19061-19089.

[161] HAY G J, NIEMMAN K O, GOODENOUGH D G. Spatial thresholds, Image-Objects and Upscaling: A Multi-scale Evaluation[J]. Remote Sensing of Environment,1997,62: 1-19.

[162] HE H S, VENTURA S J, MLADENOFF D M. Effects of spatial aggregation approaches on classified satellite imagery[J]. International Journal of Geographical Information Science,2002, 16(1): 93-109.

[163] HEER A M, QUEEN L P. Crane habitat evaluation using GIS and remote sensing [J]. Photogrammetric Engineering & Remote Sensing,1993,59(10): 1531-1538.

[164] HENK J B,JAN G P W C. Land Observation by Remote Sensing: Theory and Applications[M]. New York: Gorden & Breach Science Publishers,1993.

[165] HEUVELINK G B M. Error propagation in quantitative spatial modeling: Applications in geographical information systems[D]. Utrecht: University of Utrecht,1993.

[166] HIROSE Y,YAMASHITA K,HIJIYA S. Back-propagation algorithm which varies the number of hidden units[J]. Neural Networks,1991,4: 61-66.

[167] HISAO F,KIYOYUKI I,HAJIME N. Assessment of air pollution by using satellite data in the neighborhood of cities and industrial complex[J]. Journal of remote sensing society of Japan,1991, 11(4): 655-663.

[168] HU Z,ISLAM S. A framework for analyzing and designing scale invariant remote sensing algorithm [J]. IEEE Transactions on Geoscience and Remote Sensing,1997,35(3): 747-755.

[169] HURTADO E,VIDOL A,CASELLES V. Comparison of two atmospheric correction methods for Landsat TM thermal band[J]. International Journal of Remote Sensing,1996,17: 237-247.

[170] DE LEEUW J, JIA H, YANG L, et al. Comparing accuracy assessments to infer superiority of image classification methods[J]. International Journal of Remote Sensing,2006,27(1): 223-232.

[171] JI C Y. Haze Reduction from the Visible Bands of Landsat TM and ETM+ Images over A Shallow Water Reef Environment[J]. Remote Sensing of Environment,2008,112(4): 1773-1783.

[172] KAMBEZIDIS H D,WEIDAUER D,MELAS D,et al. Air quality in the Athens basin during sea breeze and non-sea breeze days using laser-remote-sensing technique[J]. Atmospheric Environment,

1998,32(12)：2173-2182.

[173] KANELLOPOULOS I,WILKINSON G G. Strategies and best practice for neural network image classification[J]. International Journal of Remote Sensing,1997,18(4)：711-725.

[174] KAUFMAN Y J,REMER L A. Detection of forest using mid-IR reflectance：an application for aerosol studies[J]. IEEE Transactions on Geoscience and Remote Sensing,1994,32：672-683.

[175] KAUFMAN Y J,SENDRA C. Algorithm for automatic atmospheric corrections to visible and near-IR satellite imagery[J]. International Journal of Remote Sensing,1988 9：1357-1381.

[176] KEINER L E,YAN X H. A Neural Network Model for Estimating Sea Surface Chlorophyll and Sediments from Thematic Mapper Imagery[J]. Remote Sensing of Environment,1998,66(2)：153-165.

[177] LARK R M. Components of accuracy of maps with special reference to discriminant analysis on remote sensor data[J]. International Journal of Remote Sensing,1995,16：1461-1480.

[178] LATHROP R G,LILLESAND T M,YANDELL B S. Testing the utility of simple multi-date Thematic Mapper calibration algorithms for monitoring turbid inland water[J]. International Journal of Remote Sensing,1991,12：2045-2063.

[179] LATHROP R G,LILLESAND T M. Monitoring water quality and river plume transport in green bay,Lake Michigan with SPOT-1 imagery[J]. Photogrammetric Engineering and Remote Sensing,1989,55：349-354.

[180] LATHROP R G,LILLESAND T M. Thematic Mapper monitoring of turbid water quality[J]. Photogrammetric Engineering and Remote Sensing,1992,58：465-470.

[181] LATHROP R G,LILLESAND T M. Use of Thematic Mapper data to assess water quality in Green Bay and central Lake Michigan[J]. Photogrammetric Engineering and Remote Sensing,1986,52(5)：671-680.

[182] LATTY R S,HOFFER R M. Computer based classification accuracy due to the spatial resolution using per-point versus per-field classification techniques. Machine Processing of Remotely Sensed Data Symposium[C]. West Lafayette,Indiana,1981：384-393.

[183] LE L,FRIEDL M,XIN Q C,et al. Mapping Crop Cycles in China Using MODIS-EVI Time Series [J]. Remote sensing (Basel,Switzerland),2014,6(3)：2473-2493.

[184] LEROY M,DEUZÉ J L,BRÉON F M,et al. Retrieval of aerosol properties and surface bi-directional reflectances from POLDER/ADEOS[J]. Journal of Geophysical Research,1997,102：17023-17037.

[185] LEWIS H G,BROWN M. A generalized confusion matrix for assessing area estimates from remotely sensed data[J]. International Journal of Remote Sensing,2001,22(16)：3223-3235.

[186] LI X,WAN Z. Comments on reciprocity in the BRDF modeling[J]. Progress in Natural Science,1998,8(3)：354-358.

[187] LILLESAND T M,JOHNSON W L,DEUELL R L et al. Use of Landsat data to predict the trophic state of Minnesota lakes[J]. Photogrammetric engineering and remote sensing,1983,49：219-229.

[188] LILLESAND T M,KIEFER R W. Remote Sensing and Image Interpretation[M]. 3rd ed. New York：John Wiley & Son,1994.

[189] LU Y. Knowledge integration in a multiple classifier system[J]. Applied Intelligence,1996(6)：75-86.

[190] JANSSEN L L F,HUURNENMAN G C. Principles of remote sensing[R]. 2th edition. ITC educational textbook series,Enschede,the Netherlands,2001.

[191] L JANSSEN L,VAN DER WEL F J M. Accuracy Assessment of Satellite Derived Land-Cover Data：A Review[J]. Photogrammetric Engineering and Remote Sensing,1994,60(4)：419-426.

［192］ MA Z,REDMOND R L. Tau coefficients for accuracy assessment of classification of remote sensing data［J］. Photogrammetric Engineering and Remote Sensing,1995,61(4)：435-439.

［193］ MARCEAU D J,GRATTON D J,FOUMIER R,et al. Remote sensing and the measurement of geographical entities in a forested environment,Part 2：The optimal spatial resolution［J］. Remote Sensing of Environment,1994,49(2)：105-117.

［194］ MARCEAU D J, HOWARTH P M,GRATTON D J. Remote sensing and the measurement of geographical entities in a forested environment,Part 1：The scale and spatial aggregation problem ［J］. Remote Sensing of Environment,1994,49(2)：93-104.

［195］ MARCEAU D J. The scale issue in social and natural sciences［J］. Canadian Journal of Remote Sensing,1999,25(4)：347-356.

［196］ MARTONCHIK J V,DINER D J. Retrieval of aerosol and land surface optical properties from multi-angle satellite imagery［J］. IEEE Transactions on Geoscience and Remote Sensing,1992, 30(2)：223-230.

［197］ MASELLI F,CONESE C,PETKOV L. Use of probability entropy for the estimation and graphical representation of the accuracy of maximum likelihood classifications ［J］. ISPRS Journal of Photogrammetry and Remote Sensing,1994,49：13-20.

［198］ MAXIM L D,HARRINGTON L. The application of pseudo-bayesian estimators to remote sensing data：ideas and examples［J］. Photogrammetric Engineering and Remote Sensing,1983,49: 649-658.

［199］ MCCARTHY H H, HOOK J C, KNOS D S. The measurement of association in industrial geography［J］. Department of Geography,State University of Iowa,Iowa City,1956.

［200］ MCIVER D K, FRIEDL M A. Estimating pixel-scale land cover classification confidence using nonparametric machine learning methods［J］. IEEE Transactions on Geoscience and Remote Sensing,2001,39(9)：1959-1968.

［201］ MCNULTY S G, VOSE J M, SWANK W T. Scaling predicted pine forest hydrology and productivity across the southern United States［C］. In：Quattrochi D A,Goodchild M F,ed. Scale in Remote Sensing and GIS. Lewis Publishers,1997. 187-209.

［202］ MICHELE C,JOSE A M R,BRUNO C. Uncertainty propagation in models driven by remotely sensed data［J］. Remote Sensing of Environment,2001,76：373-385.

［203］ MOODY A,WOODCOCK C E. Scale-Dependent errors in the estimation of land-cover proportions： Implications for global land-cover datasets［J］. Photogrammetric Engineering and Remote Sensing, 1994,60(5)：585-594.

［204］ MOODY A,WOODCOCK C E. The influence of scale and the spatial characteristics of landscapes on land-cover mapping using remote sensing［J］. Landscape Ecology,1995,10(6)：363-379.

［205］ NARAYANAN R M,DESETTY M K,REICHENBACH S E. Effect of spatial resolution on information content characterization in remote sensing imagery based on classification accuracy［J］. International Journal of Remote Sensing,2002,23(3)：537-553.

［206］ ULLOA O,SATHYENDRANATH S,PLATT T. Effect of the particle-size distribution on the backscattering ratio in seawater［J］. Applied Optics,1994,33(30)：7070-7077.

［207］ O'NEILL R V, HUNSAKER C T, TIMMINS S P,et al. Scale problems in reporting landscape pattern at the regional scale［J］. Landscape Ecology,1996,11(3)：169-180.

［208］ PAOLA J D,SCHOWENGERDT R A. A review and analysis of backpropagation neural networks for classification of remotely-sensed multispectral imagery［J］. International Journal of Remote Sensing,1995,16(16)：3033-3058.

［209］ LAVERY P,PATTIARATCHI C,WYLLIE A,et al. Water quality monitoring in estuarine waters using the Landsat Thematic Mapper[J]. Remote sensing of environment,1993,46: 268-280.

[210] POHL C,VAN GENDEREN J L. Multisensor Image Fusion in Remote Sensing: Concepts, Methods and Application[J]. International Journal of Remote sensing,1998,19(5): 823-854.

[211] QI Y,WU J. Effect of changing spatial resolution on the results of landscape pattern analysis using spatial autocorrelation indices[J]. Landscape Ecology,1996,11: 39-49.

[212] REITER R,JAEGER H,CARNUTH W,et al. Lidar observations of the stratospheric aerosol over central Europe since January 1981[C]. NASA Conference Publication,1982.

[213] RICHARDS J A. Classifier performance and map accuracy[J]. Remote Sensing of Environment, 1996,57: 161-166.

[214] ROSENFIELD G H. Analysis of variance of thematic mapping experiment data[J]. Photogrammetric Engineering and Remote Sensing,1981,47(12): 1685-1692.

[215] SABINS F F. Remote Sensing: Principle and Interpretation[M]. 3rd ed. New York: Freeman,1996.

[216] SADER S A,POWELL G V N,RAPPOLE J H. Migratory bird habitat monitoring through remote sensing[J]. International Journal of Remote Sensing,1991,12(3): 363-372.

[217] SCEPAN J. Thematic validation of high-resolution global land-cover data sets[J]. Photogrammetric Engineering and Remote Sensing,1999,65: 1051-1060.

[218] SCHOWENGERDT R A. Techniques for image processing and classification in remote sensing [M]. Orlando: Academic Press,1983.

[219] SHENK W E,CURIAN R J. The detection of dust storms over land and water with satellite visible and infrared measurements[J]. Monthly Weather Review,1974,102: 820-837.

[220] SKIDMORE A K,TURNER B J,BRINKHOF W,et al. Performance of a neural network: mapping forests using GIS and remotely sensed data[J]. Photogrammetric Engineering & Remote Sensing, 1997,63: 501-514.

[221] SKIDMORE A K. An expert system classifies Eucalypt forest types using Thematic Mapper data and a digital terrain model[J]. Photogrammetric Engineering and Remote Sensing,1989,55(10): 1449-1464.

[222] SMITS P C, DELLEPIANE S G, SCHOWENGERDT R A. Quality assessment of image classification algorithms for land-cover mapping: a review and proposal for a cost-based approach[J]. International Journal of Remote Sensing,1999,20: 1461-1486.

[223] STEELE B M, WINNE J C, REDMOND R L. Estimation and mapping of misclassification probabilities for thematic land cover maps[J]. Remote Sensing of Environment,1998,66: 192-202.

[224] STEHMAN S V. Estimating the kappa coefficient and its variance under stratified random sampling Photogrammetric[J]. Engineering and Remote Sensing,1996,62(4): 401-407.

[225] STEHMAN S V. Statistical rigor and practical utility in thematic map accuracy assessment[J]. Photogrammetric Engineering and Remote Sensing,2001,67: 727-734.

[226] STEHMAN S V. Thematic map accuracy assessment from the perspective of finite population sampling[J]. International Journal of Remote Sensing,1995,16: 589-593.

[227] STORY M,CONGALTON R G. Accuracy assessment: a user's perspective[J]. Photogrammetric Engineering & Remote Sensing,1986,52(3): 397-399.

[228] SWAIN P H,DAVIS S M. Remote Sensing: The Quantitative Approach[M]. New York: McGraw-Hill,1978.

[229] TANRE D,KAUFMAN Y J,MATTOO S,et al. Retrieval of aerosol optical thickness and size distribution over ocean from the MODIS Airborne Simulator during TARFOX[J]. Journal of Geophysical Research,1999,104: 2261-2278.

[230] TAPPAN G G, MOORE D G, KNAUSENBERGER W I. Monitoring grasshopper and locust

habitats in Sahelian Africa using GIS and remote sensing technology[J]. International Journal of Geographical Information Systems,1991,5(1)：123-135.

[231] THOMAS M L,RALPH W K.遥感与图像解译[M].4版,彭望琭,余先川,周涛,等译.北京：电子工业出版社,2003.

[232] THOMLINSON J R,BOLSTAD P V,COHEN W B. Coordinating methodologies for scaling land cover classifications from site-specific to global：steps toward validating global map products[J]. Remote Sensing of Environment,1999,70：16-28.

[233] THOMPSON D C,KLASSEN G H,CIHLAR J. Caribou habitat mapping in the southern district of Keewatin,N. W. T. ：an application of digital Landsat data[J]. Journal of Applied Ecology,1980（17）：125-138.

[234] TOMMERVIK H,LAUKNES I. Inventory of reindeer winter pastures by use of LANDSAT-5 TM data[C]. Proceedings of the International Geoscience and Remote Sensing Symposium,Edinburgh,Scotland,1988.

[235] TOON G C,BLAVIER J F,SOLARIO J N,et al. Airborne observations of the 1992 arctic winter stratosphere by FTIR solar absorption spectroscopy[J]. Proceedings of SPIE-The International Society for Optical Engineering,1992,1715：457-467.

[236] TSOLMON R,OCHIRKHUYAG L,STERNBERG T. Monitoring the Source of Trans-national Dust Storms in North East Asia[J]. International Journal of Digital Earth,2008,1(1)：119-129.

[237] VAN DER WEL F J M,VAN DER GAAG L C,GORTE B G H. Visual exploration of uncertainty in remote sensing classification[J]. Computer and Geosciences,1998,24(4)：335-343.

[238] VEEFKIND J P,DURKEE P A. Retrieval of aerosol optical depth over land using two-angle view radiometry during TARFOX[J]. Geophysical Research Letters,1998,25：3135-3138.

[239] WALSH S J,MOODY A,ALLEN T R,et al. Scale dependence of NDVI and its relationship to mountainous terrain[C]. In：Quattrochi D A,Goodchild M F,ed. Scale in Remote Sensing and GIS. Lewis Publishers,1997. 27-55.

[240] WANG G Q,LI J W,SUN W C,et al. Non-point source pollution risks in a drinking water protection zone based on remote sensing data embedded within a nutrient budget model[J]. Water research,2019,157：238-246.

[241] WEEKS P J D,GASTON K J. Image analysis,neural networks and the taxonomic impediment to biodiversity studies[J]. Biodiversity and Conservation,1997,6：263-274.

[242] WELCH R. Spatial resolution requirements for urban studies[J]. International Journal of Remote Sensing,1982,3：139-146.

[243] WEZERNAK C T,TANIS F J,BAJZA C A. Trophic state analysis of inland lakes[J]. Remote Sensing of Environment,1976,5(2)：147-165.

[244] WOOD E F,SIVAPALAN M,BEVEN K. similarity and scale in catchment storm response[J]. Reviews of Geophysics,1990,28(1)：1-18.

[245] WOOD E F. Scaling behavior of hydrological fluxes and variables：empirical studies using a hydrological model and remote sensing[J]. Hydrological process,1995,9：331-347.

[246] WOODCOCK C E,GOPAL S. Fuzzy set theory and thematic maps：accuracy assessment and area estimation[J]. International Journal of Geographical Information Science,2000,14：153-172.

[247] WOODCOCK C E,STRAHLER A H. The factor of scale in remote sensing[J]. Remote Sensing of Environment,1987,21：311-332.

[248] WRIGHT J W. A new model for sea clutter[J]. IEEE Transactions on antennas and propagation,1968,16(2)：217-223.

[249] LIU X H. Mapping and Modelling the Habitat of Giant Pandas in Foping Nature Reserve,China[D].

Netherlands: Febodruk BV, Enschede, The Netherlands. 2001.

[250] LIU X H, SKIDMORE A K, VAN OOSTEN H. An experimental study on spectral discrimination capability of a backpropagation neural network classifier [J]. International Journal of Remote Sensing, 2003, 24(4): 673-688.

[251] LIU X H, SKIDMORE A K, VAN OOSTEN H. Integration of classification methods for improvement of land-cover map accuracy [J]. ISPRS Journal of Photogrammetry & Remote Sensing, 2002, 56(4): 257-268.

[252] ZHOU Q, ROBISON M, PILESJO P. On the ground estimation of vegetation cover in Australian rangelands[J]. International Journal of Remote Sensing, 1998, 19: 1815-1820.

[253] ZHOU Y N, LUO J C, LI F, et al. Long-short-term-memory-based crop classification using high-resolution optical images and multi-temporal SAR data[J]. Geoscience and remote sensing, 2019, 56(8): 1-22.

[254] ZHU Z, YANG L, STEHMAN S V, et al. Accuracy assessment for the U. S Geological survey regional land-cover mapping program: New York and New Jersey region [J]. Photogrammetric Engineering and Remote Sensing. 2000, 6: 1425-1435.

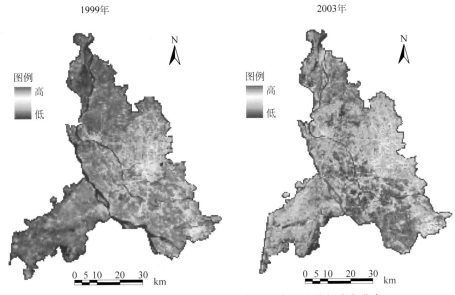

彩图 7-2　1999 年与 2003 年佛山市地面亮温连续假彩色分布

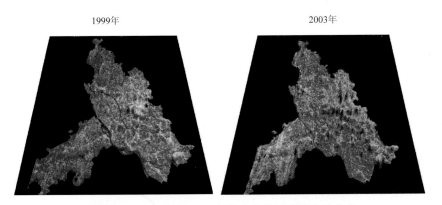

彩图 7-3　1999 年与 2003 年佛山市地面亮温立体分布

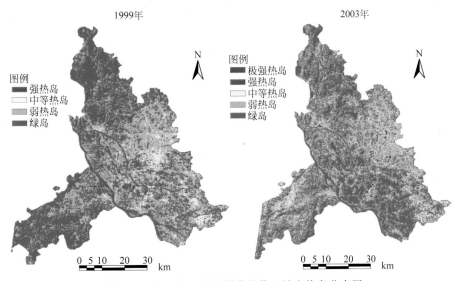

彩图 7-5　基于相对亮温划分的佛山城市热岛分布图

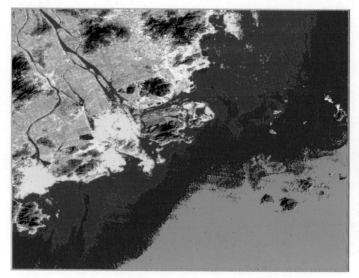

图例

颜色	灰度值
	0～10
	11～20
	21～30
	31～40
	41～50
	＞51

彩图 9-3　1988 年悬浮泥沙相对分布

图例

颜色	灰度值
	0～10
	11～20
	21～30
	31～40
	41～50
	＞51

彩图 9-4　1992 年悬浮泥沙相对分布

图例

颜色	灰度值
	0～10
	11～20
	21～30
	31～40
	41～50
	＞51

彩图 9-5　1995 年悬浮泥沙相对分布

图例

颜色	灰度值
	0～10
	11～20
	21～30
	31～40
	41～50
	＞51

彩图 9-6　1997 年悬浮泥沙相对分布

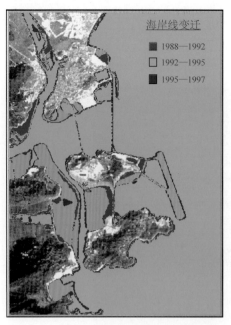

彩图 9-7　经图像复合后四年的海岸线变迁

彩图 9-9　水样点分布图（绿点为近区采
样点,红点为远区采样点）

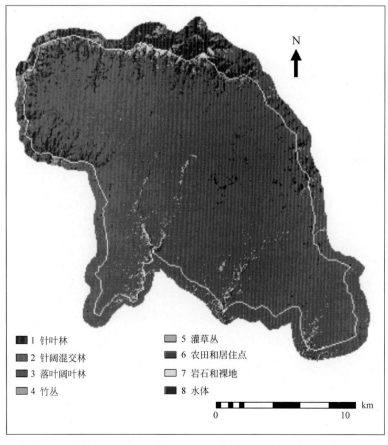

■ 1 针叶林　　　　　■ 5 灌草丛
■ 2 针阔混交林　　　■ 6 农田和居住点
■ 3 落叶阔叶林　　　□ 7 岩石和裸地
■ 4 竹丛　　　　　　■ 8 水体

彩图 10-2　利用 ESNNC 绘制的以土地覆被为基础的大熊猫生境类型图
注:白色边框是佛坪自然保护区的边界,边界以外显示保护区周围的生境类型。

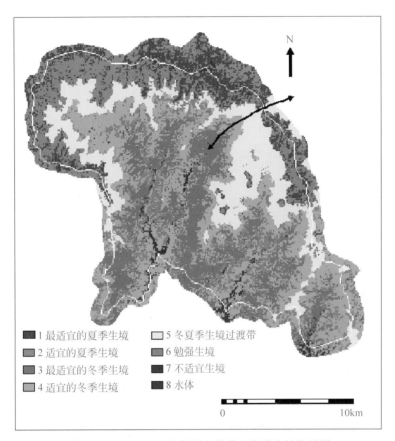

彩图 10-4　ESNNC 绘制的大熊猫生境适宜性格局图

注：白色边框为佛坪自然保护区的边界，黑色箭头线段指示在东北山脊区存在一个夏季生境缺口区，人们穿越该缺口区进出保护区中央的居民区域。

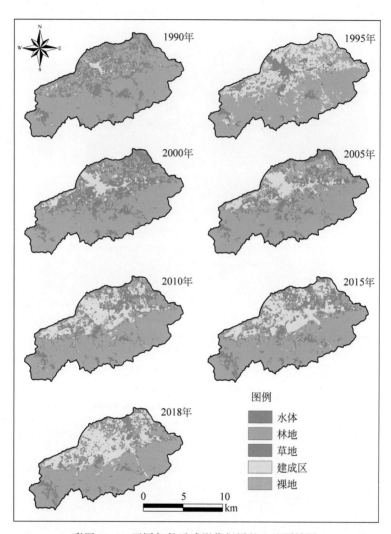

彩图 11-4　不同年份遥感影像解译的土地覆被图

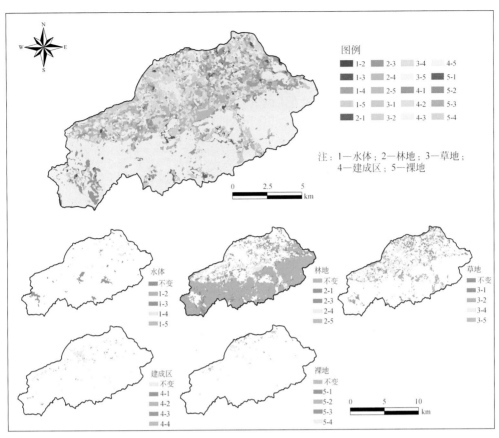

彩图 11-9　流域土地覆被在空间尺度上的变化特征

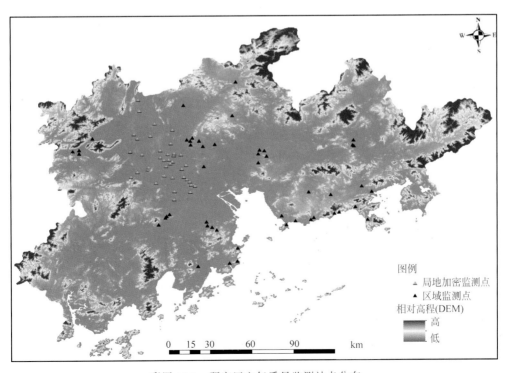

彩图 12-1　研究区空气质量监测站点分布

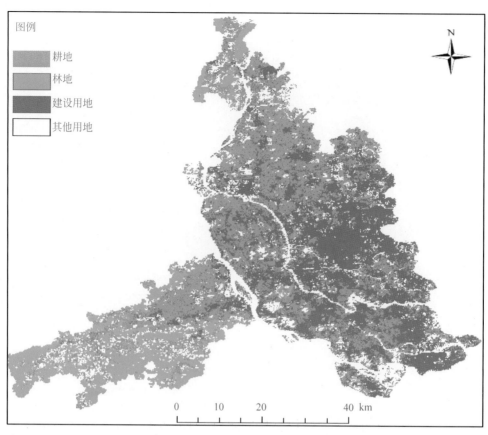

0   10   20   40 km

彩图 12-2　佛山市地表覆盖遥感数据

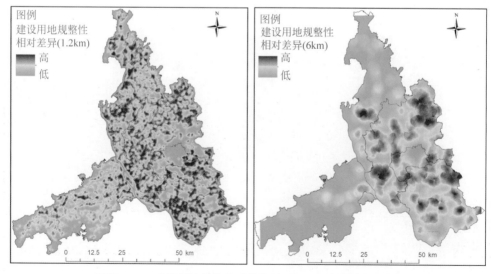

图例
建设用地规整性
相对差异(1.2km)
高
低

0   12.5   25   50 km

图例
建设用地规整性
相对差异(6km)
高
低

0   12.5   25   50 km

彩图 12-7　建设用地结构异质性格局随地理空间尺度的变化

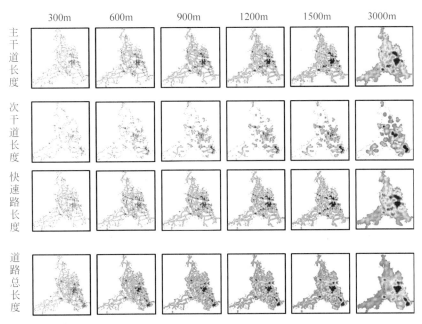

彩图 12-8　道路长度空间异质性随缓冲区直径的变化

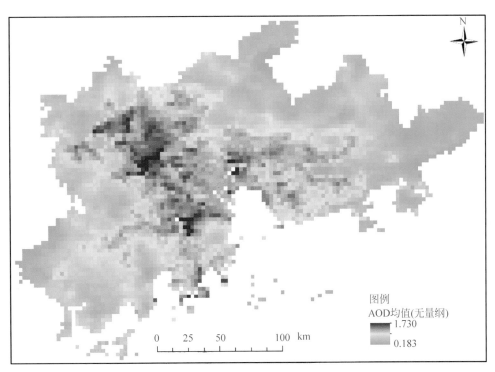

彩图 12-9　卫星气溶胶光学厚度的均值空间分布图

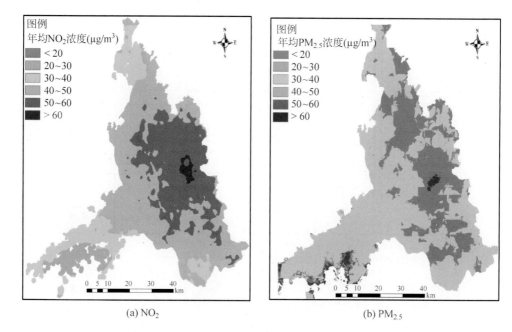

(a) NO₂   (b) PM₂.₅

彩图 12-10　研究区空气污染物分布格局及热点地区

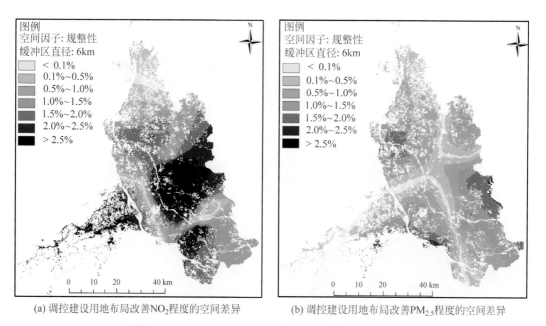

(a) 调控建设用地布局改善NO₂程度的空间差异　　(b) 调控建设用地布局改善PM₂.₅程度的空间差异

彩图 12-11　建设用地布局调控改善空气质量程度的空间差异

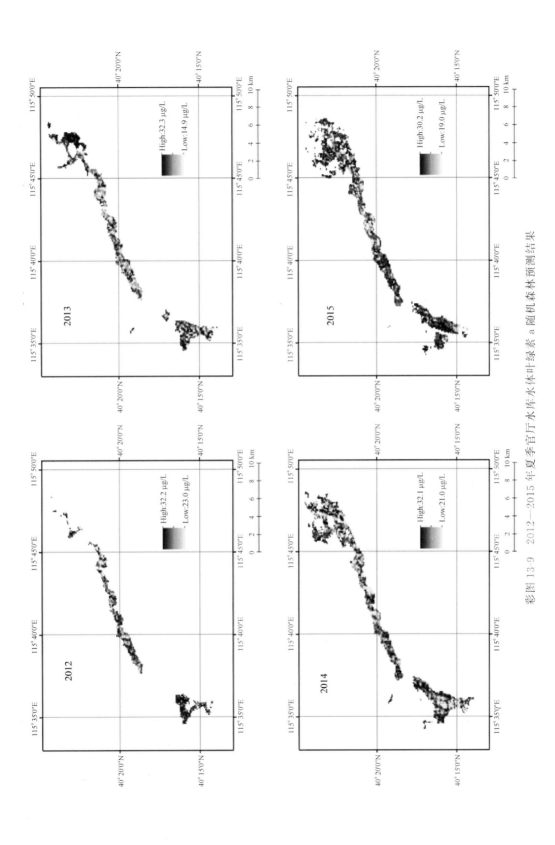

彩图 13-9 2012—2015 年夏季官厅水库水体叶绿素 a 随机森林预测结果

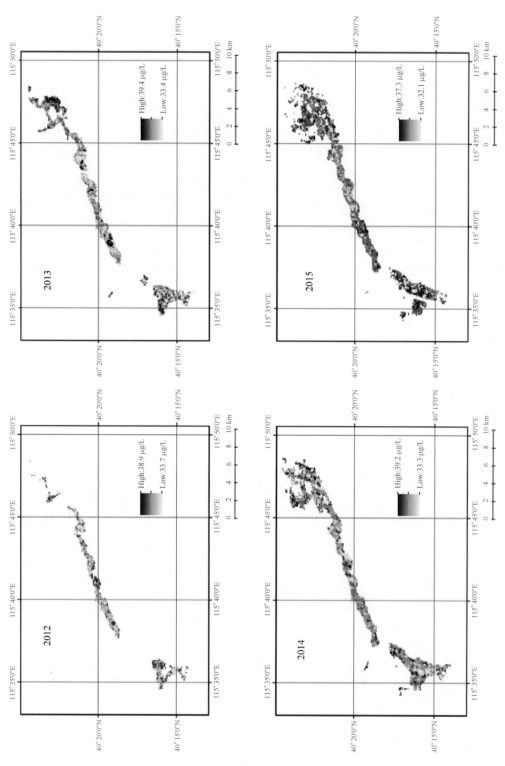

彩图 13-10 2012—2015 年夏季官厅水库水体 COD 随机森林预测结果